DIE ENTWICKLUNG DER UNGARISCHEN LITERATUR

DIE ENTWICKLUNG DER UNGARISCHEN LITERATUR

VON

DR. JULIUS VON FARKAS

O. O. PROFESSOR DER UNIVERSITÄT
BERLIN

WALTER DE GRUYTER, BERLIN 1934.

20.484. — Kön. Ung. Universitäts-Druckerei Budapest. (V.: Czakó Elemér.)

DIE ZEIT DER NOMADENKULTUR.

Die rassische Kraft eines Volkes beruht weniger auf einem biologischen als vielmehr auf einem geisti= gen Phänomen. Die Bestandteile, die eine Volksgemein= schaft zu einer Einheit prägen und der Volksseele den Inhalt geben, setzen sich aus dem mythischen Wissen um die gemeinsame göttliche Herkunft, aus der gemein= samen Sprache und Religion und schliesslich aus der Erinnerung an die gemeinsam durchlebten, grossen ge= schichtlichen Ereignisse zusammen, deren Gedächtnis mit dem Andenken an die vergötterten Heldenahnen von Generation auf Generation vererbt wird.

Bis zur Annahme des Christentums war dem ma= gyarischen Volk jegliche soziale Gliederung fremd. An der Lebensform des kriegerischen Hirten= und Fischer= volkes hatten Führer und Geführte den gleichen Anteil. Der Führer zeichnete sich nicht durch eine höhere Bil= dungsstufe aus, sondern durch eine grössere Intelligenz, zuweilen nur durch das Alter seines Geschlechtes oder die grössere Zahl seines Viehbestandes. Doch wäre es falsch, wollte man aus dieser Einheitlichkeit der Bil= dung auf eine niedrige Kulturstufe schliessen. Die Werke der arabischen und byzantinischen Geschichts= schreiber enthalten wichtige Angaben über die Pracht= liebe und entwickelte Kriegskunst des magyarischen Nomadenvolkes. Die Funde aus der Zeit der Land= nahme — Schmuckstücke und Gebrauchsgegenstände, wie Waffen, Pferdegeschirr und besonders Säbel= taschen — zeigen von einem entwickelten Kunstgefühl, das persisch=sassanidische Einflüsse erkennen lässt. Auch die Kunst der Schrift war den Magyaren nicht unbekannt. Die asiatische Runenschrift türkischen Ursprungs, die vermutlich nur für Aufzeichnungen diente, blieb bei den Seklern sogar bis ins Zeitalter der Reformation noch im Gebrauch.

Doch das wichtigste Zeugnis der magyarischen Urkultur bildete die Sprache, deren Entwicklung sich mit Hilfe der vergleichenden Sprachwissenschaft von dem Zeitpunkt der finnisch-ugrischen Einheit bis zur ersten schriftlichen Fixierung gut verfolgen lässt. Diese Sprache war bei der Landnahme (Ende IX. Jh.) bereits vollkommen entwickelt. Ihr Wortschatz wurde zwar durch die Aufnahme neuer Begriffe und Fremdworte erweitert und bereichert, doch blieb sie in ihrer geistigen Form und in ihren sprachbildenden Gesetzen völlig unverändert. Der ungarische Bauer denkt und spricht im grossen und ganzen auch heute noch so, wie seine Vorfahren vor tausend Jahren.

Von dem religiösen Gehalt und Ritus der heidnischen Religion wissen wir nichts bestimmtes mehr. Die Volkssitten, die sich an die grossen Etappen des menschlichen Lebens knüpften, sind zum grössten Teil in Vergessenheit geraten. Die Forscher können höchstens noch ihre verzerrten Formen auffinden. Die Wurzeln der magyarischen Volksmusik wurden erst in der neuesten Zeit aufgedeckt. Von der Dichtung der Heidenzeit, die so geeignet wäre, die Ausdrucksformen der Volksseele und die mythische Vergangenheit zu beleuchten, ist bedauerlicher Weise nicht eine Zeile erhalten geblieben.

Muss man aus diesem Mangel darauf schliessen, dass es eine Urdichtung vielleicht gar nicht gegeben hat? Darf man aber, ohne schriftliche Denkmäler, die Urdichtung im Rahmen der Literaturgeschichte behandeln? Zu diesen Fragen bemerkt Ladislaus Négyesy in seiner ausgezeichneten Studie über den Ursprung der ungarischen Dichtung: „Nicht allein das Datierte gehört zu den historischen Tatsachen, sondern auch all das, was als Weiterführung des Früheren vor uns lebendig erscheint".

Die ungarische Volksdichtung ist, ebenso wie die Volksmusik, eine historische Tatsache, und geht auf dieselben uralten Quellen zurück, wie die Sprache selbst. Ähnlich, wie die vergleichende Sprachwissenschaft durch strenge Methodik die Ursprache rekonstruiert, kann auch die vergleichende Folkloristik auf die Urformen der Dichtung, ja selbst auf ihre Stoffe, wertvolle Schlüsse ziehen. Die Ergebnisse dieser Disziplin sind auch beweiskräftiger als die Aufzeichnungen der Chronisten, über deren Glaubwürdigkeit berechtigte Zweifel bestehen.

Eckehardt, der Chronist des Klosters von St. Gallen, berichtete in seinen Aufzeichnungen, dass die Magyaren, die das Kloster zerstörten, nach einem grossen Festschmaus mit fürchterlichem Geschrei zu ihren Göttern gerufen hätten. Die romantische Geschichtauffassung identifizierte dieses Geschrei mit religiösen Gesängen. Noch viel bekannter als diese Mitteilung ist jener Bericht der St. Gerhardus-Legende, derzufolge der heilige Missionar während einer Reise in seinem Quartier sich an dem Gesang der die Handmühle drehenden Dienstmagd ergötzte, den er als „Symphonie der Magyaren" bezeichnete. Friedrich Riedl glaubte in dem Gesang dieser Bauernmagd das erste Auftauchen der ungarischen Volksdichtung zu erkennen.

Wenn auch keine schriftlichen Denkmäler darüber erhalten sind, kann man aus der Tatsache, dass bei den finnisch-ugrischen Völkern die uralte Volksdichtung auch heute noch blüht, darauf schliessen, dass die Vorgänge bei den Magyaren sich in ähnlicher Weise abgespielt haben. Die heidnische Mythologie der Finnen ist in der Kalevala zusammengefasst und hat sich vereinzelt, in Liedern im Volke, bis in die Gegenwart erhalten. Ungarische Forscher (Reguly, Munkácsi) haben im vergangenen Jahrhundert mehrere Bände von den epischen Schöpfungen der sprachlich nächstverwandten Wogulen und Ostjaken gesammelt. Diese Dichtungen weisen zum grössten Teil mythologischen Inhalt auf. Eine besondere Art stellen die sogenannten „Bärenlieder" dar (der Bär gehörte zu den heiligen Tieren). Die finnisch-ugrische Dichtung zeigt in ihren dichterischen Formen eine auffallende Ähnlichkeit mit den Eigentümlichkeiten der ungarischen Volksdichtung. Es besteht kein Zweifel, dass es sich hier um eine uralte gemeinsame Erbschaft handelt. Bei beiden kann man die strophenlose Komposition, die achtsilbige Gliederung der Verszeile (den uralten Achter), den Parallelismus finden. Auch die neueste Entdeckung der ungarischen Musikhistoriker, die Feststellung der Übereinstimmung zwischen der Melodie des wogulischen Bärenliedes und mehrerer ungarischer Volkslieder, spricht für die gemeinsame Quelle.

Die altungarische Dichtung pflegte neben der religiösen Epik auch die Heldenepik, die vermutlich einen Bestandteil des Gottesdienstes bildete. Einer verzerrten, fast unverständlichen Aufzeichnung der mittelalterlichen Chronisten zufolge (die sieben Hauptleute hatten Gesänge über sich verfasst und diese zu ihrem Ruhme im Volke singen lassen) gelang es Emil Jakubovich, die dichterischen Formen der Heldenepik zu klären. Die Volkssänger traten in der Rolle der Volkshelden auf, die von ihren grossen Taten persönlich berichteten. Dieselbe Erscheinung finden wir bei den finnisch-ugrischen und türkischen Völkern.

Nach einer Vermutung Négyesys übernahmen die Magyaren die in Strophen gegliederte Liedform von den Türken. Auch die farbenprächtige, blumige Sprache der ungarischen Volkslieder, ebenso wie die Tatsache, dass das Lied unter ackerbautreibenden Völkern stets am besten gedeiht, scheinen diese Vermutung zu bestätigen. „Seitdem wir Äcker haben, klingen Volkslieder auf unserem Boden. Sie wurden uns durch jene türkische Rasse, welche den Ackerbau einführte, übermittelt."

Über die Motive der Heldenepik geben uns die Chronisten des Mittelalters auch ungewollt wertvolle Hinweise. Die Annahme, dass die in den „Gesta" erhaltenen hunnischen Sagen die landnehmenden Magyaren aus der Urheimat mitgebracht hätten, wird heute von der geschichtlichen Textkritik verneint. Diese dichterisch ausgestalteten Sagen sind — wie wir im Folgenden sehen werden — die gelehrten Schöpfungen der Chronisten.

Doch es ist zweifellos, dass das Wissen um die hunnisch-magyarische Verwandtschaft unter den landnehmenden Magyaren lange Zeit weiterlebte. Dem Bericht des Anonymus zufolge, dessen „De Gesta Hungarorum" die erste zusammenfassende Chronik der Magyaren darstellt, sollen die Fürsten von Kiov und Halics ihre magyarischen Gäste mit dem Hinweis nach Pannonien weitergeschickt haben, dass dieses Land einst der Besitz ihres Vorfahren Attila gewesen, also ihr rechtmässiges Erbe sei. Auch findet sich eine Identifizierung der Magyaren mit den Hunnen bei allen Völkern, in deren Gedächtnis die Erinnerung an Gottes Geissel lebendig geblieben ist. Die Bestätigung der hunnisch-magyarischen Überlieferung, ebenso wie die Entwicklung der fürstlichen Genealogie und des späteren hunnischen Sagenkreises verdanken wir zweifellos dieser Identifizierung.

Ein unbestrittenes Erbteil der heidnischen Dichtung bildet jedoch die Sage von dem Ursprung der Magyaren. Die beiden Brüder Hunor und Magor fanden auf der Jagd nach dem Wunderhirsch in der Wildnis von Maeotis die Frauen der Söhne Belars, die sich dort mit den Töchtern des alanischen Fürsten Dula bei Spiel und Tanz vergnügten. Während das Motiv des Wunderhirschen in der primitiven Dichtung vieler Völker auftaucht, weisen die Namen Belar und Dula auf eine uralte ungarisch-bulgarisch-ossetische Beziehung hin, deren geschichtliche Wahrheit auch die Wissenschaft anerkennt. Die Sitte des Frauenraubes ist eine uralte Gepflogenheit der magyarischen Nomaden, welche erst später durch den Frauenkauf abgelöst wurde. In die Welt der heidnischen Mythen führt die Sage von der göttlichen Herkunft des Álmos: seine Mutter Emese wurde im Traum durch den Vogel Turul, das Totemtier der Magyaren, geschwängert.

Freilich sind die Spuren nur gering. In Ermangelung der Denkmäler können wir nicht einmal mit Sicherheit behaupten, ob die uralten Sagen in gebundener Form im Volksmund lebten, nur die Tatsache, dass sie Jahrhunderte überdauerten, scheint dafür zu sprechen. Denn nur die gebundene Form besitzt eine lange wirksame und Tradition bewahrende Kraft.

Zweifellos spielte die Urdichtung in der rassischen Entwicklung der Magyaren eine entscheidende Rolle. Durch sie wurde die Sprache, die ursprünglich nur zum Gedankenaustausch diente, künstlerisch entwickelt. Die wiederkehrenden Wendungen der Dichtung, ihre Bildhaftigkeit — die dem Denken des Volkes entsprach — und ihre rhythmischen Variationen kamen der Sprache zu Gute. Die gebundene Rede band auch die Sprache, sie bot ihr Schutz gegen fremde Einwirkungen und half ihr die alte Reinheit und Urwüchsigkeit zu bewahren. Das Erinnerungsvermögen, dessen Rolle auch noch in den folgenden Jahrhunderten zur Geltung gelangt, ersetzte gleichsam die schriftlichen Aufzeichnungen. Freilich schloss es auch die Möglichkeit von Varianten nicht aus, vererbte dennoch alles Wesentliche von einer Generation auf die andere.

Auch der Inhalt dieser Dichtungen ist von höchster Bedeutung. Die magyarischen Stämme, die in loser Organisation lebten, wurden miteinander durch das Wissen um die gemeinsame Herkunft verbunden. Die fremden Stämme, die sich den Magyaren anschlossen, nahmen nicht nur ihre Sprache, sondern auch ihre Überlieferung an. Die Folge davon war eine vollkommene, auch innere Assimilation. Die Krieger begeisterten sich in der Erinnerung an einstige grosse Taten. Auch die Erziehung der jungen Generation wurde dadurch gefördert. Sie machte sie fähig zu der Landnahme, dem grössten und in seiner Tragweite gewaltigsten Unternehmen der Magyaren.

Nachdem Árpád, der Begründer der ersten nationalen Herrscher-Dynastie, den die magyarischen Stammeshäupter schon vor der Landnahme einstimmig zum Fürsten gewählt hatten, sein prächtiges Fürstenzelt am Donauufer aufschlug und das von vier Flüssen durchquerte Karpathenbecken unter den magyarischen Stämmen aufteilte, war die Landnahme — nach aussen hin — zum Abschluss gekommen. Es folgte das Jahrhundert der nach Beute jagenden Abenteuer, in deren Verlauf die heidnischen Magyaren die Kultur, aber auch die Kräfteverhältnisse Europas kennenlernten. Die Folge davon war, dass ihnen ihr Schicksal — sie hätten ausserhalb der Grenzen ihrer neuen Heimat keinen Platz — zum unumstösslichen Bewusstsein wurde. Während die nachströmenden türkisch-tatarischen Stämme die Rückkehr nach dem Osten abschnitten, erhoben im Westen die sich neuorganisierenden Germanen einen Schutzwall gegen sie. Es harrte der Magyaren die Mission, das nordische und südliche Slawentum voneinander zu trennen, der Prellblock im Kampfe zwischen Westen und Osten und die Verbindungsbrücke zwischen der europäischen und asiatischen Kultur zu werden. Es dauerte Jahrhunderte hindurch, bis sich das Bewusstsein dieser besonderen Mission entwickelte, doch wurde ihrer ersten Vorbedingung bereits vor der ersten Jahrtausendwende genüge geleistet: die Magyaren nahmen das Christentum an und traten dadurch in die Schicksalsgemeinschaft der westlichen Staaten.

Inzwischen war das Volk mit dem Boden, auf dem es sich niedergelassen, auch aufs engste verwachsen. Es wandelte sich unter seinem Einfluss, drückte ihm aber gleichzeitig auch den Stempel seiner rassischen

Eigenheiten auf. Die mythische Macht der Dichtung spielte in dieser Verschmelzung eine entscheidende Rolle. Die grossen Ereignisse der Landnahme bewahrten nicht allein die Stammesüberlieferung, sondern auch die Sagen, die — der Volksphantasie entsprossen — die grossen Helden und die von Magyarenblut getränkten Landschaften besangen. Wenn auch die Berichte der mittelalterlichen Chronisten nicht gerade die Entstehung eines naiven Epos vermittelten, bewahrten sie dennoch eine Reihe von sagenhaften Elementen, für deren volkshaften Ursprung sie selbst bürgten. Die Heldengesänge der sieben landnehmenden Führer wurden bereits erwähnt. Die Sage von dem weissen Pferd, für das Árpád — gleichsam als Symbol des Kaufes der neuen Heimat — Erde, Wasser und Gras erhielt, dürfte vielleicht uralten Ursprunges sein. Anonymus bestätigte, dass das Volk von dem Feldherrn Botond, der das eiserne Tor von Byzanz mit einer Hand einschlug, auch noch in seiner Zeit erzählte. Der Chronist Kézai berichtete, dass, den Volksgesängen zufolge, Lehel vor seinem Tode den deutschen Kaiser mit seinem Horn erschlagen hatte, damit dieser ihm im Jenseits dienen solle.

Das Material an Volksdichtung, das wir den mittelalterlichen Chroniken entnehmen können, ist keineswegs sehr umfangreich. Geschriebene Denkmäler blieben weder aus der Zeit der Landnahme, noch aus der Zeit der Wanderungen erhalten. Nur wenn man bedenkt, dass diese Dichtung noch Jahrhunderte hindurch im Volksmund weiterlebte, kann man ihre grosse Bedeutung für die Bewahrung, ja für die Schaffung einer Überlieferung verstehen. Es ist kein Zufall, dass von Vörösmarty bis Arany die nationalen Dichter ihre Motive aus dieser Epoche schöpften. Sie wollten dadurch jene völkisch-nationale Einheit, die mit der Annahme des Christentums ein für allemal verloren ging, wenigstens in der Dichtung erstehen lassen.

DIE ZEIT DES CHRISTLICHEN MITTEL-ALTERS.

Die Bekehrung der Magyaren zum Christentum wurde durch den Fürsten Géza begonnen. Er berief deutsche und slawische Priester in sein Land und erbaute das Kloster am Martinsberg (Pannonhalma). Seinen Sohn Vajk liess er auf den Namen Stefan des Schutzheiligen von Passau taufen und verheiratete ihn mit Gisela, der Tochter des Fürsten von Bayern. Wie sehr ihn bei diesen Taten die politische Überlegung leitete, bewies am Besten die Tatsache, dass er selbst bis zu seinem Tode an dem heidnischen Glauben seiner Vorfahren festhielt. Stefan hingegen führte das Werk des Vaters mit innerem Eifer und religiöser Überzeugung weiter. Er beschloss es, indem er sich zum König des Landes krönen liess und hierdurch den christlichen ungarischen Staat ins Leben rief.

Die Bekehrung der Magyaren vollzog sich um die erste Jahrtausendwende, doch mussten noch Jahrhunderte verstreichen, ehe das heidnische Nomadenvolk, das ursprünglich eine einheitliche Kultur besass, auch innerlich vollkommen christlich und europäisch geworden war. Die Schwierigkeiten, mit denen sich dieser Prozess vollzog, bewiesen die immer wieder aufflackernden heidnischen Aufstände, welche zum Schutze der uralten Überlieferung gegen den fremden Glauben und die fremden Einflüsse geführt wurden. Für die christliche Kultur des Westens bedeutete Ungarn noch lange Zeit hindurch eine Barbarenprovinz, die erst bezwungen werden musste. Mönchsorden aus Deutschland, Frankreich und Italien, die sich im Lande niederliessen und denen die Könige reichpfründige Kloster und Kathedralen errichteten, fühlten sich nur als ausgesandte Missionare, die ihre Beziehungen zur alten Heimat eifrig weiterpflegten. Die ungarischen Franziskaner mussten noch am Anfang des XIV. Jahrhunderts (1339) gegen ihren Pater Provincialis Klage erheben, da er an deutsche Universitäten nur deutsche Ordensbrüder sandte und die ungarischen in den Hintergrund stellte.

Das Christentum war an der Donau und Theiss zunächst eine fremde Blüte, die nur langsam Wurzeln schlagen konnte. Seine Sprache, das Latein, war der ungarischen Seele fremd, ebenso wie ihr auch sein ganzer übersinnlicher Ideenkreis fremd erscheinen musste. Die Welt der Klöster bedeutete eine abgesonderte Bildungsschicht. Zwar zog sie aus der ursprünglichen Einheit immer mehr Magyaren an sich, doch wurde sie erst gegen das Ende dieser Epoche auch mit magyarischem Geiste erfüllt und vermochte eine religiöse Literatur in ungarischer Sprache hervorzubringen.

Stefan der Heilige berief nicht nur fremde Priester, sondern auch fremde Ritter in sein Land. Als er gegen Koppány in den Kampf zog, wurde er durch deutsche Ritter nach deutscher Art mit dem Schwert gegürtet. Der Hofstaat seiner bayrischen Gemahlin führte westliche Lebensformen in die königliche Residenz ein, die zunächst allerdings kaum in weitere Kreise drangen. Seit Stefan dem Heiligen war der Sitz der westlichen weltlichen Kultur in Ungarn ausschliesslich der Hof der Könige. Diese weltliche Kultur blieb, ebenso wie die religiöse Kultur der Klöster lange Zeit hindurch eine isolierte Erscheinung. Vergeblich entwickelte sich in dem Ständestaat die soziale Gliederung der Magyaren, stand doch selbst der hohe Adel nur missbilligend der Entfremdung des Hofes gegenüber. Die Abneigung des Adels gegen die fremden Einflüsse entlud sich zuweilen in blutigen Zusammenstössen, wie es auch in der Tragödie von Banus Bánk der Fall war. Doch un-

geachtet dessen setzten die Könige ihre Politik fort,
welche sie im höheren Interesse des Volkes für not⸗
wendig hielten. Sie schufen durch Heirat wichtige Ver⸗
bindungen mit Byzanz, mit Deutschland, Frankreich,
Polen und Italien. Sie kräftigten die westeuropäische
Machtposition der Magyaren und öffneten das Land
den Geistesströmungen des Westens. Die Mönche ver⸗
kündeten nicht allein das Wort Gottes, sondern mach⸗
ten gleichzeitig auch Sümpfe und Wildnis urbar, indem
sie den Magyaren Anleitung zu der westlichen Art des
Ackerbaues und einer höheren Gewerbekultur gaben.
Mit den fremden Königinnen kamen schwergepanzerte
Ritter und geschmeidige Diplomaten ins Land, aber
auch ebensoviele grosse Gelehrte, Baumeister, Künst⸗
ler und Sänger. Die höfische Kultur erreichte unter
Ludwig dem Grossen und unter Matthias Corvinus
ihre höchste Blüte. Auf den glanzvollen Ofner Hof
Matthias' blickte ganz Europa mit Neid und Be⸗
wunderung.

Die Kultur des königlichen Hofes war in den west⸗
lichen Staaten keine isolierte Erscheinung. Hoher Adel
und hohe Geistlichkeit wetteiferten mit den Fürsten.
Das städtische Bürgertum, das Reichtum und Macht
gewann, bemühte sich die feineren Lebensformen, die
es den höheren Ständen abgesehen hatte, auch nachzu⸗
ahmen. Die Höfe der Herrscher bildeten eine mäch⸗
tige Lichtquelle, die einen fruchtbaren, lebenspenden⸗
den Glanz verbreitete.

Die Sonne der ungarischen höfischen Kultur hin⸗
gegen brannte lange Zeit hindurch auf braches Land.
Persönlichkeiten, die imstande waren, die westliche
Kultur anzunehmen und zu verbreiten, lassen sich un⸗
ter dem hohen Adel und der Geistlichkeit erst vom
XIV. Jahrhundert an nachweisen. Im Mittelalter ge⸗
hörte der schreibkundige adelige Herr noch zu den
Seltenheiten. Die Städte, die zum grössten Teil Grün⸗
dungen der vom König berufenen Italiener und
Deutschen waren, zeigten zu Anfang den Charakter

von reinen Bauernstädten. Erst später brachten sie ein Bürgertum von höherem Niveau hervor, das Gewerbe betrieb und sich starr hinter den ihm zugebilligten Vorrechten verschanzte. Der Geist und die Sprache ihrer Kultur waren dem Volke fremd. Doch gegen das Ende des Mittelalters zogen — trotz des heftigsten Protestes von Seiten der deutschen Bürger — immer mehr adelige Familien in die Städte und brachten ungarisches Leben in ihren fremden Rhythmus.

Wenn auch das Verbindungsglied zwischen der höheren Kultur des Hofes und der breiten Masse des Volkes zunächst fehlte, wäre es doch nicht richtig, wollten wir jene als eine völlig isolierte Erscheinung bezeichnen. So, wie die Missionsarbeit die Geistlichkeit mit dem Volke verband, so verband auch das politische Leben den König mit ihm. In früheren Zeiten durchzog der König mit seinem Hofstaat das Land und übte in eigener Person die Gerechtigkeit. Die Umgangssprache dabei war ungarisch, wenn auch alle Urkunden und Gesetze durch den gelehrten Kanzler lateinisch verfasst wurden. Da der König als absolutistischer Herrscher die Geschichte durch sein Schwert und Szepter selbst machte, lebte auch das Bewusstsein der geschichtlichen Kontinuität am stärksten in ihm selbst. Die ungarische Geschichtsschreibung, die Anspruch auf Wissenschaftlichkeit erhob, ging vom königlichen Hofe aus. Zu derselben Zeit aber wirkten an den Höfen auch die ungarischen Spielleute — neben deutschen Spielleuten und anderen fremden Höflingen, die für die Unterhaltung des Hofes sorgten — und besangen in ihren Liedern die Heldentaten des Herrschers und seiner Vorfahren.

Während Ungarn mit Europa durch die klösterliche und höfische Kultur verbunden war, lebte das Volk noch Jahrhunderte hindurch in seinen aus dem Osten mitgebrachten Lebensformen. Der Bischof Otto von Freisingen, der im Jahre 1147 Ungarn besuchte, sprach seine Verwunderung über den Mangel an Städten aus und stellte mit Erstaunen fest, dass die Ungarn im Sommer noch in Zelten wohnten und nur im Winter elende Behausungen bezogen. Nur ein geringer Teil des Adels und der Geistlichkeit beherrschte die lateinische Sprache. Eine Folge davon war, dass der oberflächliche fremde Einfluss der Frühzeit die Entwicklung der ungarischen Sprache in keiner Weise beeinträchtigen konnte. Die zahlreichen slawischen und deutschen Fremdwörter, die sich auf die Bezeichnung der neuen Begriffe des Christentums, des Ackerbaues und des städtischen Lebens beschränkten, passten sich organisch der uralten Struktur der ungarischen Sprache an. Die Priester und Ritter aus der Fremde eigneten sich das östliche Idiom an, welches — trotz der vielfachen fremden Kolonisation — doch im ganzen Lande Verbreitung fand. Selbst die deutschen Spielleute des Königs mussten, im Interesse einer Nachwirkung, die ungarische Sprache erlernen. Oswald von Wolkenstein, der am Anfang des XV. Jahrhunderts im Dienste König Sigismunds stand, schrieb darüber: „In wasser, weter, wegen husch, lert ich maierol".

Die Vertreter des Christentums und der westlichen Kultur zwangen dem Volk des Ostens vergeblich die christlichen Lebensformen auf. Auch ihr Bemühen, alle Überreste der Heidenzeit auszurotten, blieb ohne Erfolg. Durch Sprache, Temperament und Volkssitten blieb die uralte Überlieferung erhalten und bewahrte die eigenartige Physiognomie des Magyarentums. Ein Ausgleich zwischen den drei kulturellen Schichten begann erst an der Neige des Mittelalters. Dies geschah in der Zeit, als die christliche Weltanschauung die Ungarn bereits völlig durchdrungen hatte und nachdem sie in Königen und Königinnen des Árpáden-Hauses auch schon Heilige des Christentums aus ihrem eigenen Blute hervorgebracht hatten. Die Kirche nahm die uralte Sprache nicht nur für die Verkündung des Gottes-Wortes, sondern auch als die Sprache der Heiligen Schrift an. Durch Vermittlung der Städte, deren Reichtum und Macht gewachsen war, verbreitete sich die höfische Kultur auch in weitere Kreisen des Volkes als früher. Die Kunst des Schreibens war nicht mehr das fast mystische Privileg der geistlichen Kanzler, sondern gehörte zum Beruf der weltlichen Studierenden, die auch den Umgang mit dem Volk — dem sie ja entstammten — keineswegs mehr unter ihrer Würde empfanden.

Während der innere Ausgleich noch Jahrhunderte in Anspruch nahm, zeigte das Ungarland schon seit der Zeit Stefan des Heiligen ein von Grund auf verändertes Bild. In dem Karpathenbecken, in dem vorher kein anderes Volk Wurzeln fassen konnte, entwickelte sich der ungarische Staat mit einer festen militärischen und politischen Organisation. Die Fremden, die hier unter ungarischem Schutz eine neue Heimat fanden, mussten sich in die Struktur dieses Staates einfügen. Sie taten es gerne und bezeichneten sich — welcher Nationalität sie auch entstammten — stets mit Stolz „Hungarus". Seit dem Anfang der ungarischen Staatlichkeit galt dieser Begriff nicht als eine Nationalitäten-, sondern als eine Staatsbürgerbezeichnung, die gleichzeitig auch die Bestätigung enthielt, dass die führende Rolle auf diesem Boden ausschliesslich dem Ungarntum gebührte.

Das Christentum hatte schon vor der Landnahme unter den Slowenen Transdanubiens Wurzeln geschlagen und diese haben wahrscheinlich auch schon mit dem Bau der ersten Kirchen begonnen. Die ältesten Teile der Kathedrale von Pécs dürften aus dieser frühen Epoche stammen. Die christliche Organisation des Landes geht auf Stefan den Heiligen zurück. Er teilte das Land in zehn Bistümer auf und schuf die Grundlage für eine grossartige kirchliche Bautätigkeit. Stolze romanische und gotische Kirchen entstanden, von denen die späteren verheerenden Kriegsstürme nur einen verschwindenden Bruchteil übrig liessen. Die erhaltenen Denkmäler (Kathedrale von Pécs, Kirchen von Ják und Zsámbék) beweisen, dass die westlichen Baustile in Ungarn eine spezifische Ausbildung erfuhren.

Die Entwicklung der Städte vollzog sich im Umkreis der Kathedralen, doch bauten die Mönche ihre Klöster am liebsten auf weithin sichtbare Berggipfel (Martinsberg, Tihany) oder verlegten sie in das Innere der Wildnis (Bakonybél). Eine Ausnahme bildeten die Bettelorden, Franziskaner und Dominikaner, die als Sitz die Städte bevorzugten. In Verbindung mit den Domkapiteln und Klöstern enstanden auch die Schulen, in denen Latein, meist nur Lesen, seltener Schreiben, unterrichtet wurde und in denen die Vorbereitung auf den Priesterberuf stattfand. Die Schule von Veszprém galt als die beste, wenn sie auch nicht den Universitätsgrad erreicht hatte. Die Gründung der ersten Universität Ungarns erfolgte in Pécs im Jahre 1367 durch Ludwig den Grossen, nur wenige Jahre nach der Gründung der ältesten mitteleuropäischen Universitäten (Prag, Wien, Krakau). Bald darauf wurde durch Sigismund die Universität in Ofen (Buda) und durch Matthias die in Pressburg gegründet. Wissenshungrige ungarische Jünglinge hatten auch schon früher im Ausland studiert. Die Universitäten in Paris und Bologna, besonders aber die von Krakau und Wien, hatten stets eine grössere Anzahl ungarischer Studenten. Unter den vier Nationen, die an der Wiener Universität vertreten waren, war seit 1365 die „natio hungarica“ immer die zahlreichste.

Auf die kirchliche Bautätigkeit folgte nur langsam die weltliche. Die Lebensformen des Adels unterschieden sich kaum von denen ihrer Leibeigenen. Der königliche Hof, der einen westlichen Glanz aufwies, bildete auch darin eine Ausnahme. Das Visegrader Schloss von Ludwig dem Grossen und die Ofner Burg von Matthias Corvinus hatten Weltruf. Der König und die Kirchenfürsten beschäftigten nicht nur Baumeister, sondern auch viele Maler und Bildhauer. Das Bürgertum folgte ihrem Beispiel, wovon die Kunstdenkmäler der von den Türken verschonten oberungarischen Städte (gotische Kirchen, Flügelaltäre, etc.) das beste Zeugnis ablegen.

Durch die politische und kirchliche Organisation, durch das Schulwesen und die neue Bautätigkeit zeigte der Boden Ungarns, den seit der Römerzeit nur Barbarenvölker bewohnt hatten, ein vollkommen verändertes Bild. Das Donaubecken wurde wieder ein Bestandteil des Westens, nur deuteten nun die Verbindung statt römischer Bäder und Arenen mächtige romanische und schlanke gotische Kirchen und düstere Klosterbauten an. Die Süd- und Ostgrenze Ungarns wurde zum Trennungsstrich zwischen Westen und Osten. Die Geistesströmungen des Westens und das westliche Christentum drangen darüber nicht hinaus. Sofern es über diese Grenze noch eine Kultur und Kunst gab, stand sie unter dem Einfluss von Byzanz. Es bildet das geschichtliche Verdienst der Ungarn, dass sie die Grenzen der europäischen christlichen Kultur bis an die Ost-Karpathen geführt haben.

Die überragende Bedeutung dieser Tat wird keineswegs geschmälert durch die Tatsache, dass die ersten Missionare, die das Christentum an der Donau verbreiteten, aus der Fremde kamen, dass auch die Erbauer der ersten Kirchen und Klöster Fremde waren, dass fremde Bürger die Städte des Landes zur Entfaltung brachten und fremde Künstler die Bauten, Altarbilder und Skulpturen schufen. Denn es war der Wille des Ungarntums, der hinter ihnen stand, sie anfeuerte und die unmittelbare Triebkraft ihrer Tätigkeit und Leistung bildete. Das ungarische Land gab den Fremden die Möglichkeit zum Leben und ungarische Hände trugen die Steine zu ihren Bauten heran. Die inspirative Kraft des ungarischen Geistes durchdrang alle Werke und brachte Schöpfungen hervor, die den unverkennbaren Stempel des nationalen Genius tragen.

Die Altarbilder von Báth aus dem XIV. Jahrhundert schilderten das Leben der Hl. Margarethe, einer Prinzessin aus dem Hause Árpád. Am Ende desselben Jahrhunderts wurde in Grosswardein (Nagyvárad) das Reiterstandbild Ladislaus des Heiligen, das Werk der Brüder Kolozsváry, auf hohem Fels zur Aufstellung gebracht. Nach einer zeitgenössischen Hymne glänzte und glitzerte es wie Sonne und Gold. Dieses im Goldglanz strahlende St. Ladislaus-Denkmal ist das eindruckvollste Symbol der seelischen Landnahme des Magyarentums.

Geistliche Literatur. Schriftkunst und Latein waren im Mittelalter unzertrennlich miteinander verbunden. Ein mystischer Zauber schien die lateinische Schrift, die fast ausschliesslich im Dienste der Kirche stand, zu umgeben. Es dauerte Jahrhunderte lang, bis dieser Zauber durchbrochen und die Schrift, zunächst auch nur im Dienste der Religion, für die Fixierung der ungarischen Vulgärsprache verwendet wurde.

Der Gebrauch der Schrift wurde durch fremde Priester eingeführt, doch die Entwicklung einer ungarländischen Literatur in lateinischer Sprache folgte erst bedeutend später. Die Mönch-Missionare waren durch ihre bahnbrechende organisatorische Arbeit viel zu sehr in Anspruch genommen, als dass sie sich literarischen Bestrebungen hätten widmen können. Nur von dem heiligen Bischof Gerhardus ist bekannt, dass er — als Eremit in Bakonybél — unter dem Titel „Deliberatio" Betrachtungen über den Gesang der drei evangelischen Jünglinge verfasst hatte. In dem ersten Jahrhundert des ungarischen Mittelalters war dieser gelehrte Konfessor eine Einzelerscheinung, ebenso wie Maurus der Selige, Bischof von Fünfkirchen (Pécs), der die Legende von zwei ungarischen Eremiten (den Hl. Zoerard und Benedikt) schrieb. Er wurde als Mönch in Pannonhalma wegen seiner heiligen Lebensweise von dem heiligen Prinzen Imre mit sieben Küssen ausgezeichnet. Maurus gilt als der erste Schriftsteller ungarischer Abstammung.

Die literarische Tätigkeit der Klöster beschränkte sich vornehmlich auf das Kopieren religiöser Werke. Wahrscheinlich brachten die Gründerorden die wichtigsten liturgischen Bücher mit und ergänzten ihre Bibliotheken durch königliche Schenkungen und eigene Arbeiten. Im XI. Jahrhundert besass die Abtei von Pannonhalma 80 und die von Bakonybél 84 Codices; das bedeutete, da für ein schöneres Werk oft mehrere Dörfer bezahlt wurden, ein ansehnliches Vermögen. Die Klosterbibliotheken vermittelten ein getreues Abbild des mittelalterlichen religiösen Lebens, in dem wir vergeblich nach auffälligen ungarischen Eigenheiten suchen. Die grossartige Einheit der römischen Kirche hatte zur Folge, dass nicht nur die Bücher der Liturgie überall die gleichen waren, sondern dass in Pannonhalma, ebenso wie in Monte Cassino, auch dieselben Legenden und religiösen Reflexionen zur Erbauung der Gläubigen benützt wurden. Deutsche Mönche brachten ihre Werke nach Ungarn mit und die heimischen Mönche fertigten ihre Arbeiten oft auf den Wunsch und zur Erbauung der fremden Brüder an.

Doch kaum war ein Jahrhundert seit der Krönung Stefans des Heiligen verstrichen, als das ungarische Christentum auch schon eine eigene christliche Überlieferung hervorbrachte. Die ungarische Legendenbildung setzte nach der Heiligsprechung des Königs ein und dauerte ohne Unterbrechung bis an das Ende des Mittelalters. Die ungarischen Legenden und Hymnen verbanden das Ungarntum als selbständigen Faktor mit der religiösen lateinischen Literatur des Westens. Die bisher fremde Geistigkeit wurde zum Besitz des Ungarntums und schuf eine neue, starke Bindung zwischen den verschiedenen Nationalitäten des Landes. An den Ufern der Donau und Theiss leuchtete der Glorienschein Stefan des Heiligen in gleicher Weise über Ungarn, Slowenen und Deutschen. Die Legenden der ungarischen Heiligen wurden zum Bestandteil der universalen christlichen Liturgie.

Um das Jahr 1096, unter der Regierung Kolomans, wurden zwei Varianten der Legende des Hl. Stefan aufgezeichnet. Hartvik, Bischof von Raab (Győr), vereinigte am Anfang des XII. Jahrhunderts diese beiden Varianten miteinander. Die Legende wurde später in dieser Fassung allgemein bekannt. — Kulturhistorische Bedeutung hat die Legende des hl. Gerhardus, die von dem opfervollen Werk der ersten Missionare berichtete. Die Legende des hl. Imre verherrlichte in dem ersten christlichen Prinzen Ungarns den Asketen, ohne besondere Bezugnahme auf Ungarn. — Wunderbar ist die Legende des königlichen Ritters Ladislaus des Heiligen: während er in der Kirche von Grosswardein (Nagyvárad) betete, schwebte sein Leib verklärt empor, sein hungerndes Kriegsvolk versorgte er in der Puszta mit reichlicher Nahrung, der Wagen, der seine sterblichen Reste trug, setzte sich allein in Bewegung und schlug die Richtung nach Grosswardein (Nagyvárad) ein, und über dem Kloster, in dem er begraben wurde, erstrahlte ein wunderbarer Stern.

Diese Legenden sind im wesentlichen Schöpfungen der Volksphantasie. Die Ehrfurcht vor den heidnischen Helden wurden langsam durch die Verehrung der blutsverwandten christlichen Konfessoren verdrängt. Um die Grabstätten der Heiligen ereigneten sich wunderbare Begebenheiten, deren Motive teilweise aus fremden Legenden übernommen wurden. Die gelehrten Berichterstatter der Legenden benützten, ausser der mündlichen Überlieferung, auch die geschichtlichen Aufzeichnungen der Chronisten und die Formeln der internationalen Legendenliteratur. In den Legenden erschien zum ersten Mal das harmonische Zusammenwirken der drei Bildungsschichten des Landes.

Vom Anfang des XIV. Jahrhunderts an lassen sich in den ungarischen Codices lateinische Hymnen an ungarische Heilige nachweisen. Diese Hymnen stammen zweifellos von ungarischen Autoren, die — unter Miteinbeziehung der bekannten Wendungen der internationalen Hymnenliteratur — den Stoff der ungarischen Legenden in dichterischer Form gestalteten. In derselben Zeit begann man auch mit dem Sammeln der Predigten.

Diese literarischen Schöpfungen dürften wohl kaum für eine stille Lektüre bestimmt gewesen sein. Sie rechneten eher auf Hörer als auf Leser. Psalmen und Hymnen wurden von den Mönchen gemeinsam gesungen, das Brevier wurde laut vorgelesen. Die Legenden hörten sie im Refektorium während der stillen Mahlzeiten. Die Verfasser und die Kopisten der Bücher arbeiteten zur Ehre Gottes und blieben zum grössten Teil unbekannt.

Ende des XV. Jahrhunderts tauchte in Pelbartus von Temesvár die erste bedeutende Persönlichkeit der klösterlichen lateinischen Literatur auf. Sein Name fand auch weit über die Landesgrenzen hinaus Bedeutung. Seine Werke wurden im Ausland durch zahlreiche Ausgaben verbreitet. In der Heimat trugen sie auch zum Aufschwung der religiösen Literatur in ungarischer Sprache bei. Sein Wirken fiel in die Zeit des Überganges und bedeutete den letzten Rückschlag tiefer mittelalterlicher Geistigkeit auf den erstarkenden Humanismus. Durch seine wissenschaftliche Bildung war er mit dem Scholastiker-Kreis der Wiener Universität aufs engste verbunden. Diese Universität galt aber gleichzeitig auch als Nährboden der humanistischen Ideen, die auch am ungarischen Hofe günstige Aufnahme fanden. Temesvári nahm mit mutigem Entschluss im Namen Marias, der Patronin Ungarns, den Kampf gegen den Humanismus auf, und es gehört zu seinem grössten Verdienst, an der Schwelle der Reformationszeit und des Unglückes von Mohács das katholische Leben der Städte noch zu einem letzten, grossen Aufschwung geführt zu haben. Sein bedeutendstes Werk ist die unter dem Titel „Pomerium“ erschienene

Predigten-Sammlung, die nach seinem Tode den katholischen Predigern noch als Musterbeispiel diente. Das enzyklopädische Werk „Rosarium“ blieb unvollendet und wurde nach seinem Tode 1504 von seinem Schüler Osváth Laskai beendet. Die Entwicklung der religiösen Literatur in ungarischer Sprache ist unzertrennlich mit dem Namen Pelbárt verknüpft. Auf dieser Tatsache beruht seine grosse Bedeutung für die ungarische Literatur.

Die Sprache der kirchlichen Liturgie war und blieb die Lateinische, als Missionssprache aber musste in Ungarn von Anfang an die Ungarische verwendet werden. Aus der Legende des Hl. Gerhardus ist uns bekannt, dass der Märtyrer-Bischof zum Volke lateinisch sprach, dass aber alle seine Reden durch einen ungarischen Priester verdolmetscht wurden. Noch zu Johannes Capistrans Zeiten, der nur das Lateinische und Italienische beherrschte, war es nicht anders. In den Kirchen des Ungarlandes betete das Volk — später vermutlich sang es auch — in ungarischer Sprache. Die Lehnwörter bezeugen, dass schon in frühen Zeiten eine ungarische Terminologie des Christentums entstanden war. Bevor noch überhaupt ein ungarischer Text schriftlich fixiert wurde, hatte sich schon die Sprache dem neuen Ideenkreis angeglichen. Gebete, Reden, Hymnen und Legenden wurden durch mündliche Überlieferung erhalten und durch das Gedächtnis vor dem Untergang bewahrt. Das Vaterunser wird von jedem Volk, auch heute noch, in altertümlicher Form gesprochen.

Die Notwendigkeit der schriftlichen Fixierung stellte sich erst ein, als die Kraft der mündlichen Überlieferung zu verblassen begann. Als Folge davon entstanden die sogenannten „Glossen“, Übersetzungen lateinischer Texte, die über oder neben dem lateinischen Text vermerkt wurden. Gewiss werden manche ungarischen Mönche auf einzelne leere Seiten der lateinischen Codices auch längere ungarische Texte aufgezeichnet haben. Der Pray-Codex aus dem Anfang des XIII. Jahrhunderts bewahrte eine Leichenpredigt und ein Gebet, die die beiden ältesten ungarischen Sprachdenkmäler darstellen. Die reine, kraftvolle Sprache der Predigt wäre ohne eine vorangegangene Entwicklung wohl kaum denkbar. Sie weist nicht auf den Beginn, sondern auf eine schon hohe Stufe der Entwicklung hin. Im Gegensatz zur Predigt, die keine Übersetzung, sondern die freie Bearbeitung eines lateinischen Textes war, hielt das Gebet, das ja einen fixierten Text ins Ungarische übertrug, streng an der Gedankenwelt und Satzbildung des Originals fest. Für die Entwicklung der ungarischen Literatursprache bedeutete es einen grossen Verlust, dass die spätere Codex-Literatur diese an das lateinische Original gebundene Übersetzungsweise pflegte und den aus der mündlichen Überlieferung gebildeten Stil vernachlässigte.

Die ursprüngliche Ausdruckskraft und Schönheit der mittelalterlichen ungarischen Sprache wird besonders aus einer Marienklage ersichtlich, die um das Jahr 1300 von einem ungarischen Dominikaner auf eine leere Seite eines aus Italien stammenden Codex aufgezeichnet wurde. Diese Marienklage blieb in der ungarischen mittelalterlichen Dichtung Jahrhunderte hindurch eine Einzelerscheinung. Die späteren Hymnenübersetzungen reichen an ihre künstlerische Schönheit bei weitem nicht heran. Diese Einzigartigkeit dürfte vielleicht an der nur sporadisch erfolgten Aufzeichnung der Werke liegen. Der Boden, der sie hervorbrachte, ist die subliterarische Volksdichtung.

Ausser dem nicht sehr bedeutenden Bruchstück von Karlsburg (Gyulafehérvár), den Glossen von Königsberg und einigen kleineren Wörtersammlungen, bilden die Leichenpredigt und die Marienklage die einzigen wichtigen Denkmäler der ungarischen mittelalterlichen Literatur. In derselben Zeit hatte in Italien Dante bereits seine unsterbliche Göttliche Komödie vollendet, Petrarca seine Sonette geschrieben, in

Deutschland Wolfram von Eschenbach in seinem Parsival das grossartige Epos der katholischen Mystik und des mittelalterlichen ritterlichen Ideals geschaffen, und von Frankreich aus eroberten die Chansons langsam die ganze Welt. Doch trotz dieses Missverhältnisses im Vergleich der ungarischen Literatur zu den Schöpfungen des Auslandes, darf man keineswegs auf eine trostlose Kulturstufe des ungarischen Volkes schliessen. Das Magyarentum trat zu einem verhältnismässig späten Zeitpunkt in die Reihe der westlichen Staaten und musste eine unendlich viel Energie erfordernde seelische Umwandlung durchmachen, um sich ihnen angleichen zu können. Der Zeitpunkt für eigene schöpferische Leistung war noch nicht gekommen.

Von der zweiten Hälfte des XV. Jahrhunderts an erlebte die klösterliche ungarische Literatur ihren ersten Aufschwung. Von dieser Zeit an sind nicht nur vereinzelte Texte, sondern bereits eine Reihe selbständiger, zu Lesezwecken dienende Codices erhalten. Von der Legende des Hl. Franziskus (Jókai-Codex aus dem zweiten Viertel des XV. Jahrhunderts) bis zum Werke des Anonymen Karthäusers (Érdy-Codex von 1527) umfasst die Literatur den ganzen Ideenkreis des mittelalterlichen Gottes-Staates. Nach selbständigen Schöpfungen würde man vergeblich suchen; die gesamte Literatur besteht aus Übersetzungen, die selbst in der Art des sprachlichen Ausdruckes sklavisch dem lateinischen Original folgen.

In den Wiener-, Münchner- und Apor-Codices (zweite Hälfte des XV. Jahrhunderts) erscheint die Heilige Schrift erstmalig in ungarischer Sprache. Wir finden Psalmen, Hymnen in ungarischer Sprache, ebenso wie die Legenden des Mittelalters (die Legende der Hl. Katharina von Alexandrien in Versen, die rührende Erzählung vom Hl. Alexius, die aus Indien stammende Geschichte von Barlam und Josephat, etc.). In manchen Schriften kann man auch auf die Namen des Aristoteles, Platos und Petrarcas stossen. Das ist eine grossartige, mächtige Welt, die nun auch ungarisch geworden ist. Die Legenden und Hymnen der ungarischen Heiligen nehmen eine eigene Stellung ein. Kulturhistorisch am wichtigsten erscheint die Legende von der Hl. Margarethe, welche das Leben eines mittelalterlichen Nonnenklosters erschliesst. Es bestand kein Unterschied zwischen einer Prinzessin und einer Bauerntochter, denn allesamt waren sie Bräute Christi, die in Demut ihrem Herrn dienten.

Von den Übersetzern der Codices, die grösstenteils nur in Kopien erhalten blieben, sind die wenigsten bekannt. Allein der Verfasser einer Hymne teilte seinen Namen in den Anfangsworten seiner Strophen mit: Andreas Vasarheli, ein Franziskaner in Pest, dessen Marienhymne fast zum Volksgesang wurde. Die prägnanteste Persönlichkeit unter den Übersetzern war zweifellos der Anonyme Karthäuser, dessen „ungeschminkter, kerniger, männlicher, leidenschaftlicher Stil die Umrisse eines mittelalterlichen Peter Pázmány vergegenwärtigt“. Die Kopisten waren nicht in allen Fällen sklavische Übermittler der Texte, sondern änderten sie auch zuweilen ab oder knüpften Bemerkungen daran. Das ist ja der wesentlichste Unterschied zwischen handschriftlicher und drucktechnischer Vervielfältigung. Über die Persönlichkeiten der Kopisten ist auch mehr bekannt als über die Übersetzer. Die Namen zweier Nonnen, Lea Ráskai und Marta Sövényházi, vermerkt die Literaturgeschichte mit besonderer Pietät. Lea Ráskai hatte in unermüdlichem Fleiss fünf Codices abgeschrieben. Auch die Erhaltung der Legende der Hl. Margarethe ist ihr zu verdanken.

Der plötzliche Aufschwung der ungarischen Codex-Literatur hatte verschiedene Ursachen. Die beiden Bettelorden wirkten vornehmlich in den Städten und genossen gleichermassen die Förderung des königlichen Hofes, der Kirchenfürsten und des zu Reichtum gelangten städtischen Bürgertums. Unter dem Einfluss der Predigerorden gewann das religiöse Leben der

Städte an Tiefe, wovon auch die gotischen Kirchenbauten der Zeit und die grosszügigen religiösen Stiftungen der Bürger Zeugnis ablegten. Der Einfluss und Ansporn, den Pelbartus von Temesvár vermittelte, wurde bereits erwähnt. Die ungarische Codex-Literatur verdankt ihr Material grösstenteils seinen Arbeiten. Der neue Geist der Zeit trug dazu bei, dass die Vulgärsprache in die Literatur Aufnahme fand. Auch im Westen verdrängte sie langsam das Lateinische. Die ungarischen Geistlichen, die das Ausland besucht hatten, stellten wehmütige Vergleiche an. Der Anonyme Karthäuser klagte in seinem Vorwort darüber, dass schon alle Völker die Bibel in ihre Sprache übersetzt hätten, nur die Ungarn hätten das bisher unterlassen. Diese Worte stellen erstmalig einen Vergleich zwischen Ungarn und dem Westen an. Der anspornende Einfluss solcher Vergleiche kann in der Folge noch vielfach beobachtet werden. Die Verbreitung des Buchdruckes machte auch die Originalwerke leichter zugänglich. Die Werke Temesváris wurden schon nach gedruckten Ausgaben übersetzt. Den wichtigsten Anteil an dem Aufschwung der Codex-Literatur aber hatten doch die Bettelorden, die zu der Vertiefung des religiösen Lebens beitrugen.

Die Franziskaner und Dominikaner, die zum grössten Teil auch selbst dem Volke entstammten, predigten unter dem Volke und vermittelten ihm in seiner Sprache die bis dahin mystisch ferne heilige Literatur. Und dies zu einer Zeit, in der die neuen Entdeckungen (Buchdruck, die Erschliessung der antiken Kultur und die Entdeckung Amerikas) den Horizont des Westens unermesslich erweiterten, und ein einfacher Mönch im Kloster zu Eisenach sich auf sein revolutionäres Lebenswerk vorbereitete. Neue Zeiten brachen auch über Ungarn herein, jahrhundertelange Kämpfe um das nackte Dasein und um die Erneuerung des Geistes.

Höfische Literatur. Während die Pflegestätten der religiösen Literatur die Klöster waren, nahm die weltliche Literatur vom königlichen Hofe ihren Ausgangspunkt. Dort vertraten die Mönche den auserwählten Stand der Schreibkundigen, hier hingegen hohe Staatsfunktionäre und hohe Geistliche, die im Ausland studiert hatten.

Die Macht der mündlichen Überlieferung konnte durch die Schrift auch bei Hofe nur langsam verdrängt werden. Gesetze, Rechtsgepflogenheiten und Urteile lebten durch das Wort weiter. Bei Güterverleihungen genügten die lebenden Zeugen, und die geschichtliche Überlieferung wurde von einer Generation auf die andere übertragen. Erst die Komplizierung des staatlichen Lebens machte die schriftliche Aufzeichnung erforderlich. Schon Stefan der Heilige hatte Heribert, ein Mitglied der deutschen Staatskanzlei, an seinen Hof berufen und durch ihn das Muster für die ungarischen Urkunden ausstellen lassen. Eine der ältesten, im Original erhaltenen Urkunden ist die Stiftungsurkunde der Abtei von Tihany aus dem Jahre 1055. Sie enthält zahlreiche ungarische Wörter und Ausdrücke und stellt somit das älteste Sprachdenkmal dar. Béla III. führte strenge Ordnung bei Ausstellung der Urkunden ein, indem er sie als Beweis bei allen Rechtsangelegenheiten forderte. Diese lateinischen Dokumente gehören nur insofern in den Rahmen der Literatur, als sie zur Verbreitung des Ansehens der Schrift beitrugen und sie gleichzeitig auch des übersinnlichen Zaubers, den sie bis dahin besass, entkleideten. Die Dokumente regelten die Verhältnisse des täglichen Lebens, und das Schreiben wurde eine Notwendigkeit. Am Ende des Mittelalters gehörte sie gar nicht mehr zu den Privilegien der Geistlichkeit, sondern wurde immer mehr von weltlichen Personen gepflegt. Die Verbreitung der Schrift ist die Vorbedingung zu einem Leserkreis und der Leserkreis für die Entstehung der Literatur. Daher spielen auch die mittelalterlichen Urkunden immerhin eine — wenn auch bescheidene —

Rolle in der Entwicklung des ungarischen literarischen Lebens.

An der Spitze der geschriebenen Gesetze stehen die nach karolingischem Muster verfassten „Belehrungen" Stefans des Heiligen an seinen Sohn und Erben, den Hl. Imre. Sie werden wohl nicht ein selbständiges Werk des Königs, sondern eher die Arbeit eines zum Hofe gehörenden, gelehrten Priesters sein. Obwohl die Gesetzgebung auf mündlichem Wege erfolgte, blieben dennoch auch einige geschriebene Gesetze, u. a. die von Ladislaus dem Heiligen und Koloman erhalten. Die schriftliche Fixierung der ungarischen Rechtsprinzipien liess noch lange auf sich warten, eine Tatsache, die wiederum für die grosse Macht des lebendigen Wortes spricht. Im Jahre 1514 überreichte Stefan Werbőczy dem König sein „Tripartitum", die erste, gelehrte und in gutem Latein verfasste Zusammenfassung des ungarischen Privatrechtes. Zwar wurde das Tripartitum nicht zum Gesetz erhoben, blieb aber trotzdem mehr als drei Jahrhunderte lang das Quellenwerk des ungarischen Rechtslebens, zu dessen Erstarrung es auch in grossem Masse beigetragen haben dürfte.

Literarisch wertvoller als Urkunden und Gesetze war die höfische Geschichtsschreibung. Man kann bei ihr auch schon von einer richtigen Entwicklung sprechen, die sich in „schöner Kontinuität" vom XI. Jahrhundert an über das ganze Mittelalter hindurch verfolgen lässt. Die Geschichtsschreiber des Hofes, meist Gelehrte aus dem Priesterstand, zeichneten die nationale Geschichte im Auftrag des Königs und zu seinem Ruhme auf. Im Gegensatz zu der chronikenhaften Geschichtsschreibung der Deutschen, entwickelte sich in Ungarn unter französischem Einfluss die buntere, romantischere Art der sogenannten „Gesten". Die erste dieser Gesten, von der wir Kenntnis haben, und die den späteren als Quelle diente, entstand in der Zeit Ladislaus des Heiligen. Obwohl von ihr nicht einmal Varianten erhalten blieben, gelang es ungarischen Historikern, mittels einer strengen Textkritik ihre Form und ihren Inhalt zu bestimmen. Für die Literaturgeschichte setzt die Geschichtsschreibung mit dem Werk des Anonymus ein, das nach einer 600-jährigen Verborgenheit in der Mitte des XVIII. Jahrhunderts wieder auftauchte, und eine ausserordentliche Wirkung nicht nur auf die nationale Literatur, sondern auch auf die Entwicklung des ungarischen geschichtlichen Geistes überhaupt hatte. Anonymus — der bisherigen Forschung zufolge der Probst Peter von Ofen, Notar des Königs Béla II. — beabsichtigte mit seinem „De Gesta Hungarorum" der Nation ein gelehrtes Geschichtswerk zu geben, damit sie ihren Ursprung und ihre Heldentaten nicht aus den falschen Märchen der Bauern und dem verantwortungslosen Geschwätz der Spielleute erfahre. Er verachtete die volkshafte Überlieferung und beschrieb den Ursprung der Magyaren und die Landnahme auf Grund von Annalen, ausländischen Chroniken und Familienüberlieferungen. Seine geschichtliche Glaubwürdigkeit gehört zu den umstrittensten Fragen der ungarischen Geisteswissenschaften. Vom literarischen Gesichtspunkt aus ist es wichtig, dass er sich wiederholt auf die ungarische Volksdichtung beruft und sie auch benutzt, allerdings ungewollt, indem er die Schöpfungen der Volksphantasie, deren Reiz gerade auf ihrer Naivität beruht, in gelehrsamer Weise verzerrt. Doch war jede seiner Zeilen von der stärksten Liebe zu seiner Rasse und von dem Glauben an die Grösse der Nation durchdrungen. Er ist auch der glaubwürdigste Zeuge für die uralte magyarische Volksdichtung und gilt als einer der stärksten Inspiratoren der ungarischen Romantik.

Der erste Verkünder der hunnisch-magyarischen Identität war Simon Kézai, der Hofpriester von Ladislaus dem Kumanen, der eine Geschichte Ungarns von den Anfängen bis zu seiner Zeit verfasst hat. In seiner Darstellung war Árpád ein Abkömmling von Attila, und die Landnahme der zweite Einzug in Ungarn.

Seine bunte Geschichte der Hunnen, in der Viele nach dem Kern eines in Entwicklung begriffenen naiven Epos suchten, war in ihrer Gesamtheit nichts anderes als seine eigene gelehrsame Kompilation verschiedener Elemente. Die inspirative Kraft dieser Arbeit war nicht viel geringer als die des Werkes vom Anonymus. In Ermangelung lebendiger oder ererbter völkischer Tradition schöpfte die ungarische nationale Dichtung ihre Themen aus diesen gelehrsamen Arbeiten, die das Material in einer nahezu dichterischen Anordnung präsentierten.

Das schönste und in seiner dichterischen Form vollkommenste Geschichtswerk des Mittelalters stellt die Wiener Bilder-Chronik dar, die von Kanonikus Marcus von Kált um die Mitte des XIV. Jahrhunderts für Ludwig den Grossen angefertigt wurde. Ihre Illustrationen, die vermutlich von ungarischen Künstlern stammen, sind künstlerisch ausserordentlich wichtig, kulturhistorisch aber von geradezu unschätzbarem Wert. Marcus führte in der Chronik die Arbeiten seiner Vorgänger bis in die Zeit Robert Karls fort. In der Wiedergabe der hunnischen Geschichte hielt er sich meist an das Werk Kézais. Die Geschichte der Árpáden-Zeit aber stellte er bunter und reicher als seine Vorläufer dar. Die an tragischen Konflikten und menschlichen Affekten so reichen Königssagen, zu deren edelsten Gestalten Ladislaus der Heilige gehört, verdanken wir seinen Aufzeichnungen.

Am Hofe des Königs Matthias erschien in Johann Túróczi der erste weltliche Geschichtsschreiber. Hier lebte auch Bonfinius, der erste Ausländer, der die Vergangenheit Ungarns bearbeitete. 1473 begann die erste ungarische Druckerei ihre Tätigkeit, deren erste Veröffentlichung die Ofner Chronik darstellt. Wir stehen hier an der Schwelle einer neuen Entwicklung, deren Darstellung nicht mehr in den Rahmen einer Literaturgeschichte gehört. Die ungarische Geschichtsschreibung hatte am Hofe keine Heimat mehr und wandte sich nun an weitere Kreise. Die Geschichtsschreibung in ungarischer Sprache begann sich zu entwickeln. Auch Bonfinius hatte Nachfolger, die auch über die ungarischen Grenzen hinaus gelesen wurden. Die Geschichtsschreibung hatte eine hohe Mission zu erfüllen, denn in den folgenden stürmischen Jahrhunderten brauchte die Nation mehr denn je die verschmelzende Kraft des geschichtlichen Bewusstseins. In den Zeiten, in denen Ungarn oft allein und hoffnungslos um die christliche Kultur des Westens kämpfte, war es am allermeisten darauf angewiesen, dass dieser Westen auch seine Vergangenheit und seine europäische Mission kennen lernte.

Die lateinische Bildung des Hofes war in der Zeit der Árpáden noch nicht sehr umfangreich. In der nächsten Umgebung des Königs wurde vermutlich mehr ungarisch als lateinisch gesprochen. Eine Änderung trat erst unter den Herrschern aus dem Hause Anjou ein, die die neue Ideenwelt der italienischen Rinascimento mit sich brachten, die später unter Matthias Corvinus ihre höchste Blüte erreichte. Italienische Architekten, Maler, Bildhauer, Gelehrte und Dichter strömten nach der Burg in Ofen und zauberten an die „barbarische" Donau den Glanz eines Medicäer-Hofes. In der grossartigen Bibliothek von Matthias waren unter den prächtig gebundenen und künstlerisch illustrierten Codices die Werke von Platon, Aristoteles, Cicero und Virgil nebst allen grossen Geistern der Antike vertreten. Man unterhielt sich bei Hofe in klassischem Latein, schwärmte für die Oden des Horaz und lächelte über die schlüpfrigen Epigramme Ovids.

Die Ungarn, und der grösste unter ihnen, Janus Pannonius, wetteiferten mit den Italienern. Janus Pannonius, der junge Bischof von Fünfkirchen (Pécs) hatte viele Jahre lang an italienischen Universitäten studiert und erfreute sich der Freundschaft der namhaftesten italienischen Humanisten. Sie rechneten ihn als einen der ihren, da er ja auch seelisch vollständig zu ihnen gehörte. Sein in humanistischer Manier verfasstes Epos, ein beschreibendes Gedicht, sowie seine Oden und Epigramme beweisen, dass er ein Dichter von Rang war, dem der Bischofsmantel nur als eine prächtige Äusserlichkeit galt. Nicht christliche Demut erfüllte sein Herz, sondern die glühende Liebe zum irdischen Leben. Pelbartus von Temesvár, Johann Werbőczy und Janus Pannonius sind zweifellos die grössten geistigen Persönlichkeiten des ausgehenden Mittelalters in Ungarn. Der bewunderungswerteste, gleichzeitig aber auch der fremdartigste unter ihnen war der Dichter, dem eine glänzende Laufbahn und ein trauriges Ende zu Teil wurde. Die beiden ersteren wurzelten in der Vergangenheit, waren aber auch mit dem Leben Ungarns aufs engste verknüpft. Die Dichtungen des Janus Pannonius waren zunächst eine fremde Blüte und wiesen in die Zukunft.

Der Tod des Matthias Corvinus setzte dem ungarischen Humanismus kein Ende. Auch am Hofe der schwächeren Nachfolger des Königs lebte der Geist des Humanismus weiter, dessen Lichtquelle nicht mehr Italien bildete. In der Ofner Burg, im Kreise Ludwigs II. und der Maria von Habsburg, las man nicht mehr die Werke der antiken Philosophen, sondern widmete sich schwärmerisch den Briefen des Erasmus von Rotterdam. Aus diesen Briefen strömte eine alles verstehende, überlegene Weisheit und ein müder Pessimismus, der den Tatendrang lähmte und Glauben und Selbstaufopferung zerbrach. Die Türken standen bereits vor Belgrad und holten schon zum grossen Schlage aus. Die Führer der Nation nahmen die Ideen eines internationalen Philosophen auf, der nie ein Vaterland gekannt hatte...

Der ungarische Humanismus blieb nicht auf den königlichen Hof beschränkt. Einige Kirchenfürsten von italienischer Bildung — Johann Vitéz, Peter Váradi, Miklós Bátori und die Brüder Thurzó — wetteiferten in ihren Residenzen mit dem Glanz des königlichen

Hofes, den sie später sogar überflügelten. Durch sie und ihre Hofgeistlichen drangen die Ideen des Humanismus in die Kreise des städtischen Bürgertums und bereiteten den Boden für die Reformation vor.

Die städtische bürgerliche Kultur, die seit dem Mittelalter ihre stärksten Impulse von Deutschland und Wien empfangen hatte, war bereits in Entwicklung begriffen. Nachdem Matthias Corvinus Wien erobert und seine Residenz dahin verlegt hatte, wurde dieser geistigen Verbindung auch in organisatorischer Hinsicht Ausdruck verliehen. Matthias war der erste ungarische König, der unter Bewahrung der ungarischen Oberhoheit, von der Wiener Zentrale aus die Donau-Staaten zu einer Einheit zusammenfassen wollte. Seine Nachfolger aus dem Hause Habsburg leitete dasselbe Bestreben, doch handelten sie nur aus dynastischem Interesse und liessen dabei die ungarischen Interessen ausser Acht. Trotzdem wurde Wien zu einem der Zentren des ungarischen Geisteslebens. Wien wurde der Ausgangspunkt der in ungarischer Sprache schreibenden Humanisten und Reformatoren (Gabriel Pesti, Peter Bornemissza), in Wien wurde die Gegenreformation begonnen, und in dieser Stadt erwachte in der zweiten Hälfte des XVIII. Jahrhunderts der ungarische Geist zu neuem Leben. Die Zusammengehörigkeit fand eine frühe Äusserung in der 1497 gegründeten Danubischen Wissenschaftlichen Gesellschaft, die erstmalig den Versuch unternahm, die Grenzen zu überbrücken und das geistige Leben der Donau-Länder zusammenzufassen. Konrad Celtis, Professor an der Wiener Universität und Leiter der Gesellschaft, reiste öfter zum Besuch der ungarischen Abteilung nach Ofen. Die Mitglieder, grösstenteils Deutsche und Tschechen (der Präsident Johann Vitéz d. J. war vielleicht der einzige Ungar), entwickelten auch keine nennenswerte Tätigkeit, da sie die gemeinsamen Gelage der gemeinsamen Arbeit wohl vorgezogen haben dürften. Trotzdem aber hatte diese Gesellschaft eine symbolische Bedeutung: sie bestätigte die Zugehörigkeit der ungarischen Hauptstadt zu Europa, noch bevor die Türkenflagge von ihr Besitz ergriff.

Am königlichen Hofe fand neben der lateinischen Bildung — seit der Heirat Stefans des Heiligen — die deutsche Sprache die meiste Verbreitung. Sie wurde nur zeitweise durch andere fremde Einflüsse (französische, italienische, polnische, byzantinische) verdrängt. Der deutsche Einfluss fand schon in der Zeit der Árpáden eine sichere Grundlage in den planmässigen deutschen Siedlungen (Grubenstädte, Zips, Siebenbürger Sachsen) und später in den Städten von deutscher Organisation. Selbst die königliche Residenz Ofen war von deutschen Bürgern bewohnt. Die Spielleute, die Vertreter der mittelalterlichen deutschen höfischen Dichtung, wurden schon seit altersher wahrscheinlich auch an dem ungarischen Hofe gern gesehen. Auch das Nibelungenlied enthält viele ungarische geschichtliche Elemente, und die deutschen Sagen sind — dies beweisen mehrere deutsche Namen in der Hunnensage des Marcus von Kált — auch in Ungarn bekannt gewesen. Über deutsche Sänger in Ungarn besitzen wir geschichtliche Belege. Die Spielleute Suchenwirt, Heinrich von Mügeln und Teichner hielten sich am Hofe Ludwigs des Grossen auf, Oswald von Wolkenstein gehörte zum Gefolge von Sigismund, und Michael Beheim war der Hofsänger Ladislaus V. Auch die Spuren städtischer Sänger lassen sich verfolgen, deren Niederlassung durch Gesetze verboten war. Ihr Einfluss wird durch einige deutsche Lehnwörter bewiesen (lator = lotter, trágár = träger, tánc = tanz, lant = laute). Mit den deutschen Spielleuten kamen auch zuweilen französische Troubadoure (Peire Vidal), in noch grösserer Zahl aber slawische Sänger. Es erscheint nahezu als ungarischer Charakterzug, dass der Ungar zu seiner Unterhaltung stets Fremde wählt: früher waren die Musikanten Juden, später — und auch heute noch — sind es Zigeuner.

Es wurde schon erwähnt, dass die fremden Sänger auch die ungarische Sprache zu erlernen trachteten, da bei Hofe bis zur Schlacht von Mohács doch die ungarische Sprache die Herrschende war. Vermutlich fanden sie auch ungarische oder ungarisch gut beherrschende Konkurrenten, die nach deutschem, französischem oder slawischem Muster die Heldentaten des Herrschers in ungarische Versen besangen. Die ungarischen Sänger (joculatores) wurden erstmalig von Anonymus erwähnt, der behauptete, dass sie unwahre Lieder von der Vergangenheit der Ungarn sangen. Seit dem XIII. Jahrhundert lassen sich in Urkunden viele Namen von ungarischen Sängern nachweisen (Regős, Csiper, Szombat, Hamzou). Sie lebten grösstenteils am Hofe des Königs oder in königlichen Burgen und genossen in reichstem Masse — den Schenkungsurkunden zufolge — die Gnade der Herrscher. Von König Matthias berichtete der Italiener Galeotto, dass er nach den Festgelagen gern den ungarischen Heldenliedern lauschte. Im Zusammenhang mit der Erstarkung der Oligarchie und der Entwicklung und langsamen Magyarisierung der Städte nahm auch die Zahl der wandernden ungarischen Sänger immer mehr zu. Gleich ihren deutschen Kameraden zogen sie von einem Adelssitz zum andern, von Stadt zu Stadt und sanken zu einfachen Volksbelustigern herab.

Die höfische Dichtung kann wohl kaum als Fortsetzung der heidnischen Volksdichtung angesehen werden. Sie kam aus der Fremde, ebenso wie die klösterliche Literatur oder der Humanismus. Der höfische Sänger (regös genannt) wurde von der christlichen ritterlichen Weltanschauung nicht verfolgt, denn er lebte am Hofe des Königs und stand unter seinem Schutz. Höchstens der wissenschaftliche Schriftsteller verachtete ihn, weniger aus moralischer Entrüstung, als aus der Überlegenheit des Wissenschaftlers heraus. Die Sänger dürften wohl kaum dem Stand der Schreibkundigen angehört haben (obwohl sie meist aus den

Reihen der verlotterten Priester und wandernden Studenten kamen), sie rechneten auch nicht mit Lesern, sondern mit Zuhörern und begleiteten ihre Lieder mit Musik. Die Verse wurden in der Erinnerung bewahrt und von Nachkommen auf Nachkommen vererbt. Der Sänger, falls er auch schreiben konnte, zeichnete sie nur selten auf, höchstens auf ein Pergamentblatt, das leicht wieder verloren ging. Vom Ende der Epoche blieben nur ganz wenige, in Codices durch weltliche Persönlichkeiten aufgezeichnete Denkmäler erhalten. Aus diesen, ebenso wie aus den späteren Denkmälern geht hervor, dass die Schöpfungen der höfischen Dichtung meist gelehrte Arbeiten waren, die zu der lebendigen Volksdichtung in ähnlichem Verhältnis standen, wie etwa die lächerlichen Rhythmen mancher Dorfkantoren zu den künstlerischen Volksliedern. In den ständigen Wendungen, Absätzen, Übergängen und Schlüssen lässt sich der deutsche Einfluss nachweisen. Der Autor nannte seinen Namen meist in den Anfangsbuchstaben der einzelnen Strophen und verriet in der letzten Strophe, wann und wo und aus welchem Anlass er sein Gedicht verfasst hatte.

Die wenigen erhaltenen Denkmäler scheinen zu beweisen, dass die mittelalterlichen Sänger wohl kaum über besondere dichterische Fähigkeiten verfügten. Die beste Schöpfung aber stellt das Klagelied um König Matthias dar, das bald nach dem Tode des grossen Königs entstanden sein dürfte. Den Tod Matthias Corvinus beweinte der Sänger mit Recht, denn Matthias war der letzte ungarische König, an dessen Hofe die ungarische Dichtung — wenn auch in bescheidenster Form — eine Heimstätte gefunden hatte.

Volksdichtung. Es besteht kein Zweifel, dass die Dichtungen der Regös-Sänger nicht mit der Volksdichtung zu identifizieren sind. Die Volksdichtung lebte seit der Heidenzeit im Munde des Volkes ununterbrochen weiter. Nach dem Zeugnis der verwandten und benachbarten Völker, hat das Volk keinerlei Berufsdichter, sondern nur sogenannte Liedersänger gehabt, die an dem Arbeitsleben ihrer Gemeinde teilnahmen und Dank ihres guten Erinnerungsvermögens, zuweilen auch einer dichterischen Begabung, die Lieder und Märchen des Volkes bewahrten. Schon Anonymus hatte die geschwätzigen Lieder der Sänger und die eitlen Mären der Bauern besonders erwähnt. Wir dürfen diesen konsequent wiederkehrenden Ausdruck doch nicht für blossen Pleonasmus halten. Das Volk, das nach Anonymus bis in seine Zeit hinein die Kämpfe und Heldentaten der landnehmenden Magyaren nicht vergessen hatte, und noch von Botond erzählte, hat durch seine Dichtung die heidnische Tradition vor dem Untergang bewahrt. Die ungarischen Folkloristen entdeckten in den Regös-Liedern des Volkes heidnische Spuren, die sich bis heute erhalten haben. Auch die Zaubergebete, die Peter Bornemissza am Ende des XVI. Jahrhunderts aufzeichnete, und von denen das eine die Mutter-Erde beschwört, scheinen heidnischen Ursprunges zu sein. Es ist weiter nicht verwunderlich, dass die christliche Kirche bestrebt war, die Volksdichtung, als die mächtigste Erinnerung des Magyarentums an seine heidnische Mythenzeit, auszurotten. Wie stark diese Erinnerung fortlebte, beweist der Mönch Julian, der im Jahre 1235 nach dem Orient reiste, um die losgetrennten Stammverwandten der Magyaren zu suchen.

Denkmäler der Volksdichtung sind nicht auf uns gekommen. Von ihrem Stoff wissen wir nur soviel, was aus Anonymus entnommen werden kann. Sie wurde zweifellos von den geschichtlichen Ereignissen der neueren Zeit und von den Nachbarvölkern, namentlich den Südslawen, die eine blühende Volksdichtung besassen, und der höheren Literatur, die ausländische Motive übermittelte, beeinflusst. Formal dürfte sie denselben Änderungen unterworfen gewesen sein, wie die Sprache selbst. Der uralte Rhythmenvorrat wurde durch kirchenlateinische, slawische, deutsche, sogar rumänische Elemente bereichert. Ähnlich verhielt es sich auch mit der ungarischen Volksmusik, die mit der Liederdichtung unzertrennlich verknüpft war. Text, Begleitmusik und Tanz dürften wohl selten getrennt gewesen sein. Als wichtigster Zeuge für den künstlerischen Wert der ungarischen Volksdichtung gilt Johann Sylvester, der 1541 seine Übersetzung des Neuen Testamentes veröffentlichte und in einem Nachwort berichtete, dass das ungarische Volk sich ungemein leicht an die bilderreiche Sprache der Heiligen Schrift gewöhnen könne: die Alltagssprache und die Lieder, besonders die Blumenlieder (Liebeslieder), seien so bilderreich und poetisch und zeugten von der reichen Erfindungsgabe des ungarischen Volkes. Johann Sylvester wird mit seinem Lobe wohl kaum die holprigen Gesänge der zeitgenössischen Spielleute gemeint haben, sondern nur die echte Volksdichtung.

Drei Denkmäler, allerdings von zweifelhaftem Wert, sind von der mittelalterlichen Volksdichtung auf uns gekommen. Bemerkenswert ist dabei, dass alle drei vermutlich von Nicht-Ungarn aufgezeichnet worden sind. Es handelt sich um ein Tanzlied, das Johann Kreusl, Notar in Kremnitz (Körmöcbánya) 1505 in deutscher Orthographie aufgezeichnet hat, um das Fragment eines Volksliedes mit Noten — aufgezeichnet von Philipp Pominocky, der wahrscheinlich polnischer Abstammung war — und um ein Blumenlied aus Ödenburg (Sopron) aus dem Ende des XV. Jahrhunderts. Die kleine Zahl der erhaltenen Beispiele erklärt sich aus der Tatsache, dass in Ungarn die Schreibkundigen erst seit dem Anfang des XIX. Jahrhunderts der Volksdichtung Beachtung schenkten, und dies auch meist nur auf fremde Anregung hin.

Der Mangel an Denkmälern bedeutet aber nicht, dass es keine Volksdichtung gegeben hätte. Ebenso wie die lateinische die Nationalsprache niemals verdrängen konnte, vermochten auch die heftigsten Angriffe der

Kirche die Sangesfreude des Volkes nicht zum Verstummen zu bringen. Auffällig ist nur, dass sich in der neueren Volksdichtung — mit Ausnahme der bereits erwähnten Regös-Lieder — weder heidnische, noch mittelalterliche Spuren nachweisen lassen. Zu erklären ist diese Erscheinung durch die 150 Jahre währenden Türkenkriege, in deren Verlauf ganze Landschaften verwüstet und unzählige Geschlechter ausgerottet wurden. Johann Erdélyi, der erste wissenschaftliche Sammler unserer Volksdichtung, beklagte sich in den 40-er Jahren des vorigen Jahrhunderts darüber, dass die Alföld, diese ungarischste aller Landschaften, nur verschwindend wenig Volkslieder vermittelt hatte. Die Kontinuität der Textübermittlung wurde durch die Türken zwar unterbrochen, aber die schöpferische Phantasie des Volkes, seine Rhythmenfertigkeit, sein Formenreichtum und üppiger Wortschatz konnten nicht ausgelöscht werden. Die Urquelle der Literatur strömte weiter und diente zur Speisung der geschriebenen und auch der gedruckten Literatur.

DIE SPALTUNG DER CHRISTLICHEN KULTUR.

Die auf das Unglück von Mohács folgenden beiden Jahrhunderte lassen sich durch die Kämpfe um den wahren Glauben und gegen die Türkenherrschaft zu einer Einheit zusammenfassen. Ein neues Kapitel der ungarischen Literaturgeschichte beginnt. Alle Kräfte, die während der fünf Jahrhunderte des Mittelalters die Kultur erhielten und entwickelten, waren vernichtet. Die Klöster standen leer, ihre frommen Insassen zerstreuten sich nach allen Himmelsrichtungen. Im Jahre der Schlacht von Mohács zählte die strengere Richtung der Franziskaner 70 Klöster mit 1500 Mönchen. Hingegen um das Jahr 1600 gab es in ganz Ungarn kaum 300 katholische Geistliche, einschliesslich aller Bischöfe, weltlichen Geistlichen und Mönche. Nach dem traurigen Intermezzo des doppelten Königtums verlegte der König von Ungarn seine Residenz endgültig nach dem Ausland, nach Wien (zuweilen auch nach Prag) und regierte von dort aus, umgeben von fremden Ratgebern, das verwundete, dahinsiechende Land. Damit hatte der ungarische königliche Hof ein für allemal aufgehört, das befruchtende Zentrum der ungarischen Kultur zu sein.

Im Ungarlande baute man keine Kirchen und Paläste mehr, man malte auch keine Bilder und meisselte keine Skulpturen. Bedenkt man, wieviel die Árpáden, die Anjous und Matthias Corvinus einst für das Land getan haben, muss man die ganze Tragweite des Verlustes erkennen. Besonders schmerzlich erscheint ein Vergleich zwischen Ofen (Buda), das zum elenden

Dorf herabsank, und der barocken Pracht von Wien oder Paris, der glanzvollen Stadt der Bourbonen, die Jahrhunderte hindurch als leuchtender Stern der europäischen Kultur galt, oder auch nur mit der Residenz irgendeines italienischen Herzogs oder deutschen Fürsten der Zeit. Wenn Ungarn einen Tasso, einen Shakespeare, einen Molière hervorgebracht hätte, wäre selbst dieser zum Schweigen verurteilt gewesen. In der Entwicklung der nationalen Kultur mangelte es von nun an an einem schaffenden, zentralen Willen. Die über bescheidene Mittel verfügenden, in enge Grenzen gezwängten Fürsten von Siebenbürgen boten, nicht einmal vorübergehend, einen Ersatz.

Der Bauernaufstand von Dózsa im Jahre 1514 beleuchtet krass den sozialen Verfall des Ungarntums. Die patriarchalische Einheit war zu Ende, Adelige und Leibeigene standen sich feindlich gegenüber. Das eigentliche Kolonisationsgebiet des Ungarntums — heute unter der Bezeichnung des Trianoner Ungarlandes bekannt — bildete ein türkisches Sandschak. Der Adel floh und liess die Bauernschaft in grenzenlosem Elend zurück. Von diesem Zeitpunkt an lebte der ungarische Adel grösstenteils zwischen slowakischen und rumänischen Leibeigenen oder in deutschen Städten, wodurch das uralte Band, das die verschiedenen Klassen des Ungarntums miteinander verbunden hatte, für Jahrhunderte verloren ging.

Des ungarischen Adels harrte die Aufgabe, das Recht der Heiligen Krone dem Türken, dem Deutschen, ja selbst dem eigenen Könige gegenüber zu wahren. Ebenso stand ihm bevor, die Idee des ungarischen Staates mitten im Verfall wachzuerhalten und das glimmende Feuer der ungarischen Kultur anzufachen. Bis ins letzte Jahrhundert lieferte der Adel aus seinen Reihen nicht allein die Helden der Türkenkriege und die Kämpfer, die für Heimat und Glauben gegen die Habsburger fochten, sondern auch die Mäzene, die Leser, die federkundigen Gelehrten, die Schriftsteller und Dichter. Der Adel war identisch mit der Nation. Den Gefährten seines Kampfes bildete die Geistlichkeit — katholische und protestantische —, die durch ihren Beruf, auch wenn ihre Vertreter dem Stande der Leibeigenen entstammten, zum Adel erhoben wurde. Der Priester lebte fortan weder in klösterlicher Abgeschiedenheit, noch in der kalten Höhe der Bischofsburgen, sondern kämpfte und litt zusammen mit dem Volke, jederzeit bereit für Glauben und Heimat zu sterben. Er diente unermüdlich dem Lande durch Wort und Feder. Auch die Buchdruckerkunst, die mächtige Waffe der Neuzeit, machte er sich zu Nutzen. Durch seinen auf ausländischen Universitäten geschärften Intellekt hielt er, selbst mitten in der trostlosen Zerrüttung, die Verbindungen zwischen seiner Heimat und dem Westen aufrecht. Vom Volke entfernt, doch für das Volk lebend, bildete die Geistlichkeit das einzige Verbindungsglied zwischen Adel und Leibeigentum.

Während der Türke die prächtigen ungarischen Bauern in Ketten legte und sie zu Tausenden nach den Sklavenmärkten des Orients trieb, während in der Heimat selbst das Volk von fremden Söldnern, türkischen Paschas und ungarischen Grundherren ausgesogen wurde, bildeten Adel und Geistlichkeit die einzigen Träger der ungarischen Kultur. Sie waren die Kämpfer einer traurigen Gegenwart, aber auch die opferbereiten Vorarbeiter einer besseren Zukunft.

Die 150 Jahre währende Türkenherrschaft riss den ungarischen Staat aus der Reihe der bedeutenden westlichen Staaten heraus. Das dem König untertane Ungarland schrumpfte auf wenige Komitate Transdanubiens und Oberungarns zusammen und sank auf das Niveau einer vernachlässigten österreichischen Provinz herab. Siebenbürgen litt unter dem Joche der türkischen Oberhoheit, deren lähmenden Zwang nur wenige grössere Fürsten durchbrechen konnten. In dem Gebiet, das unter türkischer Herrschaft stand, entfernte man von den Kirchengiebeln die Kreuze, um sie durch den Halbmond zu ersetzen.

Doch die Seele des Volkes war bereits unlösbar mit dem Westen verbunden. In dem Blutopfer, das die Ungarn, als ein Schild der Christenheit, dem Westen darbrachten, zeigte sich erst richtig das wunderbare Ergebnis der 500-jährigen Bekehrung zum Christentum. In den schlimmsten Jahren der Krise war der Papst der opferbereiteste Kampfgenosse Ungarns. Doch in einer Zeit, in der die Besten des Landes bei Mohács gefallen waren, die Kathedralen im Staube lagen, die Klöster als kahle Ruinen zum Himmel ragten und der König von Frankreich, der den Beinamen des christlichsten Königs trug, sich mit den Heiden gegen die Macht der Habsburger verbündete, in so einer Zeit hätte selbst die Kraft der katholischen Kirche zur Rettung der magyarischen Seele allein nicht mehr ausgereicht. Der frische Zug der Reformation gehörte schon dazu, den tiefster Glaubensfanatismus erfüllte und der — nach dem Beispiel der Bettelorden, — das Wort Christi in der Volkssprache verkündete. Im Laufe weniger Jahrzehnte wurde das Land Stefan des Heiligen protestantisch und festigte dadurch seine frühere Verbindung mit dem Westen. Über die südlichen und östlichen Grenzen des Ungarlandes hinaus fand die Reformation keine Verbreitung.

Die Tatsache, dass das von seinen Führern verlassene Volk der Alföld dem Ungarntum die Treue bewahrte, ist nicht zum geringen Teile dem Siege der Reformation zu verdanken. Trotz der rassischen Verwandtschaft hatte der Glaubensunterschied eine unüberbrückbare Kluft zwischen den Ungarn und Türken geschlagen.

Der ungarländische Sieg der Reformation bedeutete einen gewaltigen Vorstoss des deutschen Geistes. Die ersten Anhänger Luthers in Ungarn waren Deutsche, wie auch die Flagge der Reformation zu allererst durch die deutschen Städte in Ungarn gehisst wurde. Die begabtesten Jünglinge Ungarns erhielten zwei Jahrhunderte hindurch die westliche Bildung auf deutschen Universitäten. Nach ihrer Heimkehr unternahmen sie die Neuorganisierung der protestantischen Schulen nach deutschem Muster. Der grösste Fürst Siebenbürgens, Gabriel Bethlen, berief deutsche Sängerknaben an seinen Hof. Deutsche Gelehrte unterrichteten auch in seinem Kollegium in Karlsburg (Gyulafehérvár), von dem er selbst bedeutende Ungarn ausschloss. Die Deutschen Alstaedt, Bisterfeld und Opitz wirkten hier. Letzterer verfasste sein Epos „Zlatna" in Karlsburg. Von den vier frühesten Buchdruckereien Ungarns wurden drei durch deutsche Arbeit geschaffen. Die schreibkundigen ungarischen Reformatoren beschäftigten sich mit der Übersetzung deutscher Werke und in ihren Kirchen erklangen die Psalmen Luthers.

All dies geschah im Interesse des Glaubens. An eine Assimilation dachte man dabei nicht. Doch besteht kein Zweifel, dass das Ungarntum, dessen Land von den Türken besetzt war, früher oder später zum geistigen Vasallen der Deutschen geworden wäre. Es wurde dies durch die Abkehr von der Augsburger Konfession im Laufe des XVI. Jahrhunderts und dem Anschluss an den Schweizer Reformator Kalvin verhindert. Das XVI. Jahrhundert stand noch im Zeichen der Kämpfe der Protestanten, die auf Leben und Tod geführt wurden. Erst im XVII. Jahrhundert trat eine Klärung der Kräfteverhältnisse ein. Grosse Teile der Bevölkerung des besetzten Gebietes und Siebenbürgens wurden kalvinistisch. Anhänger Luthers gab es höchstens an den westlichen Grenzen, und das Leben der Unitarier bestand in ewigem Kampf. Die stolze Bezeichnung „ungarische Religion" sollte für den Kalvinismus vorbehalten bleiben.

Wissenschaftlich lassen sich die Motive, die das Ungarntum zu dieser seelischen Wandlung veranlassten, kaum erklären. Vielleicht steht der Puritanismus der helvetischen Konfession, seine auf den Intellekt gebaute Ordnung und der Glaube an die Prädestination — der an den Fatalismus des Orients gemahnt — der ungarischen Seele näher, als die warme Gefühlsseligkeit des Luthertums oder der übersinnliche Mystizismus der katholischen Kirche. Wenn auch Bestimmtes sich darüber nicht sagen lässt, steht soviel fest, dass der Kalvinismus den ungarischen Geist von dem einseitigen und ausschliesslichen deutschen Einfluss frei gemacht hatte. Gleichzeitig öffnete er auch den Geistesströmungen des ferneren Westens den Weg, wodurch den Ungarn ihr altes Gleichgewicht und die Möglichkeit einer selbständigen Entwicklung wiedergegeben wurde. Vom XVII. Jahrhundert an verlor Wittenberg den Reiz, den es ursprünglich auf die Jugend Ungarns ausgeübt hatte. Sie bevorzugte die Hochschulen der Schweiz und der Niederlande und lernte auf diese Weise auch das Geistesleben der Franzosen und Engländer kennen. Das Gegenspiel der französischen und deutschen Einflüsse wiederholte sich in Ungarn nahezu mit einer gewissen Gesetzmässigkeit. Stets, wenn der deutsche Einfluss die Selbständigkeit der ungarischen Geistigkeit bedrohte, tauchten die Beziehungen zu Frankreich auf. Dies ist der Ausgleich tiefsten Rasseninstinktes, der keine Gefährdung des ungarischen Charakteristikums zulässt.

Wenn auch die Lehre Kalvins nicht gerade als eine ungarische Religion bezeichnet werden kann, gestaltete sich das Bekenntnis zu ihr dennoch zu einer nationalen Angelegenheit. Die Bewohner der deutschen Städte und ein Teil der Slowaken hielt an der lutherischen Konfession fest, während die Rumänen Siebenbürgens, sowie die Serben Südungarns ihrem orthodoxen Glauben treu blieben. Die Reformation förderte die Literatur in der Nationalsprache, doch brachte die Spaltung in verschiedene Konfessionen die Sonderung der Nationalitäten mit sich. Konfession und Nationalität wurden Wechselbegriffe. Kalvinismus und

Ungarntum, lutherischer Glaube und Deutschtum oder Slowakentum schienen unzertrennlich voneinander. Der aus Sachsen gebürtige lutherische Prediger und deutsche Schriftsteller Caspar Helth trat aus Überzeugung zum Kalvinismus über und schrieb seine Werke von da an auf ungarisch, obwohl er erst im 20. Lebensjahr die Sprache zu lernen begann. Unter dem Namen Caspar Heltai war er einer der wertvollsten Mitarbeiter nicht nur der ungarischen Reformation, sondern auch der ungarischen Literatur schlechthin. Ein ähnlicher Entwicklungsgang lässt sich bei Franz David, dem Grossmeister der ungarischen Freidenker, der ebenfalls aus dem Siebenbürger Sachsenlande stammte, verfolgen. Das in Entwicklung begriffene nationale Bewusstsein empfing aus der Glaubensspaltung ihre allerstärksten Impulse. Nationale Bestrebungen wurden in konfessionelle Unduldsamkeit gekleidet und pochten auf das Recht der konfessionellen Überzeugung. Ein inneres Gift zehrte an dem Lande Stefans des Heiligen — an dem Traum eines viele Sprachen sprechenden Staates — wenn es auch erst Jahrhunderte später ins Wanken geriet. Ungarn sollte für seine selbständige nationale Kultur einen teuren Preis bezahlen. Es sollte sein Blut und seinen tausendjährigen Staat zum Opfer bringen.

Nach der Schlacht von Mohács war der ungarische Katholizismus aus der kulturellen Entwicklung des Landes für Jahrzehnte ausgeschaltet. Anfänglich war selbst der König aus dem Habsburgischen Hause — war er doch auch durch politische Rücksichten gebunden — nicht imstande, die Kraft der Reformation in dem kleinen Landesteil, der ihm unterstand, zu verhindern. Dort, wo die Türken Herrschaft hielten, waren nur wenige opferfreudige Franziskaner zurückgeblieben. Die katholische Geistlichkeit wurde auf der Landesversammlung in Torda im Jahre 1566 aus Siebenbürgen ausgewiesen. Auch später wurde ihr dort nur ein kurzer Gastaufenthalt gewährt. Die Bistümer verwaisten, und ein grosser Teil der Mönche und weltlichen Geistlichkeit schloss sich den neuen Missionaren an. Andere wiederum hinderte ihre zu Toleranz neigende humanistische Bildung an einem eindeutigen Bekenntnis. Es musste eine neue katholische Generation erwachsen, die fähig war, dem Glaubensfanatismus mit einem ebensolchen entgegenzutreten, und deren Vertreter sich in ähnlicher Weise unter das Volk mischten, wie es die protestantischen Prediger taten. Auch war es notwendig, dass sie Gottes Worte in der Nationalsprache verkündeten, neue Schulen auf neuer Grundlage schufen, und die Jugend für sich gewannen.

Miklós Telegdi, einem Bauernburschen aus Bihar und späteren Bischof von Fünfkirchen (Pécs), gebührt das Verdienst, den Kampf für die Verteidigung der katholischen Kirche, der später durch den neuen Orden der Jesuiten zum Siege geführt wurde, eingeleitet zu haben. Die Jesuiten waren es, die eine neue katholische Generation verkörperten, und die einen Fanatismus aufbrachten, der sich mit grösster Willensmacht der Disziplin der Kirche unterwarf und ausser dem Gesetz Christi kein anderes anerkannte. Am Ende des XVI. Jahrhunderts übernahmen sie unter königlichem Schutz die Leitung der Schule von Tirnau (Nagyszombat). Tirnau wurde für lange Zeit das Zentrum des ungarischen Katholizismus. Von hier unternahmen die ungarischen Jesuiten ihre Missionszüge. Aus der Reihe der Jesuiten trat Peter Pázmány hervor, der grosse Landsmann Miklós Telegdis, der bedeutendste Geist der ungarischen Gegenreformation und glorreiche Fürstprimas des Landes. Durch sein tiefes Wissen und die Kraft seiner Überzeugung gelang es ihm allein, 30 hochadelige Familien dem Katholizismus zurückzugewinnen. Er gründete in Tirnau eine Universität, die später nach Pest verlegt wurde und die er den Jesuiten anvertraute. Auch die Universitätsdruckerei von Tirnau unter der Leitung der Jesuiten gehört zu seinen Schöpfungen. Sie war zu seiner Zeit die einzige katholische Druckerei des Landes und von allergrösster Bedeutung.

Auch die königliche Macht förderte den Erfolg der Gegenreformation mit Hilfe ihrer politischen, bisweilen auch gewaltsamen Mittel. Auch erfolgte der Übertritt zum Katholizismus nicht immer aus Überzeugung, z. B. B. Bálint Balassa, der erste grosse Lyriker Ungarns, tat diesen Schritt, weil er sich davon einen günstigen Ausgang eines grossen Prozesses erhoffte und Stefan Gyöngyösi glaubte auf diese Weise seine Freilassung aus der Gefangenschaft zu erreichen. Doch trug die Gewalt keineswegs immer den Sieg davon. Ende des XVII. Jahrhunderts liessen sich die protestantischen Prediger oft lieber auf die Galeeren schleppen oder wanderten nach dem Ausland, als dass sie ihren Glauben aufgaben.

Im XVII. Jahrhundert war die Gegenreformation auf das enge Gebiet des aus Wien regierten königlichen Ungarlandes beschränkt. Die Kalvinisten, die in dem von den Türken besetzten Gebiet lebten, wurden von ihr kaum berührt. Die Jesuiten, die einem Rufe des Fürsten Stefan Báthory nach Siebenbürgen folgten, vermochten dort nicht Fuss zu fassen. Den grössten Erfolg in der katholischen Erziehung erreichten die Kämpfer Jesu an den westlichen Grenzen. Die verhängnisvolle seelische Spaltung des bis dahin einheitlichen Ungarntums wurde immer mehr offenbar. Die Unterschiedlichkeit des Glaubens bedeutete nicht allein eine Verschiedenheit der religiösen Überzeugung, sondern ebenso auch eine andere Kultur und eine andere Weltanschauung. Die Jesuitenschulen standen unter königlichem Schutz und empfingen ihre höchsten Direktiven aus Rom. Die Jugend, die sie erzogen, hielt treu zur Dynastie und bildete sich an den Hochschulen von Wien, Graz und Rom weiter. Die Schüler der protestantischen Schulen hingegen waren antihabsburgisch gesinnt und bezogen deutsche, Schweizer und holländische Hochschulen. Dem Katholiken war jede Lektüre von protestantischen Büchern verboten, und dies zu einer Zeit, in der die gesamte, in Entwicklung begriffene ungarische Literatur ausgesprochen protestantisch war. Der Unterschied der politischen Verhältnisse und der geschichtlichen Ereignisse, die von Grund auf abweichende Erziehung, ebenso wie die Verschiedenheit der Beziehungen zum Ausland, schufen im Laufe eines Jahrhunderts zwei Typen des Ungarntums: den katholischen Ungarn des westlichen und den protestantischen des östlichen Landesteiles. Als die alte Einheit des Landes wieder hergestellt wurde, standen sich diese beiden Typen ganz fremd gegenüber. Ihr Denken, ihre Sprache, ihre gesamte Bildung waren ganz verschieden. Es war ein schweres Erbe, das die Türkenherrschaft dem verbluteten, zusammengeschmolzenen Ungarntum des XVIII. Jahrhunderts hinterlassen konnte. Soziale Zerrissenheit, Trennung der Nationalitäten und seelische Spaltung waren die verhängnisvollen Folgen. Dass die Nation das schwere Erbe niederzuringen vermochte, gehört zu den glänzendsten Wundern der ungarischen Geschichte.

Der Sieg wäre nicht möglich gewesen, hätte sich nicht inzwischen die ungarische Literatur entwickelt. Sie erstarkte und bedeutete den grössten, manche Verluste ausgleichenden Gewinn der Epoche.

Die Erfindung der Buchdruckerkunst änderte die Formen des literarischen Lebens von Grund auf. Nunmehr waren Bücher leichter zugänglich, vermochten die Bildung zu verbreiten und eine Leserschaft heranzubilden. Das erste gedruckte Buch, das auch ungarischen Text enthielt, war ein Erasmisten-Lehrbuch. Es erschien im Jahre 1527 in Krakau. Bald darauf setzte die Tätigkeit der ungarischen Druckerei ein, anfänglich nur in den deutschen Städten, später jedoch tauchten auch ungarische Drucker auf. Mit Ausnahme der Druckerei von Tirnau standen alle anderen im Dienste des Protestantismus. Der Drucker war kein einfacher Handwerker, sondern meist ein studierter Mann, der als würdiger Nachfolger des mittelalterlichen geistlichen Kopisten angesehen wurde.

Die Verbreitung der Buchdruckerkunst in Ungarn brachte zunächst noch keine völlige Trennung von dem literarischen Bewusstsein des Mittelalters. Das Ansehen der universalen Respublica literaria, deren Sprache lateinisch war, bestand unvermindert fort. Wer als gelehrt gelten wollte und sich an die Gesamtheit der gebildeten Welt wandte, bediente sich noch Jahrhunderte hindurch des Lateinischen. Die Sprache des Unterrichtes war in katholischen Gymnasien ebenso wie in protestantischen Kollegien lateinisch. Dies bildete den Grund, dass die lateinische Literatur sich weiterentwickeln und manche bedeutenden Vertreter hervorbringen konnte. Der Name eines Andreas Dudith z. B. war unter den Humanisten ganz Europas bekannt. Die ungarischen Jünglinge verfassten ihre Dissertationen an den Hochschulen des Auslandes in lateinischer Sprache, und auch die Führer der Reformation und Gegenreformation in der Heimat schrieben den grössten Teil ihrer Werke in dieser Sprache. Die Geschichtsschreibung blühte, die ersten Ansätze der Sprachwissenschaft tauchten auf, auch die frühesten Versuche auf dem Gebiet der Literaturgeschichte erschienen. János Apáczai Csere war der erste ungarische Kulturpolitiker, der in seinen wirkungsvollen pädagogischen Arbeiten sich zum ersten Mal für Erziehungsgrundsätze im ungarischen Geiste einsetzte. Auch die schöne Literatur der Zeit verdient Anerkennung. Die Jesuiten führten Schuldramen auf, deren Gegenstand oft der ungarischen Geschichte entnommen wurde. Auch Gelegenheitsdichtung und Epik blühten.

Die Literatur in der Nationalsprache entwickelte sich langsam, tastend, gleichsam im Schatten der lateinischen. Die Schriftsteller der Reformation leiteten dieselben Grundsätze wie die Mönche des Mittelalters. Ebenso wie damals, war der Schriftsteller bestrebt, auf ungarisch zum Zwecke der religiösen Erziehung zu schreiben. Das sollte ihm zur Entschuldigung dienen, dass er anstatt der Sprache der Gelehrten sich der Sprache des einfachen Volkes bediente. Die religiöse Literatur in ungarischer Sprache erkämpfte sich langsam einen gebührenden Platz neben der Lateinischen, wenn auch eine ungarische weltliche Literatur nur in dem Falle Anerkennung fand, wenn sie in das Gewand von religiösen oder ethischen Bestrebungen gekleidet war. Sonst galt sie bloss als Schund oder gelangte überhaupt nicht zum Druck.

Die Literatur der beiden stürmischen Jahrhunderte hatte demnach vornehmlich einen religiösen Charakter. Originalwerke lassen sich zunächst — mit der Ausnahme von Predigten und Polemiken — kaum nachweisen. Der Schriftsteller diente Gott und trachtete weder nach Originalität, noch nach schriftstellerischem Ruhm. Er übersetzte lateinische, zuweilen auch deutsche Werke, die er unter dem Namen seines jeweiligen Gönners drucken liess.

Originalität kann man höchstens in der historischen Dichtung finden. Schon am Ende des Mittelalters erreichten zuweilen die Verse der Sänger — neben der religiösen Literatur — das Niveau, das zu einer schriftlichen Fixierung führte. Es spricht für die geschichtliche Kontinuität, dass die historische Dichtung auch im Zeitalter der Buchdruckerkunst den Anspruch auf literarische Anerkennung, d. h. auf die Druckfarbe, die nun das gleiche bedeutete, erheben konnte. Die „Cronica" des Sebastian Tinódi erschien 1551 in Klausenburg (Kolozsvár) unter königlichem Protektorat. Das nationale Bewusstsein der Ungarn, erprobt und gefestigt durch blutige Kämpfe, nahm im Bewusstsein des Volkes — neben der Religiosität — einen immer grösseren Platz ein. Später sollte es selbst letzteres fast überschatten. Neben den historischen Gedichten und Liedern — eine unerwartete Höhe hatten sie in der Zrinyiade erreicht — erschienen auch zahlreiche Geschichtswerke in ungarischer Prosa. Das religiöse und nationale Empfinden — die beiden stärksten geistigen Impulse der Epoche — schufen der nationalsprachigen Literatur einen Platz neben der Lateinischen.

Die gesamte schöne Literatur hingegen — gereimte schöne Historien, Liebeslyrik, Prosaerzählungen, d. h. die schöne Literatur im Sinne von heute — gedieh im Verborgenen und erreichte höchstens eine Verbreitung durch Handschriften. Wenn auch zuweilen aus geschäftlichem Interesse manche Werke zum Druck gelangten (eine Erscheinung, die übrigens für die allmähliche Verweltlichung des Publikumsgeschmackes spricht), änderte das an der allgemeinen Abneigung, die sie im literarischen Bewusstsein fanden, doch nicht viel. In der Verdammung der weltlichen Schöpfungen waren sich der Lutheraner Bornemissza, der Katholik Pázmány oder der Kalvinist Geleji Katona vollkommen einig. Der Puritanismus der Kalvinisten ging soweit, dass er selbst die moralisierenden Schuldramen verbot. So ist es nicht verwunderlich, dass neben der schönen Historie vom Prinzen Argyrus auch die Liebesgedichte eines Balassa nur in Handschriften erhalten waren.

Die religiöse Literatur formte auch das ungarische Leserpublikum. Es setzte sich aus den Reihen des Adels und der Geistlichkeit zusammen. Die Historiengedichte und Liebeslieder mussten mehr mit Hörern als mit Lesern rechnen. Text und Melodie waren eng verbunden. Tinódi trug seine Historien mit Lautenbegleitung vor, und Balassas Lieder begleitete man mit Volks- oder fremden Melodien.

Dieser nach der Auffassung der Zeit niedere Zweig der Literatur hatte mit der Volksdichtung allerdings nicht das geringste gemein. Wenn er auch im Bewusstsein der Epoche als niedriger galt (als die religiöse und moralisierende Literatur) und auf ein breites Publikum rechnete, entspross er doch nicht der Volksdichtung, sondern hing mit der lateinischen Barockdichtung oder anderen, fremden Vorbildern zusammen. Spuren der wirklichen Volksdichtung lassen sich noch weniger finden als im Mittelalter. In den Jahren der ärgsten Schicksalsprüfungen und des ewigen Herumirrens verlor sich die Tradition aus der Heidenzeit. Die Reformation rottete auch die Legenden aus. Die Volksseele machte grosse Veränderungen durch. Die Geistlichen redeten zu ihr in der Sprache der Károlyi-Bibel, und in den Kirchen wurden Psalmen mit neuen Melodien gesungen. Wenn auch das Volk selbst nicht lesen konnte, lieferten die Geistlichen, die Studenten, Lehrer und Wandersänger seiner Phantasie eine Fülle neuen Materials. Die furchtbaren Leiden erfüllten das Volk mit unvergesslichen Erlebnissen. Als die Volksdichtung zu neuer Blüte kam, hatte sie noch alte Melodien bewahrt, auch die Ausdrucksformen der Sprache, doch war ihr Material ein vollkommen Neues. Bedeutung für die Zeit hatte sie kaum, denn ebenso wie man sich in dieser Zeit nicht um das Volk kümmerte, zeigte man auch für seine Seele keinerlei Interesse.

Die zwei wichtigsten Impulse, die zu der Bildung der Literatur in ungarischer Sprache führten, waren die moralisch-religiösen Tendenzen und das historische Interesse. Doch schon bei dem Karthäuser-Anonymen finden wir einen neuen Gesichtspunkt humanistischen Ursprungs, der die Hebung der nationalen Kultur zu bezwecken schien. Zwei Jahrhunderte hindurch hatte die ungarische Jugend genügend Gelegenheit, die Kultur des Westens kennen zu lernen. Manche ihrer Vertreter hielten sich Jahre lang an deutschen Hochschulen auf, lebten in den Zentren blühender städtischer Kulturen, andere wieder wanderten herum und lernten halb Europa kennen. Auf Schritt und Tritt mussten sie schmerzhafte Vergleiche mit den Zuständen ihrer Heimat anstellen. Heimgekehrt griffen sie zur Feder — in Ermangelung eines anderen Mittels — und versuchten zumindest mit ihrer Hilfe jenen klaffenden Abgrund, der die ungarische und die westliche Kultur von einander trennte, zu überbrücken. Aus der Fremde brachten sie den inneren Drang nach Neuem mit, der sie nicht mehr zur Ruhe kommen liess und zur Arbeit anfeuerte, die selbst ihre Kräfte überstieg. Das dürfte auch der Grund für die Überzahl der Übersetzungen sein, da jeder, der im Ausland gute, fremdsprachige Werke angetroffen hatte, sich eifrigst bemühte, dieselben auch in der Heimat jedem zugänglich zu machen.

Die hochgradige Entwicklung der ungarischen Literatur führte jedoch zu der schmerzlichen Erkenntnis, dass die ungebrochene ungarische Sprache weder die in langen Jahrhunderten verfeinerte lateinische Sprache erreichte, noch in ihren Ausdrucksmöglichkeiten auch nur die westlichen Vulgär-Sprachen zu erreichen vermochte. Das Leserpublikum Ungarns begnügte sich auch nicht mehr mit solchen Werken, deren deutsches oder lateinisches Original es mit Hilfe seiner — wenn auch noch so geringen — Kenntnisse jener Sprachen besser verstehen konnte, als die Übersetzungen. Es gehörte schon eine schöpferische Persönlichkeit vom Format Peter Pázmánys dazu, mit Hilfe der Volkssprache eine kraftvolle, ausdrucksfähige Literatursprache herauszubilden, mit der er selbst die abstraktesten Ideen auszudrücken vermochte. János Apáczai Csere hingegen kämpfte in seiner „Enzyklopädie" verzweifelt mit dem Mangel der ungarischen philosophischen Sprache. Die Pflege der Sprache wurde langsam zu einer nationalen Sache, die — nachdem die religiös-moralisierenden Tendenzen abflauten — zum Leitgedanken der Literatur überhaupt wurde. Das wurde die Klammer, mit deren Hilfe die bis dahin verachtete schöne Literatur ihre Daseinsberechtigung und spätere Anerkennung im Kreise der wissenschaftlichen Literatur erringen sollte. Bereits Johann Rimay empfahl die Liebesgedichte seines grossen Freundes Bálint Balassa mit den Worten, sie seien gelehrte Lieder eines wissenschaftlichen Geistes, aus denen die Nation die ansprechende Form und das Beispiel des vollkommenen

Ungarisch erlernen könnte. Diese Auffassung entwickelte sich in der folgenden Epoche und erreichte ihren Höhepunkt und Sieg in der Zeit, als Kazinczy als Historiker und Berzsenyi als Philosoph in die ungarische Akademie der Wissenschaften ihren Einzug hielten.

Ähnlich wie das herrschende Problem der Literatur die Glaubensfragen bildeten, standen sie auch im Mittelpunkt der Landtage, beschäftigten sie die Fürsten, riefen Jahre lange Kämpfe, blutige Bürgerkriege hervor, waren sie Richtung gebend für das Leben der Familie und des Individuums. Religiöse Ideen durchdrangen oft die historische Dichtung, ja selbst auch die profanste Literatur. Ohne den Autor zu kennen, kann man mit Leichtigkeit feststellen, welcher Konfession er angehört haben dürfte. In den Historienliedern eines Tinódi klingt ebenso stark die Überzeugung des Protestanten, wie in der Zrinyiade das Bekenntnis zum Katholizismus. Entsprechend der seelischen Spaltung der Nation, entwickelte sich im Laufe zweier Jahrhunderte der Begriff einer protestantischen und katholischen Literatur. Wenn auch die katholische Literatur im XVII. Jahrhundert bereits so grosse Persönlichkeiten, wie einen Pázmány und einen Zrinyi aufweisen konnte, vermochte sie das Übergewicht der protestantischen bis zum Abschluss der Epoche trotzdem nicht zu erschüttern. Die Protestanten verfügten über eine grössere Anzahl von Autoren, ein breiteres Leserpublikum und reichere literarische Mittel als die Katholiken.

Es gibt nur wenige Werke, deren Originalität ausser Zweifel stand. Die ungarische Literatur war — wie schon öfter erwähnt wurde — von der lateinischen und deutschen abhängig.

Die wissenschaftliche Forschung hat sogar von manchen Werken, die man für Originale hielt, festgestellt, dass sie bloss Übersetzungen waren. Trotzdem gibt es etwas, das alle Werke dieser Epoche zumindest in geistiger Hinsicht zu originalen und nationalen Werken stempelt. Das ist das in ihnen erhaltene nationale Empfinden, das gleichzeitig mit dem religiösen zum Ausdruck kam. Für die Entwicklung des ungarischen Nationalgefühls in dieser Epoche waren viele Faktoren mitbestimmend. Die literarische Geltung der ungarischen Sprache erweckte in der Nation das Wissen um die Besonderheit seiner rassischen Eigenheit, und die Spaltung in Konfessionen trennte die Ungarn von den übrigen Nationalitäten ihrer Heimat. Doch den stärksten Impuls vermittelte zweifellos das geschichtliche Erlebnis der Türkenherrschaft, die Zerstückelung des Landes und der Zusammenbruch eines fünfhundertjährigen stolzen Traumes. Anderthalb Jarhundert lang mussten die Ungarn täglich gegen die Türken, gegen Habsburg kämpfen. Sie fochten für ihre Wohnstätte, für ihre Familie und für ihre Heimat. „Die schönere und bessere Hälfte unseres geliebten Vaterlandes" — klagte Pázmány — „ist unter fremdes Joch gekommen; grosse, alte, bodenständige Adelsgeschlechter wurden ausgerottet, der grösste Teil der elenden Gemeinden quält sich unter heidnischem Joch; die kleine Zahl der übriggebliebenen Adeligen wartet in jeder Stunde auf ihr Schicksal." Dennoch wusste die Nation, dass für sie ausserhalb der Grenzen des Vaterlandes in der ganzen Welt kein Platz sei. Zrinyi schrieb: „Sollen wir vielleicht davonlaufen? Wohin aber? Das Ungarland werden wir anderswo nirgends finden können. Keine Nation würde ihr Land unsertwegen verlassen, damit wir es besetzen könnten: unsere adelige Freiheit gibt es auf Gotteserden nur allein in Pannonien. Hic nobis vel vincendum vel moriendum est. (Hier müssen wir siegen oder sterben.)" Das arme, darbende und geschwächte ungarische Volk dachte wehmütig zurück an seinen vergangenen Ruhm, an die Zeit, in der es noch ein „vollkommenes, einfältiges und andächtiges Volk gewesen ist, dass man nirgends auf Erden seinesgleichen finden konnte" (Pázmány). Seufzend und beschämt gestand Zrinyi, dass: „wir Ungarn der Gegenwart uns so sehr von unseren Vorfahren entfernt haben, dass, wenn sie aus dem Jenseits wiederkommen würden, wir sie, aber sie auch uns, nicht mehr wiedererkennen könnten". Verzweifelt fragte man, was der Grund für das Verderbnis sein könnte. Man verglich das ungarische Schicksal mit dem der Juden: „Wenn Gott den Juden seine Gunst nicht erwiesen hat, wird er sie Dir auch nicht erweisen, wer immer Du seiest; wenn Du die Sünden der Juden begehst, wirst Du den Untergang der Juden erleiden" (Pázmány). Protestanten und Katholiken behaupteten, dass „Gott seine zornige, rächende Geissel über unser Geschlecht schwingt". Während aber die protestantischen Ungarn die grösste Sünde der Nation in dem „Götzendienst" der Katholiken, in der Abkehr von dem wahren christlichen Glauben sahen, beschuldigten die Katholiken aus demselben Grunde die protestantische „Ketzerei". Der einzige Nikolaus Zrinyi mahnte zur richtigen Selbsterkenntnis, zum erbarmungslosen, aufrichtigen Eingeständnis all unserer nationalen Fehler. Die Nation müsse sich bessern, damit Gott ihr wieder seine Gnade zuteil werden lasse, behauptete er.

Während die Protestanten jegliche Hilfe von Gott erwarteten, behauptete sich bei den Katholiken der Wille zur persönlichen Initiative und das Recht der Selbstaufopferung. Das einzige, in dem sich Protestanten und Katholiken einig waren, war die glühende Liebe zu dem darbenden Vaterland.

Vaterlandsliebe und nationaler Schmerz sollten nunmehr unzertrennlich sein. Die Erkenntnis der ruhmreichen Vergangenheit vermittelte der Nation, trotz aller Not der Gegenwart, ein neues Selbstbewusstsein, das zeitweise durch den schmerzlichen Pessimismus brach. „Wir stehen hinter keiner anderen Nation zurück", erklärte Zrinyi voll Zuversicht. Das Ungarntum kämpfte nicht nur für sein Vaterland, sondern für die gesamte Christenheit. Es hatte eine göttliche Mission zu erfüllen und diese Mission wurde durch den Märtyrer von Szigetvár symbolisiert.

Das in der Literatur auftretende nationale Empfinden, das Wissen um die göttliche Sendung, nebst der tiefsten religiösen Überzeugung, halfen den Ungarn über die Jahrzehnte der schwersten Schicksalsprüfungen hinweg. Dies war, ausser der Entwicklung der Literatursprache, das reichste Erbteil aus dieser Epoche.

Die gedruckte Literatur. Die ersten Produkte der gedruckten Literatur waren Bibelübersetzungen. Sie bezeichnen den Übergang vom Mittelalter zum Zeitalter der Reformation. Die Übersetzer kennen auch die Codices, deren blosse Erinnerung ein Jahrhundert später verblasst. Benedikt Komjáthi sah bei seiner Herrin, der Gattin Gabriel Perényis, die handschriftliche Übersetzung der Briefe des Hl. Paulus, und da er deren Ungarisch für sehr minderwertig hielt, erklärte er sich nach langen Bitten zu einer neuen Bearbeitung bereit. Die Kommentare zu den Briefen übersetzte er von Erasmus. So entstand das erste ungarische gedruckte Buch, das im Jahre 1533 in Krakau erschien. Gabriel Pesti gab 1536 in Wien die Übersetzung der vier Evangelien heraus, Johann Sylvester veröffentlichte 1541 in Sárvár das gesamte Neue Testament. Keiner von diesen drei Schriftstellern war schon ein ausgesprochener Anhänger des Reformators von Wittenberg. Während ihrer Universitätsstudien in Wien und Krakau waren sie vom Geist des Humanismus durchdrungen, und in ihren Arbeiten leitete sie mehr ein sprachliches Interesse als die religiöse Tendenz. Sie gaben auch andere Beispiele ihrer humanistischen Bildung. Komjáthi studierte mit Nutzen die Werke des Erasmus, Pesti übersetzte in einer gedrängten, aber nicht schmucklosen Sprache die Fabeln des Äsop und gab ein Wörterbuch in sechs Sprachen heraus. Sylvester veröffentlichte — nach einigen im Geiste des Erasmus gehaltenen

Schulbüchern — die erste ungarische Grammatik in lateinischer Sprache und fasste in Distichen den Sinn der einzelnen Verse des Evangelium zusammen. Obwohl sich der Verfasser kaum an ungarische Vor⸗gänger anlehnen konnte, beweisen diese Distichen eine bewunderungswürdige Kenntnis von der inneren Struk⸗tur der ungarischen Sprache.

Die Übersetzung der Bibel bedeutete für die Refor⸗matoren eine nationale Sache. Schamröte überdeckte das Antlitz des im Ausland studierenden ungarischen Jünglings, wenn er gefragt wurde, ob seine Nation die Heilige Schrift in ihrer eigener Sprache besässe. Die besten Geister der Nation, Peter Méliusz, Caspar Hel⸗tai, Thomas Félegyházi nahmen die Arbeit in Angriff, und ihre Leistung ist, wenn sie sie auch nicht zu Ende führten, doch nicht vergeblich gewesen. Sie passten die ungarische Sprache immer mehr dem altertümlichen Stil der Bibel an und bezwangen immer besser die fremde Struktur und die übertragenen Ausdrücke des lateini⸗schen Originals. Komjáthi musste die lateinischen Be⸗griffe noch mit mehreren Worten umschreiben; die pro⸗testantischen Übersetzer schöpften aus dem reichen Schatz der Volkssprache und führten Neuerungen ein, dort, wo es der Text verlangte. Am Ende des XVI. Jahr⸗hunderts (1590) erschien schliesslich die gesamte Hei⸗lige Schrift in ungarischer Sprache. Caspar Károlyi, der Übersetzer, hatte drei Jahre daran gearbeitet „mit vie⸗ler Mühe, körperlicher Anstrengung, aber liebevollstem Eifer“, so dass ihm die Arbeit auch nicht für einen Augenblick lästig geworden war. Die Kosten der Herausgabe legten ungarische adelige Herren zusam⸗men; die Veröffentlichung war gleichermassen ein Sieg der protestantischen Kirche und der ungarischen lite⸗rarischen Bildung. Károlyi konnte sich auch nicht ganz von dem Eindruck des lateinischen Originaltextes be⸗freien, sein Stil wirkt aber trotzdem einheitlich und rein ungarisch. Das Werk erreichte im Laufe von drei Jahrhunderten mehr als siebzig Auflagen. Es durfte fortan in keinem protestantischen Hause fehlen und bildete für viele die einzige Lektüre. Ihr Einfluss auf die Entwicklung der ungarischen Literatursprache ist kaum zu ermessen. Es gibt keinen unter unseren protestantischen Schriftstellern, zu dessen wichtigsten Kindheitserlebnis nicht das Lesen der Bibel gehört hätte.

Die Katholiken versuchten erst nach mehr als drei Jahrzehnten dem Einfluss der Bibel von Károlyi ein Gegengewicht entgegenzustellen. Die vollständige Bibelübersetzung des Jesuiten Georg Káldi erschien erst im Jahre 1626. An ihr lässt sich sprachlich dieselbe Entwicklung feststellen, die die ungarische Literatursprache seit dem Auftreten Pázmánys durchgemacht hatte; einen grösseren Einfluss übte sie aber nicht aus. Während zweier Jahrhunderte mussten bloss vier Auflagen verlegt werden, da sie auch von Katholiken kaum gelesen wurde.

Im Kreise der protestantischen Leser wetteiferten an Volkstümlichkeit mit der Bibel die Katechismen, Gebetbücher, moralische Belehrungen, religiösen Reflexionen und Trostbücher, die zum grössten Teil aus dem Deutschen übersetzt und in grosser Zahl herausgegeben und verbreitet wurden.

Bald folgten auch die Katholiken dem Beispiel der Protestanten. Peter Pázmány verdanken wir das schönste unter den katholischen ungarischen Gebetbüchern und die erste Übersetzung des weltberühmten Werkes von Thomas Kempis. Fürst Paul Esterházy schrieb Andachten an die Heilige Jungfrau Maria. Rein zahlenmässig bestand die Literatur der Zeit grösstenteils aus derartigen Werken. Die Literaturgeschichtsschreibung pflegt sie meist kaum zu notieren, da sie wenig Originalität und gar keinen ästhetischen Wert besitzen. Trotzdem darf man ihre Bedeutung nicht geringschätzen: besonders unter den Frauen bildeten sie einen ständigen Leserkreis heran, dem die Lektüre allmählich zu einem seelischen Bedürfnis wurde. Sie trugen zu der Reinigung der Literatursprache bei und spiegelten alle Beziehungen wider, die das Ungarntum mit dem religiösen und literarischen Leben Deutschlands verbanden.

Allgemein beliebt waren die gereimten biblischen Geschichten, die zur Popularisierung des Alten Testamentes dienen sollten. Dieser Zweig der Literatur blühte — ausschliesslich im Kreise der Protestanten — besonders im XVI. Jahrhundert. Die Historie „der gottesfürchtigen Frau Susanna" wurde in Reime gefasst, auch das Schicksal von Sodom und Gomorra, das jüngste Gericht, die Geschichte „des gottesfürchtigen Priesters Eleazar und des grausamen Königs Antiochus" und viele andere. Diese biblischen Historien waren nicht für dichterische Wertung bestimmt. Wenn auch die Verfasser (und auch die Leser) die Versform wegen ihrer Feierlichkeit höher schätzten als die Prosa, waren sie doch keine Dichter. Nur ein Teil ihrer Dichtungen wurde gedruckt. Wie einst die Legenden und Parabeln, bildeten nun diese oft nur scheinbaren religiösen, gereimten Erzählungen den Übergang zu den weltlichen schönen Historien, die am Anfang auch nur unter dem Vorwand der moralischen Belehrung herauskamen.

Diese gesamte, für Lesezwecke bestimmte Literatur trug den Stempel ihrer fremden Provenienz, den Papiergeschmack der Übersetzung an sich. Die Polemiken und Predigten — die charakteristischen Dokumente dieser Epoche — retteten die Unmittelbarkeit des gesprochenen lebendigen Wortes in die gedruckte Literatur hinüber. Die neuen Missionare standen mitten im brausenden, bunten Strom des Lebens. Sie waren von bewundernswerter Aktivität, Ausdauer, fanatischer Tatbereitschaft und todesverachtender Selbstaufopferung. Matthias Biró von Déva durchstreifte nicht nur Ungarn, sondern reiste wiederholt auch nach Wittenberg, um aus der Freundschaft mit Luther und Melanchthon neue Kraft zu gewinnen. Peter Bornemissza durchwanderte das halbe Europa, wurde in der Heimat verfolgt, eingesperrt, musste seinen Wohnsitz immer wieder ändern und konnte trotzdem ein Vermögen erwerben und nacheinander seine umfangreichen Bände herausgeben. Der Religionsstreiter wusste, dass, wenn er auf den Kampfplatz hinaustrat, er nicht nur für das Recht seiner Überzeugung, sondern oft auch für sein Leben kämpfen musste. Trotzdem liess sich keiner von dem Kampf zurückschrecken.

Religiöse Polemik und Predigten bildeten die neue Gesinnung des Ungarntums heran. Im XVI. Jahrhundert kämpften nur die Protestanten untereinander, die Evangelischen mit den Kalvinisten, später beide gegen die Unitarier. Die harte, entschlossene, jeder Gefühlsweichheit abholde Persönlichkeit des Peter Meliusz erkämpfte in der Alföld den Sieg des Kalvinismus. Er war bereit, mit Waffe und Scheiterhaufen jeden, der sich ihm nicht an die Seite stellen wollte, zu vernichten. Die opfervolle Wirksamkeit Caspar Heltais kam Siebenbürgen zu Nutze. Seine Buchdruckerei in Klausenburg (Kolozsvár) gehörte im XVI. Jahrhundert zu den fruchtbarsten Werkstätten. Er schrieb ein Trostbüchlein, einen Katechismus, eine Streitschrift mit dem Titel „Háló“, übersetzte die fünf Bücher Moses ins Ungarische und das Geschichtswerk des Bonfinius und gab — nach deutschen Quellen — die Fabeln des Äsop heraus. All dies aber bildete nur einen Teil seiner Leistungen, jedenfalls aber eine unerhörte Leistung in dieser Epoche. Franz David führte in Siebenbürgen die Sache der Unitarier zu einem vorübergehenden Sieg; es gelang ihm, nicht nur den Fürsten, sondern auch vierhundert Gemeinden für seine Überzeugung zu bekehren. Er war ein suchender, forschender, unruhiger Geist, der nie zum Stillstand kam. Schliesslich gelangte er zu einer völligen Negation. Sein an seelischen Kämpfen reiches und tragisches Leben endete im Gefängnis.

Dies waren nur einige Typen; ausser ihnen gab es noch eine grosse Zahl von berühmten und anonymen Predigern. Ihr geistiger Einfluss zeigte sich in der seelischen Umgestaltung des Magyarentums, ihre literarische Bedeutung bestand in der Ausbildung der ungarischen Literatursprache. Das Material schöpften sie aus ihrem theologischen Wissen, ihr Stil aber war bereits unabhängig vom Lateinischen. Sie schöpften aus dem reichen Vorrat der Volkssprache. Aus den Werken Heltais sprach die Seele des Seklertums, während sich in den Arbeiten des Meliusz die Seele der Ungarn aus der Alföld spiegelte. Die Volkssprache enthielt zwar manches Rohe und Ungehobelte, doch fehlte es ihr nicht an Urwüchsigkeit und Kraft. Neue Stilmöglichkeiten erstanden für die Literatursprache. Die ungarische Sprache hatte bisher der religiösen Innerlichkeit der Bibel, der milden Stimmung der Legenden zum Ausdruck gedient; die Steigerung zur Hymne oder Ode hatte sie nur selten erreicht. Nun aber erklang auch der Ton der zügellosen Leidenschaft, des beissenden Spottes und des geisselnden Hasses. Ladislaus Ravasz schrieb über die Sprache des Meliusz: „Auch beim Lesen hört man die Wucht seiner markigen Sprache, das Knarren seiner bitteren, spöttischen, zuweilen fast glühenden Stimme, unter deren Last sich die Häupter der Hörer beugten, wie Ähren, über die ein Gewitter hinfegt". Die Lebensnähe der religiösen Polemiken und Predigten war so stark, dass wir selbst heute noch aus den staubbedeckten, wurmstichigen Büchern jene tragische Spannung herausspüren können, die seinerzeit die Seelen der Redner und des Publikums fasziniert hat.

Die religiösen Polemiken verlangten zuweilen schon an sich nach der dramatisierten Form. Michael Sztáray, einem früheren Franziskaner, gebührt das Verdienst, diese Möglichkeit ausgenützt zu haben. In der Form eines Dialoges setzte er sich für die Ehe der Geistlichen ein und vermittelte den Spiegel der wahren Geistlichkeit. Er formte Typen mit gutem Charakterisierungsvermögen und liess die Seele der Epoche lebendig erstehen. Zweifellos wurden seine Stücke auch aufgeführt, und es ist nur sehr bedauerlich, dass diese Anfänge einer ungarischen Schauspielkunst durch das Verbot der kalvinistischen Synode im Keime erstickt worden sind. Es war die Zeit, in der in England die Sonne Shakespeares bereits im Aufgehen war.

Vom Standpunkt der Literaturgeschichte war Peter Bornemissza die charakteristischste Erscheinung unter den Religionsstreitern und Predigern des XVI. Jahrhunderts. Seine humanistische Bildung erwarb er an der Wiener Universität und übersetzte, als erste Arbeit, auf Wunsch seiner adeligen Gönner und Studiengenossen die Elektra des Sophokles „zur heilsamen Unterhaltung der Christenheit" (1558). Er war kein sklavischer Übersetzer, denn „um der Schönheit des Spieles wegen" änderte er auch daran und fügte manches Neue hinzu. Aus der griechischen Tragödie machte er fast ein ungarisches Drama, das er mit seinen Studienkollegen wahrscheinlich auch zur Aufführung brachte. Seine dramatische Veranlagung bewies er auch in späteren Jahren; vermutlich war er der Verfasser des Pamphlets in Dialogen „Der Verrat des Menyhárt Balassi", das Paul Karádi im Jahr 1569 veröffentlichte. Dieses Werk, das einen der zügellosesten Hochadeligen des XVI. Jahrhunderts an den Pranger stellte, der zur Vermehrung seines Vermögens vor keinerlei Mitteln zurückgeschreckt war, vermittelt — neben der treffenden Charakterisierungsgabe — ein gutes Zeitbild aus der Perspekitve eines lutheranischen Verfassers.

Peter Bornemissza schloss sich schon während seines Aufenthaltes in Deutschland den Anhängern Luthers an. Acht Jahre hindurch wanderte er — einer literaturgeschichtlichen Anekdote zufolge mit acht Gulden in der Tasche — im Ausland, gelangte nach Frankreich und Italien. Mit Kenntnissen beladen kehrte er in die Heimat zurück und begann in der Nähe von Tirnau (Nagyszombat), dem Mittelpunkt des ungarischen Katholizismus, mit der Unterstützung einiger hoher Adeligen seinen Kampf gegen das verhasste „Papistentum". Seine Predigten gab er in fünf mächtigen Foliobänden in seiner eigenen Druckerei heraus. Seiner bezeichnendsten Arbeit, dem fünften Band, gab er den Titel „Teuflische Versuchungen". Seine Predigten erschöpften sich nicht allein in theologischen Erörterungen, sondern trugen in jeder Zeile auch den Stempel seiner heftigen, leidenschaftlichen Persönlichkeit an sich. Er war der erste subjektive Prosaschriftsteller Ungarns. Seine überzeugenden Beispiele schöpfte er nicht aus den Werken gelehrter Doktoren, sondern aus dem reichen Vorrat seiner eigenen Erlebnisse. Sein ganzes Leben rollt sich vor uns ab: wir lernen seine Irrfahrten kennen, seine Familienkatastrophen, seine Hausgenossen und Gewohnheiten. Er stand mitten im Leben, wählte nicht viel nach Worten, doch standen ihm alle Möglichkeiten der Volkssprache zur Verfügung. Trotz seines an ausländischen Universitäten erworbenen Wissens, seiner Überlegenheit des Religionserneuerers, blieb er eine von Mystizismus erfüllte Seele, die alle Aberglauben seines Volkes teilte, wenn er auch die Versuchung des Teufels in ihnen sah. Der Teufel, der stets und in jedem Menschen zugegen ist, war sein grösster Feind. Seine Werke bieten wichtiges Material nicht nur dem Literarhistoriker, sondern auch dem Forscher der ungarischen Kultur und Volksseele.

Sein katholischer Gegner Nikolaus Telegdi bekämpfte ihn, vor dessen Übertreibungen auch seine hohen Protektoren zurückschreckten, dank seiner kühlen Gemessenheit, Überzeugungskraft und geschliffenen Sprache, verhältnismässig leicht.

Der Sieg Telegdis bezeichnete den Anfang der katholischen Reaktion. Kaum war das blutdurchtränkte XVI. Jahrhundert zu Ende gegangen, als auch schon auf katholischer Seite eine so mächtige Persönlichkeit wie Peter Pázmány (1570—1637) hervortrat. Der kalvinistische Adelsspross aus Bihar, der auch später mit Stolz betonte, dass seine Vorfahren schon vor 300 Jahren „anständige Hochadelige des Landes waren", hatte eine glänzende Laufbahn erreicht: er war Jesuitenschüler, Theologe in Rom, Professor in Graz, Kardinal und Fürstprimas von Ungarn. Er war nicht nur ein unerschrockener Beschützer seiner Kirche, sondern kämpfte auch opferbereit für die Integrität Ungarns.

Als Folge seiner Wirksamkeit drang der Katholizismus auf dem vom König beherrschten Gebiet des Landes in stärkstem Masse vor. Pázmány kämpfte mit grausamer Logik; aus seinen Schriften erklang ein neues, sieghaftes Selbstbewusstsein. „Wir wollen nicht" — rief er seinen Gegnern zu — „durch unser Schweigen den Zoten der wahnwitzigen Prediger Glauben schenken." „Die Katholiken haben sich in den Kopf gesetzt, dass die flinke Schelmerei die träge Wahrheit unterdrückt; deshalb wollen wir nach Euch forschen." Vergeblich versuchten die protestantischen Geistlichen Transdanubiens und Oberungarns die Wirkung seiner Schriften zu schwächen und den Adel gegen ihn aufzuwiegeln. In dem „Führer zur göttlichen Wahrheit", seiner wichtigsten Streitschrift, fasste er die Lehren des Katholizismus zusammen und zerpflückte die neuen. Unter den Protestanten Ungarns gab es keinen einzigen, der darauf hätte entgegnen können. Erst nach Jahren erschien aus der Feder des Wittenberger Professors Balduin eine Widerlegung, die Pázmány allerdings mit Leichtigkeit beantworten konnte; er schrieb auch ungarisch, da er ja auch seinen „Führer" „ungarisch und für die Ungarn" bestimmt hatte. Der „Führer" von Pázmány war die monumentalste Schöpfung der ungarischen polemischen Literatur. Es ist das Werk eines grossen Geistes, der das universale theologische Wissen der Epoche vereinigt. Von dem Aufschwung der europäischen Wissenschaftlichkeit — von Descartes, Bacon und Kepler — hatte der Autor zwar noch nicht

Kenntnis genommen, zitierte aber umso mehr — neben den Kirchenvätern — die Klassiker des Altertums: „wir müssen die Rosen unter den Dornen herauspflücken, das Gold aus der Erde herauswaschen und alles Gute, das wir in den Schriften der Heiden finden, zu unserer Erbauung verwenden". Er schrieb nicht für die Gelehrten, sondern für seine gebildeten Landsleute, die er für seine Kirche gewinnen wollte. Seine Wirkung war, obwohl auf einen kleinen Kreis beschränkt, doch ausserordentlich stark. Südlich und östlich von den Grenzen des vom König beherrschten Ungarlandes hatte sich die Machtstellung der protestantischen Gemeinden entwickelt. Unter ihnen aber fand sich niemand, der sich gegen den grossen Jesuiten gewandt hätte. Seinen Namen kannte man, doch wurden seine Werke kaum gelesen. Pázmány selbst erklärte: „Ich sage eine bekannte Tatsache: selbst wenn wir den Klügsten unter Euch ein von uns verfasstes Buch in die Hand geben, werden sie es zurückweisen und erklären, dass sie ihren Seelenfrieden damit nicht aufrühren wollen". Selbst in seinem eigenen Machtbereich war Pázmány manchmal gezwungen, seine Gedanken im Gewand des Protestantismus zu verbreiten, damit sie in das Lager der Andersgläubigen eindringen konnten. So z. B. schrieb er seine fünf schönen Briefe an Peter Alvinczi in der Gestalt eines kalvinistischen Gläubigen. Sein „Führer" aber fand trotzdem auch den Weg in die Bibliotheken der königstreuen protestantischen Herren, wo ihm, neben verschiedenen lateinischen Werken, ein ehrenvoller Platz zuteil wurde. Sicher hatte er einen grossen Anteil daran, dass auf dem Landtag zu Pressburg die katholischen Stände wieder in der Mehrzahl waren, und das Land nach langer Zeit wieder einen katholischen Palatin wählte. Der „Führer" bildete den Höhepunkt und gleichzeitig auch den Abschluss der ungarischen religiös-polemischen Literatur. Auf die Zeit der leidenschaftlichen Gewissenskämpfe folgte endlich auch die Zeit der Ruhe des Gewissens.

Das wertvollste Werk Pázmánys bildet, vom literaturgeschichtlichem Standpunkt, die Sammlung seiner Predigten, die er in spätem Alter veröffentlichte. Hier ruhte sein Kriegsschwert; er wollte nicht streiten, sondern zu Gott hinleiten. Er analysierte nicht theologische Prinzipien, sondern sprach zur Seele und zum Geist des Volkes. Er wollte nicht durch hohes Wissen glänzen und entnahm seine Vergleiche anstatt der Bücher der Kirchenväter dem Leben des Volkes. „Jedes Feuer, selbst wenn es noch so gross ist, müsste erlöschen, wenn man es nicht mit Holz speisen würde... Wenn ein Pfeil in die Höhe geschossen wird, fällt er, wenn er nicht mehr höher fliegt, wieder zurück... Wenn man das heisse Wasser vom Feuer nimmt, beginnt es gleich abzukühlen und wird langsam ganz erkalten. Wenn man den Blumengarten oder den fruchtbaren Acker verlässt und nicht mehr bearbeitet, wird der Boden, je besser er ist, umso mehr vom Unkraut überwuchert. Wenn einer Schriftsteller war und gut lateinisch sprechen konnte oder irgendein Handwerk meisterhaft beherrschte, wird er all diese Dinge verlernen, wenn er sie nicht mehr täglich üben kann. Also müssen wir auch in einem Leben ohne Fehl handeln: ohne Übung sind auch die guten Sitten nicht wirksam"

Pázmány war der erste bewusste Meister der ungarischen Prosa. Selbst bei Übersetzungen achtete er darauf, dass die Sprache nicht durch Latinismen unklar würde, sondern so glatt sei, als ob sie auch ursprünglich von einem Ungarn auf ungarisch verfasst worden wäre. Er stand auf der Erde, mitten in der ungeschminkten Realität: ihr entnahm er auch seine Bilder und Gleichnisse, die ihm reich, plastisch und anschaulich entströmten. Seine Adjektive sind stets farbig und treffend; die reichen Ausdrucksmöglichkeiten der ungarischen Verben entdeckte er als Erster für den Gebrauch der ungarischen Prosa. Seinen Stil formte er aus der Volkssprache heraus, ähnlich wie die Religionsstreiter des XVI. Jahrhunderts, doch reinigte er sie von ihren

Auswüchsen, glättete ihre Roheiten, kleidete sie in ein künstlerisches Gewand und hob sie auf ihre literarische Höhe.

Die Predigten Pázmánys dienten der katholischen Geistlichkeit lange Zeit hindurch als Beispiel. Sein „Führer“ erreichte im XVII. Jahrhundert drei Auflagen, und sein Gebetbuch wurde zwanzigmal herausgegeben. Am Anfang des XVIII. Jahrhunderts waren die katholischen Geistlichen Transdanubiens, die Anhänger und Leser Pázmánys, die aufopferndsten Mitarbeiter der in Aufschwung begriffenen ungarischen Literatur. Wenn es auch übertrieben wäre, Pázmány für den Begründer der ungarischen Literatursprache zu halten, ist es doch zweifellos, dass seine Werke einen reichen Quell bilden, der über Faludi und Kisfaludy bis zu Vörösmarty, dem Schöpfer der ungarischen dichterischen Sprache, hinführt.

Sobald der Text der Predigten und religiösen Polemiken im Druck fixiert wird und zum Buche erstarrt, können sie nur denen als Lektüre dienen, die über eine höhere Bildung verfügen. Die kirchliche Lieder- und Psalmendichtung geht gerade den umgekehrten Weg: sie dringt aus Büchern in die Welt des lebenden Wortes, in die Kreise des des Schreibens unkundigen Volkes hinaus.

Den Kern des protestantischen Gottesdienstes bildete von Anfang an die Predigt des Geistlichen und der Gesang der Gemeinde. Est ist nicht verwunderlich, dass, nach den ersten Versuchen Michael Sztárays, fast jeder protestantische Reformator sich in der Dichtung von Kirchenliedern und in der Übersetzung der Psalmen Davids versuchte. Das gequälte Volk fand in diesen zu Gott rufenden Gesängen einen seelischen Trost.

Die fremden Texte, Rhythmen und Melodien konnten sich nur langsam der eigenartigen Melodik der ungarischen Sprache angleichen. Die ersten Gesänge waren nicht besser als die Hymnen des Mittelalters, welche im Kreise der Katholiken auch noch zu dieser Zeit weiterlebten. Den ersten Aufschwung führten die frommen Lieder Bálint Balassas herbei. Tiefe Zerknirschung und verinnerlichter Glaube paarte sich in ihnen mit einer wohlklingenden Sprache und neuen, aber dennoch volkshaften Melodien. Dieser leidenschaftliche Edelmann setzte den besten Teil seiner Doppelseele in diese Lieder: subjektive Reue, erbarmungslose Zerknirschtheit und die Leiden seiner Wanderfahrten. In dieser unruhigen, bitteren Zeit waren diese Empfindungen allgemein: die frommen Lieder Balassas und seines Schülers Rimay waren im Volksmund lebendig und wurden im Laufe von zwei Jahrhunderten vierzigmal verlegt.

Die grosse Aufgabe, sämtliche Psalmen des König David in die ungarische Sprache zu übertragen, hatte Albert Molnár Szenczi übernommen. In den Spuren der Franzosen Béza und Marot zwang er die widerspenstige ungarische Sprache in 130 neue französische Melodien, manchmal mit viel Anstrengung, an anderen Stellen wieder mit dichterischem Schwung. Molnár war einer der bedeutendsten Bahnbrecher der ungarischen Dichtung, der auch der Entwicklung neue Wege wies. Seine Melodien wurden durch das volkshafte rhythmische Gefühl vielfach verzerrt und geändert, doch vermittelte er auch neue Effekte, ohne die die neuere ungarische Volksdichtung kaum zu erklären wäre. Die kirchliche Liederdichtung war das einzige Gebiet der religiösen Literatur der Epoche, auf dem sich alle Bildungsschichten trafen; sie war der gemeinsame Schatz vom Adel, Priestertum und den Leibeigenen und diente allen als Trost und Lebenselement.

Auch die historische Liederdichtung stand an der Grenze der für Lesezwecke dienenden und der mündlichen Literatur. Nur ein Teil dieser Produktion wurde gedruckt, der andere ist in Handschriften erhalten, und viel davon wird vermutlich verloren gegangen sein. Die Autoren waren meist Lehrer, Geistliche, Schreiber von lateinischer Bildung, auch Edelleute, aber nur selten Berufssänger. Auf dichterischen Ruhm rechneten sie wohl kaum, die meisten von ihnen blieben auch anonym. Die Melodie gehörte zu den Texten dazu; die Lieder wurden mit Lautenbegleitung in Adelskurien, Lagern und in belagerten Burgen vorgetragen. Mit der Volksdichtung hatten sie wenig gemein, sondern gehörten eher der Gruppe jener deutschen Zeitungssänger an, die ihr Dasein den kriegsbewegten Zeiten und dem wachsenden Interesse des Publikums an Neuigkeiten verdankte. Auf diese Verbindung weisen auch die Wendungen und die Konstruktionsart der Historiengesänge hin, neben dem westlichen (auf die Kunstmusik zurückgehenden) Ursprung der erhaltenen Melodien.

Diese Verbindung aber war nur eine rein formale. Der ungarische Sänger stand mitten im Sturm der Ereignisse und beobachtete sie nicht von aussen her aus der Behaglichkeit des bürgerlichen Lebens. Er wollte nicht den Sensationshunger seiner Hörer befriedigen, sondern er hatte die Absicht, sie durch heldenhafte Beispiele zum Kriegsmut anzufeuern. Ganz bewusst diente er einer nationalen Sache: er spornte zu dem Kampf gegen die Türken an. Er achtete nicht auf die dichterische Leistung, sondern wollte der treue Chronist der Wirklichkeit bleiben. Brauchte denn auch ein Publikum, das in täglichen Kämpfen selbst sein Blut vergoss, dichterische Leistungen? Genügten ihm denn nicht schon die empörenden Geschehnisse der Wirklichkeit: Nikolaus Zrinyis Burgverteidigung bis in den Tod, Valentin Töröks verräterische Verschleppung in türkische Gefangenschaft, die Enthauptung des Helden Stefan Losonczy? Die zahllosen Beispiele der opferbereiten ungarischen Heldenhaftigkeit, der Arglist und Grausamkeit des Türken. Der ungarische Krieger hatte nur die Wahl zwischen Sieg oder Tod; sein Leben bestand nur im Kampf. Der Sänger war nicht nur Augenzeuge und Verkünder der Ereignisse, sondern auch das lebendige Gewissen des Ungarntums seiner Epoche.

Sebastian Tinódi, der grösste unter den Sängern, war auch der erste Schriftsteller Ungarns, der mit der Feder seinen Lebensunterhalt verdiente. Er verdiente sein Brot bei verschiedenen hohen Herren, in Wirklichkeit aber diente er einzig und allein nur seinem Vaterland. Sein Bekenntnis zum Protestantismus hatte er nie verleugnet — auch die übrigen Sänger waren fast ausnahmslos Protestanten —, aber mit Schmerz betrachtete er die Spaltung des Ungarntums.

Seine dichterische Kraft war nicht gross; seine Lieder waren aber auch nicht zum Lesen, sondern zum Singen bestimmt. Bei Lautenbegleitung verloren seine eintönigen Reime ihren harten Klang. An der geschichtlichen Wahrheit hielt er in so strengem Mass fest, dass seine „Cronica" von quellenschriftlicher Bedeutung ist. Viele Ereignisse hat er festgehalten, die noch Jahrhunderte später ungarische Dichter inspirierten, die ihm an Begabung überlegen waren, jedoch die Wärme seines patriotischen Empfindens nicht übertreffen konnten.

Die geschichtliche Liederdichtung wies im Laufe von zwei Jahrhunderten keinerlei Entwicklung auf. Es ist bezeichnend, dass aus dem XVII. Jahrhundert weniger gedruckte Denkmäler erhalten sind, als aus dem XVI., ein Umstand, der für ein Abflauen des Interesses spricht.

Während bei den Psalmen beobachtet werden konnte, wie die Literatur sich langsam wandelte und volkshaft wurde, lässt sich an den Historien verfolgen, wie die subliterarische Schicht mit Hilfe der gelehrten Sänger langsam dem Niveau der anerkannten Literatur zustrebte. Wir stehen an der Schwelle einer bedeutungsvollen Entwicklung: aus dem Wechselspiel des geistigen Austausches entwickelte sich später die klassische Dichtung.

Graf Nikolaus Zrinyi (1620—1664) war durch viele Fäden mit der geschichtlichen Gesangsdichtung seiner Epoche verbunden. Er schrieb über eine Episode der Türkenkriege, die heldenhafte Verteidigung von Szigetvár, bei der sein Urgrossvater sein Leben opferte; das Ereignis wurde vor ihm, ausser durch einen ungarischen Sänger, auch durch den Sachsen Schaeseus in lateinischen Hexametern und durch Karnarutics in kroatischer Sprache verewigt. Auch Zrinyi hatte sein Schwert nicht zum Zweck der Unterhaltung für kurze Zeit mit der Feder vertauscht: er besang die ruhmvollen Taten, um durch ihr Beispiel zum Kampf und Widerstand anzufeuern. Die Art seiner Dichtung, seine Alexandrinen mit gemeinsamen Reimen, seine oft schwerfällige Sprache trennen ihn nicht allzusehr von den zeitgenössischen Sängern; er stand nicht auf so unerreichbarem Piedestal, wie wir ihn heute sehen. Dennoch trennte ihn von dem Lautensänger Sebastian Tinódi nicht nur ein Jahrhundert, sondern eine ganze Welt.

Zrinyi war durch und durch ein europäischer Ungar. Als Spross eines mächtigen Adelsgeschlechtes und Pflegebefohlener Pázmánys, hatte er, kaum 18-jährig, bereits die Wiener Universität absolviert und dem Papst Urban in Rom seine Aufwartung gemacht. Noch nicht 20-jährig, war er schon der Schrecken der Türken und das Sorgenkind des Wiener Hofes. Wenige Jahre später beendete er sein „weitbekanntes" Epos. Seit seiner frühesten Jugend steht er als eine prächtige Erscheinung vor uns: in der einen Hand hielt er sein unbesiegbares Schwert, in der anderen seine inspirierte Feder. Den Namen des heldischen Türkenbezwingers kennt und rühmt die ganze Welt; der Dichter aber gehört nur Ungarn allein.

Zrinyi umfasste die ganze Bildung seiner Epoche. Nach blutigen Kämpfen zog er sich in seine Bibliothek zurück, die eine der reichsten Bibliotheken Ungarns war und las Tasso und Machiavelli. Er hatte zwei

Muttersprachen, die Ungarische und die Kroatische, beherrschte aber überdies auch das Deutsche, Lateinische, Italienische und Französische. Infolge seiner Wiener Erziehung, seiner Romreise und seines verinnerlichten Katholizismus stand ihm Italien am nächsten, dessen Tradition bis zu den beliebten klassischen römischen Dichtern zurückreichte. Wo fand sich in diesem schrecklichen Jahrhundert ein ungarischer Zeitgenosse, der ihn verstanden hätte, ihn, den seine Bildung, sein Wille und sein prophetischer Blick über seine Nation erhoben? Er war ein Einsamer, wie alle ungarischen Genies. Blutenden Herzens schrieb er: „Meine arme ungarische Nation... soll ich allein Dein Wächter und Beschützer sein, der Deine Gefahr verkündet? Schwer ist dieses Amt für mich, wenn aber Gott mir schon meine Liebe zum Vaterland gab, muss ich also rufen und schreien: jeder Ungar, der lebt, soll mich hören, dass die Gefahr, das verzehrende Feuer sich nahet".

Auch die „Zrinyiade" ist ein einsames Werk. Die Sirene des Adriatischen Meeres (der Dichter gab dem 1651 erschienenen Band diesen Titel) erweckte in der finsteren Nacht Ungarns keinerlei Echo. Eine neue Ausgabe konnte erst mehr als anderthalb Jahrhundert später erscheinen. In dieser mächtigen Dichtung verklärte sich die Reimchronik mit einem Schlag zu einem nationalen Epos. Den Stoff dazu lieferten geschichtliche Werke und gereimte Historien, die epische Form geht auf Virgil zurück, die christliche Variante des epischen wunderbaren Elementes auf Tasso; aber das dichterische Genie Zrinyis fügte die verschiedenen Elemente zu einer festen Konstruktion zusammen, gab dem ganzen den prägnanten Charakter und — dies ist das Wichtigste — der tiefe, opferbereite Geist, der seinen Helden zur Symbolgestalt der ganzen kämpfenden Nation machte, entströmte seiner starken Seele.

Zrinyi hatte in seiner Jugend auch Liebesgedichte geschrieben. In seinen nach italienischen Mustern verfassten Hirtenliedern — in Kämpfen mit seiner Geliebten Viola — schärfte er seine Feder für die grosse Aufgabe, welche „weder von der neidischen Zeit, noch vom Wasser weggespült werden kann, die weder der Zorn des Himmels, noch Eisen vernichten kann, der weder die Macht der Feinde, noch der Neid der Zeit schaden kann". In seinen Prosaschriften enthüllt er sich als Vorläufer des grössten Ungarn: er war ein europäischer und einsamer Ungar, dessen Weckruf ans Volk in der Puszta verhallte, doch sollte sein Vorbild später ganze Generationen zur Selbsterkenntnis, zum Glauben und zur opferbereiten Vaterlandsliebe erziehen...

Wenn die Zrinyiade als Höhepunkt der historischen Gesänge gilt, bedeutete die dichterische Tätigkeit Stefan Gyöngyösis (1629—1705) die höchste Entwicklung der geschichtlichen schönen Historien. Gyöngyösi stand an der Grenze zwischen gedruckter und handschriftlicher Literatur, an der Grenze zweier Epochen. Zu seinen Lebzeiten wurden seine Werke grösstenteils handschriftlich verbreitet; auch „Das Gedächtnis Johann Keménys" wurde erst nach 20 Jahren gedruckt. Von seinen übrigen Werken erschien „Der falsche Cupido" im Jahr 1734, „Der Spiegel der wahren Freundschaft" 1762, „Die Heirat Thökölys" blieb nur in der Handschrift erhalten.

Gyöngyösi, der Zögling des kalvinistischen Kollegiums von Sárospatak, arbeitete sich aus der Stellung eines „Kammerdieners" bei der Familie Wesselényi zu dem Vizegespan des Komitates Gömör herauf. Zu wiederholten Malen vertrat er sein Komitat auf dem Landtag und wechselte inzwischen des öfteren seine politische Einstellung, ebenso wie seine Religion. Es wäre nicht richtig, wollte man die Persönlichkeit dieses armen Edelmannes mit dem idealen Charakter eines Zrinyi vergleichen. Gyöngyösi war in seinem Wesen ein echtes Kind seiner Zeit, einer Zeit, die aber schon eine ganz andere war, als die von Zrinyi. Die Macht des türkischen Halbmondes war bereits im Niedergehen, die Ofner Burg schmückte die ungarische Flagge, und die türkischen Besatzungstruppen zogen sich fluchtartig zurück. In dem befreiten Lande begann der Kampf der politischen und wirtschaftlichen Interessen. Franz Rákóczi sollte zwar wieder das ruhmvolle Zeitalter der Bocskay und Bethlen herbeiführen, zunächst aber bedurfte das Land mehr eines klugen Politikers und scharfsinnigen Juristen, als eines Nationalhelden. Gyöngyösi vertrat diesen neuen Typus. Seine Bildung war nicht grösser als die der durchschnittlichen Adeligen, die in den kalvinistischen Kollegien gut lateinisch schreiben und lesen gelernt hatten, fromme Bücher lasen, viele theologischen Texte memorierten und die lateinischen und griechischen Dichter des Altertums kennen gelernt hatten. Diese Bildung war eine eigenartige Mischung von christlicher Gelehrsamkeit mit der Welt der antiken Mythologie, eine eigenartige Weiterführung von Renaissance und Humanismus, der Widerschein jenes Geistes, welchen die Kunstgeschichte mit dem Namen „Barock" bezeichnet.

Wenn auch Gyöngyösi weder durch sein persönliches Schicksal, noch durch seinen Charakter und seine Persönlichkeit aus der Reihe seiner Zeitgenossen hervorragte, steht er doch durch sein angeborenes Talent, durch die Farbenpracht seiner Sprache und die technische Höhe seiner Verskunst an der Spitze der alten ungarischen Dichter. Wovon er auch berichtete, ob von der abenteuerlichen Heirat Maria Széchys, der „Venus von Murány" oder der Heirat Thökölys mit Ilona Zrinyi, galt seine Sorge weniger der grossartigen epischen Konstruktion der Ereignisse, als vielmehr der künstlerischen Art seines Vortrags. Seine neuartige und an gewagten Wendungen reiche Sprache brillierte gleichermassen in dem „Rosenkranz" zu Ehren der Jungfrau Maria, wie in den schlüpfrigen Reimen des „Falschen Cupido". Die Fülle seiner der Mythologie entnommenen Bilder und Vergleiche empfinden wir heute als Last, der Zeitgenosse aber, der dieselbe Bil=dung besass, ergötzte sich an ihnen wie an dem reichen Goldschmuck des ungarischen Prunkgewandes. Gyön=gyösi war kein volkshafter Dichter, doch jede Zeile von ihm spiegelt die reiche Erfindungsgabe des ungari=schen Geistes wider.

In seinen Dichtungen verfolgte er keine nationalen Ziele, und auch die moralische Tendenz war nur ein kaum betonter Vorwand. Wenn er auch in der Wahl seiner Themen seinen Herren einen Dienst erweisen wollte und man aus manchen Dichtungen auch die Liebe und Sorge um das Vaterland herausfühlt, war er dennoch der erste Dichter Ungarns, der nur um der Kunst willen dichtete. Das „Andenken Johann Ke=ménys" hatte er „denjenigen zuliebe, die sich an unga=rischen Gedichten ergötzen," verfasst, und das Werk „Chariclia" empfahl er den Lesern als „eine Historie, die zum Lesen animiert". Vom Standpunkt des litera=rischen Lebens besteht das Hauptverdienst Gyöngyösis darin, dass er ein Leserpublikum heranbildete. Die kriegerischen Ungarn, die Abscheu vor dem Buch hat=ten, wurden durch die religiöse Literatur ans Lesen gewöhnt und lernten an den Reimchroniken die Freude an dem rhythmischen Klang der Sprache, an dem Zusammenklang der Reime und an der Höherwertig=keit der Versform kennen. Gegen das Ende des XVII. Jahrhunderts aber hatte sich der Geschmack vollkom=men gewandelt. Man war der Religionsstreitigkeiten müde geworden, der Eifer war erloschen; das Publikum langweilte sich an den ewigen Kämpfen und eintönigen Beschreibungen der nationalen Leiden. Der regsame Geist sehnte sich nach Neuem und Schönem, das der Phantasie Nahrung gab und das Herz erfreute. Das entwickeltere Sprachgefühl verlangte nach einem ange=nehm fliessenden Stil, nach melodiösem Rhythmus und dem bunten Wechsel der Reime. All das wurde ihm durch Gyöngyösi und — ein ganzes Jahrhundert hin=durch — ausschliesslich nur durch ihn geboten. Es gibt ausser ihm noch kaum einen anderen ungarischen Dichter, der einen so lange währenden und weit um sich greifenden Einfluss ausgeübt hätte, wie er. Im XVIII. Jahrhundert wurden seine Werke sieben- bis achtmal verlegt; 1796 gab Andreas Dugonics die gesammelten Werke von Gyöngyösi heraus. 1766 gab Peter Bod durch diesen Satz, dass „weder vor noch nach Gyöngyösi einer ihm im Verseschreiben gleichkam“, der allgemeinen literarischen Anschauung Ausdruck. Gyöngyösis Schaffen zeigte die epochale Änderung des Geschmackes am prägnantesten: die religiöse Literatur, die sieben Jahrhunderte lang das ungarische Geistesleben beherrscht hatte, gehörte nunmehr in die engen Grenzen der theologischen Wissenschaft; an ihre Stelle trat die schöne Literatur, die später einen sieghaften Aufschwung erleben sollte.

Handschriftliche Literatur. An der Grenze der gedruckten und handschriftlichen Literatur standen die gereimten schönen Historien, die zu der beliebten Lektüre der Zeit gehörten, und die an der Vorbereitung des Geschmackswandels beim Publikum einen wesentlichen Anteil hatten. In ihrer Gesamtheit waren sie fremder Provenienz; sie stellten die ungarländische Verarbeitung jener Kunstform dar, welche im Westen schon am Ende des Mittelalters besonders verbreitet war. In Ungarn hatte ihr der Humanismus den Weg bereitet; die ersten Spuren lassen sich bereits in der Codex-Literatur nachweisen. Die Quelle, aus der sie stammten, war international: die lateinischen und griechischen Dichter (Virgil, Homer, Ovid, Lukianus, etc.), die beliebteste Märchensammlung des Mittelalters, die Gesta Romanorum, die gereimten Bearbeitungen der Novellen des Boccaccio und die deutschen Volksbücher. Nur zwei von den schönen Historien gehen auf die Volksdichtung, und zwar auf die kroatische, zurück. Da es diesen Historien an Originalität und formaler Schönheit mangelte, bestand ihre literarische Bedeutung nur darin, dass sie die starken Beziehungen der ungarischen Geistigkeit in dieser Epoche zum Ausland beweisen.

Während der grösste Teil der moralisierenden schönen Historien auch im Druck erschien — ihre moralische Tendenz und ihr Ursprung aus dem Humanismus hatte ihnen den Weg zu der höheren Literatur eröffnet —, wurde die Historie des Prinzen Argyrus nur in der Handschrift bewahrt. Sie gewann allerdings auch mündliche Verbreitung und wurde zum kostbaren Besitz der Volksdichtung. Der Verfasser Albert Gyergyai hatte die entzückende, rührende Geschichte der alle Hindernisse überwindenden Liebe aus dem Italienischen übersetzt. Trotz seiner humanistischen Bildung, kann man an den geschickten Reimen den sinnlich warmen, unmittelbaren Ton der volkshaften Blumenlieder verspüren: für diese Zeit war das eine ganz ungewöhnliche Erscheinung. Wir können verstehen, dass die Kirche sie aufs stärkste verurteilte, aber auch, dass sie eine so weite Verbreitung finden konnten. Die Historie wurde durch Handschriften und mündliche Überlieferung erhalten; das erste gedruckte Exemplar ist aus dem Jahr 1749 bekannt. Im Laufe eines Jahrhunderts erreichte sie später 20 Ausgaben.

Die belletristische Produktion der Zeit an schöner Prosa war viel geringer als die dichterische. Die strenge moralische Auffassung verurteilte die falschen Mären, die Prosatexte wurden durch das Gedächtnis weniger bewahrt als die Reime, und auch die handschriftliche Aufzeichnung gehörte zu den Seltenheiten. Unter ausländischem Einfluss, durch die Vermittlung geschäftstüchtiger Drucker, gelangte die Historie des Ponzinian im XVI. Jahrhundert nach Ungarn (Wien 1573); Caspar Heltai gab die volkstümlichen Geschichten des weisen Salomon und des durchtriebenen Markalf und die ungarische Übersetzung des mittelalterlichen Alexander-Romans heraus. Die ungehobelten, obszönen „Sachen“ Stefan Mankoczis blieben in Handschrift erhalten. Danach fehlt fast 100 Jahre lang jede Spur der ungarischen schönen Prosa. Erst 1651 erschien in der Druckerei Bewers in Leutschau (Lőcse) die Historie des Fortunat, nach einem deutschen Volksbuch. In der Zeit, in der man im Westen sich schon an den grotesken Abenteuern des Don Quijote ergötzte, übersetzte Wenzel von Teschen, ein Schriftsteller fremder Abstammung, ebenfalls für Brewer, die Historie der schönen Magelone, einen der beliebtesten Ritterromane des Mittelalters. Die ungarische Übersetzung der indischen Pantschatantra, ein in der Handschrift erhaltener Versuch von David Rozsnyai, dem türkischen Schreiber des Fürsten Michael Apafi, stellte eine separate Erscheinung dar. Die „Dreifache Historie" Johann Hallers verdankte ihre Entstehung der Tatsache, dass der zu fünfjähriger Haft verurteilte vornehme Gefangene der Burg von Fogaras durch Arbeit seine Langeweile zu vertreiben suchte. Dieses Werk aber, das auf Kosten des Autors 1695 durch Miklós Kis von Tótfalu in einer prächtigen Ausgabe herausgegeben wurde, weist schon auf die folgende Epoche hin. Zunächst konnte von einer Entwicklung der ungarischen schönen Prosa noch gar keine Rede sein. Die erhaltenen, meist in minderwertigem Stil übersetzten Arbeiten sind sporadische Spiegelungen des westlichen Geistes und stellen geschäftliche Unternehmungen deutscher Druckereien dar. Die ungarische Prosa musste noch einen langen, schwierigen Weg zurücklegen, bis sie einen Meister und auch — ein Publikum fand.

Umso früher fand die weltliche Lyrik ihren Meister und auch ihr lesendes, d. h. besser gesagt, ihr singendes Publikum. Auch diese Erscheinung war noch ein Erbteil des Humanismus, insofern als die grösstenteils anonymen Autoren eine lateinische Bildung hatten und von lateinischen Vorbildern abhängig waren. Die Verse fanden durch das lebende Wort Verbreitung; ihre Volkstümlichkeit beweist am besten die Tatsache, dass aus dem XVII. Jahrhundert bereits fast

50 handgeschriebene Liedersammlungen erhalten blieben. Pázmány konnte sich wohl mit Recht beklagen, dass „allerlei Leute ihren Scharfsinn dadurch beweisen, dass sie widerliche Blumenlieder schreiben, die von Kindern und Jungfern auswendig gelernt, fast in allen Häusern gesungen werden“.

Am Anfang blühte am meisten die lehrhafte und die Gelegenheitsdichtung. Nach lateinischen Mustern kamen Ehe- und Hochzeitslieder und die weniger heiteren Leichennachrufe in Mode. Auch die politische Dichtung der Epoche, die selbst von der strengen Kritik der Verhältnisse nicht zurückschreckte, enthielt reiche Möglichkeiten für die Zukunft. Die reichste Ernte aber brachte die Liebeslyrik. In diesen Liedern, die vielfach gesungen wurden, tauchten zwar oft auch Venus und der neckische Cupido neben anderen Gestalten der antiken Mythologie auf, sie enthielten aber auch schon eine ganze Reihe Bilder und Vergleiche von volkshaftem Ursprung. Es mangelte ihnen aber auch nicht an der stark sinnlichen Analyse der weiblichen Reize.

Diese gesamte Dichtung fristete zunächst nur ein subliterarisches Dasein; sie lebte durch die mündliche Überlieferung weiter, war mit der Melodie verschmolzen und wies andauernd wechselnde Texte auf. Sie bildete gleichsam den Hintergrund für die Gestalt Bálint Balassas (1551—1594), des einzigen echten Dichters der Epoche und des ersten ungarischen Lyrikers.

Baron Bálint Balassa ragte, gleich Zrinyi, nicht allein durch seine vornehme Abstammung, sondern auch durch seine höhere Bildung und seine starke Begabung aus der Reihe seiner anonymen Zeitgenossen und farblosen Epigonen hervor. Als Schüler Peter Bornemisszas übte er sich schon frühzeitig im Schreiben in ungarischer Sprache; kaum einundzwanzigjährig veröffentlichte er schon ein Buch unter seinem Namen (die ungarische Übersetzung eines deutschen Trostbüchleins). Bald danach fiel er am Habsburgischen Hofe durch sein sicheres und gewinnendes Auftreten auf. Eine glänzende Laufbahn hätte dem reichen Jüngling offen gestanden, hätte ihn nicht eine unglückliche Liebe, seine zügellose Leidenschaftlichkeit und sein unbefriedigter Ehrgeiz immer wieder auf die gefahrvolle Bahn der Gesetzwidrigkeit und der Gewalt getrieben. Er verlor seine Güter, seine Gattin kehrte sich von ihm ab, sein Sohn wurde für illegitim erklärt, er zog von Warschau bis Danzig, kämpfte sich durch sein Elend mit Pferdehandel und Weinlieferungen durch, zuweilen schrieb er vielleicht auf Bestellung irgendeines hohen Herrn auch ein Gedicht. Um sein Leben aber wieder seiner Abstammung und seines Namens würdig zu beschliessen, fiel er bei der Belagerung von Gran (Esztergom) mit dem Schwert in der Hand und mit Gottes Namen auf den Lippen.

Seine Heldenlieder, seine Soldatenlieder, in denen er das ungestüme Leben an den Grenzen verherrlichte, entstanden unter dem Eindruck des unmittelbaren Erlebnisses und gehören zu den schönsten Blüten dieses blutigen Jahrhunderts. Seine Liebesgedichte stellen die farbenprächtige ungarische Variante der Lyrik des Humanismus dar. Balassa beherrschte viele Sprachen: deutsch, lateinisch, italienisch, türkisch, polnisch und verstand auch die Sprachen seiner slowakischen, ruthenischen und wallachischen Leibeigenen. Seine Verse zeugen von vielfältigen Einflüssen, seine liebsten Dichter aber waren der neulateinische Angerianus und Marullus. Von diesen hatte er die blumigen Formen der sehnsüchtigen, selbstquälerischen Liebe gelernt, die er in allen Gedichten in vielen Varianten wiederholte: alle liebten ihn, nur die grausame Julie wollte ihn nicht erhören; in seiner traurigen Liebe konnte er nicht zur Ruhe kommen:

Meine Tränen fliessen
Reichlich sich ergiessen,
Und ich bebe schauernd,
Denn mein müdes Herze

Bricht mir fast im Schmerze,
Um die Holde trauernd,
Ach, durch die ich täglich
Leide so unsäglich,
Mich und sie bedauernd.

Diese ritterliche Sentimentalität konnte doch nicht dem Innersten Balassas entspringen, der sich ja auch gerne an gröberen Freuden gütlich tat. Es war vielmehr eine Formel, die international anerkannte Formel des Liebesliedes, das durch Balassas künstlerischen Instinkt von Grund auf ungarisch gestaltet wurde. Selbst dann, wenn er wörtlich aus einer fremden Sprache übersetzte, konnte man an seinen Versen nichts Fremdartiges verspüren. Auch die mythologischen Schnörkel störten nur selten das Unmittelbare seiner farbenprächtigen Bilder. Er war ein echter Meister der Verskunst, der mannigfaltige Strophenkonstruktionen schuf, deren ungarischer Rhythmus in harmonischer Weise mit den volkshaften und fremden Melodien verschmolz.

Balassa war kein einsamer Dichter. Obwohl seine Liebesgedichte erst 1879 im Druck erschienen, waren sie bis zum Ende des XVIII. Jahrhunderts in zahlreichen Abschriften allgemein verbreitet. Sein treuer Freund und Schüler, Johann Rimay sorgte frühzeitig dafür, dass die Gedichte Balassas nicht durch Änderungen gefährdet und verunstaltet wurden, indem er sämtliche Arbeiten im Originaltext sammelte. Auf den ersten Schüler folgte im XVII. Jahrhundert eine ganze Reihe von Nachahmern. Grösstenteils waren es hochadelige und adelige Katholiken, Dilettanten, aus dem vom König beherrschten Teil des Landes, die sich selbst zum Trost und zum Ergötzen ihrer Freunde Verse schrieben, ohne an eine Herausgabe zu denken. Zwar trugen sie nicht zu einem neuen Aufschwung der ungarischen Lyrik bei und erreichten auch nur selten das Vorbild ihres grossen Meisters, doch gehört es zu ihren Verdiensten, dass sie die Kontinuität der Überlieferung bis zu jenem Zeitpunkt bewahrten, in dem die traurigen, sehnsüchtigen Lieder der „Klagenden Liebe“ von der Laute eines transdanubischen Edelmannes erklangen.

NATIONALE KRÄFTESAMMLUNG.

Nach der Befreiung von der Türkenherrschaft und dem Aufhören des selbständigen Siebenbürger Fürstentums erlangte das Ungarland seine uralte Einheit wieder. Doch der alte Ruhm war vergangen. Ödes Sumpfland erstreckte sich über den einst so fruchtbaren Boden der Alföld, die Städte Transdanubiens waren zerstört, und die ruhmreiche Residenz von Matthias Corvinus bevölkerten nur wenige hundert hergelaufene Fremde. Der Träger der Heiligen Stefanskrone residierte im Ausland. Weder er, noch seine Ratgeber kannten die Sprache, geschweige denn die Seele des ungarischen Volkes. Ungarn galt in ihren Augen bloss als eine eroberte Provinz. Es hatte den Anschein, als ob alle Heldenopfer und das ganze Blutvergiessen nutzlos gewesen wären: das auf eine und eine halbe Million reduzierte Volk sollte durch langsames Absterben vom Schauplatz Europas verschwinden.

Zu diesem Zeitpunkt geschah es, dass die Nation in einer letzten Zusammenfassung all ihrer Kräfte ihr Schicksal selbst in die Hand nahm. Die faszinierende Persönlichkeit des Fürsten Franz Rákóczi II. versammelte die besten des Volkes — hohen und niederen Adel, sowie die Leibeigenschaft — in demselben Lager. Ein acht Jahre lang währender Kampf folgte, den die verarmte, blutende Nation gegen die Habsburgische Grossmacht — die Beherrscherin Italiens, Spaniens, des deutschen Reiches und Belgiens — führte. In diesem erbitterten Kampfe auf Leben und

Tod erblühte die Dichtung der Kurutzen, entstanden kraftvolle Balladen, Emigrantenlieder besangen die Leiden der Freiheitskämpfer und Marschlieder riefen zu Kampf und Ausdauer auf.

Über den Ausgang des Kampfes konnte dennoch kein Zweifel bestehen. Nach dem Friedensschluss von Szatmár musste Rákóczi, erschüttert und enttäuscht über den Fehlschlag seiner Träume, ins Ausland flüchten und beschloss sein Leben in Rodostó am Schwarzen Meer. Die folgenden Jahrhunderte verklärten seine Erscheinung zu einem nationalen Idealbild, das noch lange nach seinem Tode als kraftspendende Quelle dienen sollte.

Nach dem Ausgang der Kurutzenkämpfe stand der Wiener Regierungsmacht nichts mehr im Wege, den zerbrochenen Ungarnstaat nach ihrem Belieben und ihren eigenen Interessen umzumodeln und aufzubauen. Zunächst begann eine grossangelegte Kolonisierungsaktion. Hunderttausende neuer Landnehmer aus Deutschland strömten in das Land, um die Sümpfe der Bácska und des Banats wieder urbar zu machen, die urwaldhafte Wildnis der Bakony auszuroden und die zerstörten Städte wieder aufzubauen, aber auch — „um das unruhige und zu Aufständen neigende Ungarnblut durch deutsches Blut zu bezähmen". Die Serben zogen aus dem Süden nach Norden bis zum Waitzner Bogen der Donau, im Herzen des Landes wurden Slowaken ansässig, und Rumänen bevölkerten die Landschaft Siebenbürgens. Unter der Regierung Josef II. bildeten die Ungarn kaum mehr ein Drittel der Bevölkerungszahl. Alexander Kisfaludy, der bedeutendste Lyriker zu Beginn des XIX. Jahrhunderts, schrieb als junger Soldat im Jahre 1792 gelegentlich einer Reise durch Ungarn, er habe zu seinem grössten Leid mehr Slowaken, Rumänen und Deutsche als Ungarn angetroffen und befürchte den Niedergang seines Volkes. Ähnlich dachten auch die Fremden, die das Land besuchten, und Herder riss sich zu der Prophezeiung hin, Ungarn müsse in dem umgebenden slawischen Meer versinken.

Das zum Niedergang verurteilte Volk schien auch innerlich ausserordentlich zerrissen zu sein. Es fehlte ihm die Einheit. Nie waren die sozialen Gegensätze stärker als zu dieser Zeit. Der Glanz des kaiserlichen Hofes zog den hohen Adel an. Die ungarischen Magnaten bauten ihre Paläste in Wien, vergassen ihre Muttersprache, sprachen französisch oder deutsch und opferten ihr Vermögen einer fremden Kultur. Manche von ihnen, wie z. B. die Esterházy, schufen mitten in der ungarischen Puszta den Glanz von Versailles. Prächtige Schlösser entstanden, in denen deutsche Künstler italienische Opern vortrugen. Fremd mutete diese Pracht unter den Elendshütten der ungarischen Bauern an. Der hohe Adel kam auch nur gastweise nach Ungarn, seine wirkliche Heimat bildete Wien, die Weltstadt an der Donau, die zu dieser Zeit politischer und geistiger Mittelpunkt der gesamten Habsburgischen Monarchie wurde. Der Adel hingegen bewohnte seine bescheidenen Landsitze (die Adelskurien im klassizistischen Stil begann man erst später zu erbauen), und sein Lebensstandard überschritt kaum den seiner Leibeigenen. Er verfügte nur über eine bescheidene lateinische Bildungsstufe. Nur die besseren Köpfe beherrschten neben der lateinischen auch die deutsche Sprache. Die Bildung der Frauen war auch gering, die meisten konnten nicht einmal ungarisch schreiben. Das Los der Leibeigenen war trostlos, denn der Adel betrachtete sie eher als Lasttiere denn als Menschen. Für die begabteren unter ihnen bildete der geistliche Beruf die einzige Möglichkeit, um aus dem gemeinen Stand emporzukommen. Die Bestrebungen mancher Herrscher nach Linderung zerbrachen an dem Widerstand des Adels, der darin seine Vorrechte gefährdet sah. Derselbe Adel, der Jahrzehnte lang wortlos ertrug, dass ihm jede Macht in der Landesverwaltung entrissen und dass Ungarnblut im Interesse der fremden

Macht in fremden Ländern vergossen wurde, erlaubte keinen Eingriff in das Tripartitum Werbőczis, das ungarische Privatrecht. Während im Westen schon längst der Atem einer neuen Zeit wehte, bestand in Ungarn unverändert die feste Mauer der mittelalterlichen Verfassung.

Die Grenzen dieser Mauer waren eng und hinderten jeglichen politischen und wirtschaftlichen Fortschritt. Der Lebensinstinkt der adeligen Nation hinderte ihren Umsturz. Anderenfalls hätten die Fremden das Land völlig überschwemmt. Die Nation blieb ungarisch und konnte im Rahmen ihres Festhaltens an dem Alten mit der Arbeit der inneren Kräftesammlung beginnen.

Am Anfang des Jahrhunderts wagte man noch kaum auf einen Erfolg zu hoffen. Die Regierungsmacht unternahm — gleichzeitig mit der Fremdenkolonisierung — auch eine grossangelegte Aktion zur Rekatholisierung des Volkes. Durch die Verfolgung der Protestanten sollten nicht nur die „Ketzer", sondern auch die Ungarn gestraft werden. Es war bekannt, dass während zweier Jahrhunderte die ungarischen Kalvinisten die Hauptträger des nationalen Gedankens waren. Sie galten auch als Kämpfer der politischen und kulturellen Selbständigkeit und als Verkünder der Gewissensfreiheit. Die Verfolgung wurde von Wien aus systematisch betrieben. In Transdanubien erfolgte das Verbot der meisten kalvinistischen Schulen. Den Kollegien entzog man ihren Hochschulgrad. Die protestantischen Kirchen gelangten in die Hände der Katholiken, die alten, kulturell bedeutsamen Druckanstalten wurden zerstört, Jesuiten-Zensoren eingesetzt und den Protestanten wurde der Besuch ausländischer Universitäten untersagt. Mit einem Wort, die Weiterentwicklung des Protestantismus wurde völlig unterbunden. Das reine Magyarentum Siebenbürgens und der Alföld, das seit der Schlacht von Mohács manchen bedeutenden Schriftsteller und Wissenschaftler hervorgebracht hatte, verfiel zusehends. Auch die Schulen, in denen einst ein Comenius und ein Csere unterrichtet hatten, gingen ein. Es wird berichtet, dass die protestantischen Jünglinge nach ihrer Heimkehr aus dem Ausland in Geist und Einstellung bald ebenso stumpf und nachlässig wurden wie ihre ungebildete Umgebung. Der Protestantismus war mit allen Mitteln unterdrückt und all seiner Bildungsmittel beraubt. Von dieser Seite also konnte man kaum das Werk einer nationalen Wiedergeburt erhoffen.

Diese grosse Aufgabe fiel also dem ungarischen Katholizismus zu. Die ungarischen Katholiken hatten — wie bereits angedeutet — den Kampf und die Wiedereroberung der ungarischen Seele schon im XVII. Jahrhundert begonnen. Die Früchte des Pázmányschen Lebenswerkes sollten erst im XVIII. Jahrhundert zur Reife gelangen. Der Katholizismus — unterstützt von der Regierung — breitete sich aus, nicht allein im Westen, sondern auch im Osten des Landes, auch in Siebenbürgen. Die Vorkämpfer blieben weiter die Jesuiten, die über eine nahezu grenzenlose Gewalt verfügten. Sie leiteten die einzige Universität des Landes. In der zweiten Hälfte des Jahrhunderts waren auch schon 41 Mittelschulen in ihrem Besitz. Der Orden war vollkommen international. In kultureller Hinsicht fasste er Westungarn, Österreich und Italien zu einer Einheit zusammen. Ungarische Jesuiten hielten sich in Rom, Wien, Graz und Leoben auf, während deutsche Ordensbrüder in die ungarischen Ordenshäuser kamen. Ähnliche Barockkirchen, wie man sie in den angrenzenden westlichen Ländern erbaute, entstanden auch auf ungarischem Boden. Unter der Anleitung der Jesuiten und der Kirchenfürsten entwickelte sich in den Städten Transdanubiens und Oberungarns ein neues, barockes Stadtgepräge. Die Bischöfe, die Orden und auch das deutsche städtische Bürgertum beriefen ausländische Künstler und erteilten ihnen Aufträge. Während Ödenburg (Sopron), Pressburg (Pozsony), Raab (Győr),

Gran (Esztergom), Erlau (Eger), Stuhlweissenburg (Székesfehérvár) zu neuem Leben erwachten, blieben die rein magyarischen Städte der Alföld auch weiterhin nur einfache, langgestreckte Bauernsiedlungen.

Die Jesuiten entwickelten eine lebhafte literarische Tätigkeit. Sie setzten die lateinische humanistische Dichtung der früheren Jahrhunderte fort. Tirnau (Nagyszombat) war der Sitz einer Dichterschule, die zahlreiche mit mythologischen Bildern gespickte Dichtungen produzierte. Eine stärkere Wirkung erzielten die Schuldramen, die man mit prächtiger Ausstattung aufführte. Allein in den letzten dreissig Jahren ihres Bestehens führten sie nicht weniger als 621 Stücke auf. Der Orden der Piaristen war der einzige, der an Aktivität mit den Jesuiten eingermassen wetteifern konnte. Die lateinische Jesuiten-Literatur war überall nahezu die gleiche. In Tirnau, Wien, Graz und Rom verwendete man dieselben Versmasse und Kunstformen, auch in dem, was Stil, Geist und Zweck betraf, gab es keine Unterschiede. Allein in Bezug auf Stoff und Gefühlshintergrund gab es in den einzelnen Ländern Abweichungen. Denis, ihr bester Repräsentant in Österreich, entwickelte — mittels mancher volkshaften Elemente — die spezifisch österreichische patriotische Bardendichtung, die als Wegbereiter der Romantik gilt. Die Jesuitenepen Ungarns schöpften aus der geschichtlichen Vergangenheit des Landes. Die Schuldramen brachten Attila, den „Vorfahren“ der Magyaren, auf die Bühne, ebenso wie auch die heiligen Könige und die Familie Hunyadi. Gelehrte Jesuiten sammelten alle Belege der ungarischen Geschichte und wirkten bahnbrechend für die wissenschaftliche Geschichtsschreibung. Das ruhmvolle Bild des mittelalterlichen Staates, den der erste König dem Schutze der heiligen Jungfrau Maria empfohlen hatte, erstand in neuem Glanz. Die Idee des Regnum Marianum tröstete die Entmutigten und schuf eine neue Überlieferung. Stählernd wirkte der Glaube, dass, solange Maria die

Patronin des Landes sei, diesem keine Unbill wieder-fahren dürfe.

Die Fremden, die die Landessprache nicht kannten, wurden durch die lateinische katholische Literatur in die Geschichte ihrer neuen Heimat eingeweiht. Durch sie konnten sie begeisterte Bürger des Landes werden. Hungaria erwachte zu neuem Leben, und Ungarn, Deutsche und Slowaken beteten gemeinsam zu dem apostolischen heiligen König.

Mit der Magyarisierung des Geistes ging auch der Wunsch nach sprachlicher Angleichung Hand in Hand. In der ersten Hälfte des Jahrhunderts blieben die neuen Bestrebungen noch im Hintergrund. Die religiöse Literatur der früheren Epoche verkümmerte. Manch einsamer Dichter schrieb Verse, zeichnete seine Erinnerungen auf oder vertiefte sich in die Geschichte. Die inspirative Kraft des Pázmányschen Geistes belebte seine Nachkommen. Manche mischten sich auch schon unter das Volk, sammelten seine Aussprüche, seine weisen Sprichwörter, um in den Versen die Volksseele zum Ausdruck zu bringen. Im Kloster zu Leoben ermunterte ein deutscher Jesuit seinen ungarischen Ordensbruder zur Verfassung ungarischer Hexameter.

Während solche Versuche am Anfang nur vereinzelt und ohne Belang erschienen, sollten sie nach wenigen Jahrzehnten zu einer nationalen Sache werden. Der Papst hob 1773 den Jesuitenorden auf, doch seine Kämpfer blieben auch weiterhin im Lande. Ein ganzes Heer ungarisch schreibender und denkender Priester und Mönche stand bereit. Begeistert und hingebungsvoll entfachten sie das Feuer des nationalen Empfindens. Der Serbe Dugonics, der Deutsche Rajnis und der Kroate Fabchich befanden sich unter ihnen. Trotz bischöflichen Verbotes legten die beiden letzteren das Priestergewand ab und kleideten sich nach ungarischem Brauch. Fabchich arbeitete einen Plan für die Magyarisierung der katholischen Liturgie aus. Es handelte sich dabei um eine imposante Selbstbesinnung des ungarischen Katholizismus, um eine seelische Assimilation, deren Feuer auch diejenigen mitriss, die einer anderen Rasse angehörten. Die literarische Überlieferung diente als neue Kraftquelle. Die ältesten ungarischen Sprachdenkmäler und Quellenschriften wurden neu verlegt. Sprachlich versuchte man dabei die heimatliche Humanistentradition zu magyarisieren oder die Überlieferung der Balassa und Gyöngyösi weiter fortzuführen. In Geist, Inhalt und Kunstform herrschte die grösste Einheitlichkeit. Als Schauplatz der Bestrebungen diente Transdanubien, das die Gleichgesinnten aus allen Landesteilen an sich zog.

Die Entwicklung der traditionsgebundenen Dichtung konnte auch durch die Geistesströmung der Aufklärung, die aller geschichtlichen Tradition und der Macht der römischen Kirche den Krieg erklärte, nicht unterbrochen werden. Nur vereinzelt wurden einige katholische Schriftsteller von der französischen Ideenwelt gefangen genommen. Der grösste Teil hingegen hielt an seinem tiefen Glauben und seinem an der geschichtlichen Überlieferung genährten Patriotismus fest. Umso stärker wirkte sich jedoch die Aufklärung im Kreise der jungen geistigen Führer des ungarischen Protestantismus aus.

In den letzten Jahren der Regierung der glaubenseifrigen Herrscherin Maria Theresia war der französische Geist auch an den Wiener Hof gedrungen, denselben Hof, an dem noch kurz vorher Metastasio als offizieller Dichter galt, und dessen Sprache die italienische war. Die Königin selbst führte die Konversation auf französisch, korrespondierte in dieser Sprache. Ihre Hofdamen bedienten sich französischer Lektüre und ihre Ratgeber waren Schüler der französischen Philosophen. Den vollen Sieg der Aufklärung brachte jedoch die Regierung Josef II., der in seinem ganzen Reich die volksbeglückenden Ideen des modernen Absolutismus in die Tat umzusetzen strebte.

Die östlichen, protestantischen Ungarn standen der französischen Ideenwelt schon seit langem nicht mehr fremd gegenüber. Hatten doch ihre Jünglinge bereits seit dem XVII. Jahrhundert Schweizer und holländische Universitäten besucht und dort emigrierte französische Kalvinisten kennen gelernt. Bayle war Professor in Amsterdam, wo auch die erste französische Literaturzeitschrift erschien. Vom XVIII. Jahrhundert an besuchten nur die Söhne des hohen Adels das Ausland. Zurückgekehrt verbreiteten sie im engsten Kreis der Siebenbürger Aristokratie die Übersetzungen französischer Werke. In der zweiten Hälfte des Jahrhunderts war die französische Sprache in Siebenbürgen schon ausserordentlich verbreitet.

Um den Adel immer mehr an Wien zu binden, gründete Maria Theresia ihre ungarische Leibgarde. Wien war zu dieser Zeit der Mittelpunkt der französisierenden Strömung. Die östlichen Komitate Ungarns sandten vornehmlich protestantische Jünglinge in die Leibgarde. Die bereits vorhandene seelische Einstellung der Gardisten deckte sich mit der herrschenden Richtung des Hofes. Aus dem Kreise der Gardisten nahm eine neue ungarische Literaturströmung ihren Ausgangspunkt, die sich an keine nationale Tradition knüpfte, sondern einzig und allein bestrebt war, die westliche Kultur als neue Quelle der Nation zu eröffnen.

Die Aufklärung, deren wichtigstes Schlagwort die Glaubenstoleranz bildete, bedeutete eine grosse Erleichterung für die verfolgten und unterdrückten Protestanten. Es ist also nicht verwunderlich, dass die Ideen der Aufklärung gerade unter den Protestanten die stärkste Verbreitung fanden. Während Josef II., der die ungarische Verfassung missachtete und sich nicht krönen liess (daher sein Beiname „der König mit dem Hute"), wegen seiner Einstellung von den katholischen Literaten verdammt wurde, konnten sich die Protestanten in der Glorifizierung seiner Güte und

Menschlichkeit nicht genug tun. In grosser Zahl entstanden auch die ersten Freimaurerlogen Ungarns, deren Sprache zwar deutsch und lateinisch war, die aber dennoch die ersten Vereinigungen darstellen, in denen sich der ungarische Adel mit geistigen Fragen befasste.

Nach kurzer Zeit entstand das literarische Programm der Bewegung. Nach der Lebensanschauung des Rationalismus sollte jedes Volk als höchstes Ziel das Glück erstreben. Der Weg dahin führte durch die Kultur. Die Aneignung der Kulturgüter galt als das Höchste. Da dies aber jedem Volke nur durch seine eigene Sprache möglich ist, galt als Hauptforderung der Aufklärung die Pflege der nationalen Sprache und Bildung. Hier trafen sich also die Gedanken der Aufklärungszeit mit einer früheren Zielrichtung des Humanismus, der — allerdings unter anderen Begründungen — auch die frühere Entwicklung der Literatur in ungarischer Sprache zu verdanken war. Doch während damals die Pflege der ungarischen Sprache auf die religiöse und wissenschaftliche Literatur beschränkt blieb, widmete sich der Aufklärungsgeist an erster Stelle der schönen Literatur, als dem wirkungsvollsten Faktor einer Sprachpflege. Der Literat der Reformationszeit war identisch mit dem Glaubenskämpfer, der Literat der Aufklärung fühlte sich als Volksbeglücker. „Der echte Literat" — schrieb Kármán — „bringt, gleich einem neuen Prometheus, das Licht der Weisheit vom Himmel. Er bringt Ruhm und Glück für die Völker; er macht, dass der Leibeigene sein Los aus Überzeugung trägt, dass der Herrscher zum Herrscher über die Herzen und dass der Mensch zum Menschen wird."

Die ausländisch orientierten Literaten waren weder durch ihre Sprache, noch durch ihre Muster oder dichterischen Formen von den Anhängern der Tradition getrennt, sondern vielmehr durch ihren Geist und durch ihre Zielbestimmungen. In seiner entsetzlichen Verlassenheit waren dem ungarischen Geist eigentlich beide Strömungen nötig: die erste trug, inmitten der grossen Fremdheit, zu der Festigung seines Volkstums bei, die zweite hingegen öffnete ihm den Weg zu der westlichen Entwicklung. Die erste stieg zum Volke hinab, die zweite vertrat die Aristokratie des Geistes. Doch wenn auch Katholiken und Protestanten, Anhänger der Tradition und Anhänger des ausländischen Geistes von einander noch so verschieden waren, gab es doch etwas, das sie miteinander verband: die unauslöschliche Liebe zu der ungarischen Sprache.

Den Mittelpunkt der ausländisch orientierten Literaten bildete Wien. In Wien wurde die erste literarische Gesellschaft durch Georg Bessenyei gegründet, die sich nach ihm nannte und mit einer gemeinsamen Publikation vor die Öffentlichkeit trat. Ähnlich gesinnte Schriftsteller aus der Heimat schlossen sich an. Wien, die viele Sprachen sprechende Kaiserstadt, der Ausgangspunkt der tschechisch-slowakischen, der serbischen und griechischen Erneuerung, blieb ein halbes Jahrhundert hindurch die Gaststätte der protestantischen Schriftsteller Ungarns. Da Transdanubien als Heimat der traditionellen Literaturströmung galt, verschob sich der Schwerpunkt des geistigen Lebens Ungarns nach der westlichen Grenze. Die Literatengruppe der Wiener ungarischen Leibgardisten hatte sich bald verstreut. Franz Kazinczy, ein junger kalvinistischer Edelmann, der Schulinspektor Josef II. und Reformator der nationalen Literatur, begann seine literarisch reformierende Tätigkeit in Kaschau (Kassa). Er war es, der in den ersten Jahrzehnten des XIX. Jahrhunderts das Gebiet jenseits der Theiss der ungarischen Literatur zurückerobert hatte. Die Reaktion, die nach dem Tod Josef II. eintrat, sowie die Strafaktion, die auf die Verschwörung des Jahres 1794 folgte, liess Kazinczy, ebenso wie auch alle anderen grossen Vertreter der ausländisch orientierten Literaten, verstummen. Doch seine Kraft war auch damit keineswegs gebrochen. Seine Tätigkeit bedeutet ein neues Kapitel in der Entwicklung der ungarischen Literatur.

Trotz des grossen Aufschwunges kann im XVIII. Jahrhundert noch kaum von einem entwickelten literarischen Leben gesprochen werden. Der wirkliche Boden des geistigen Lebens bilden immer die Städte. Dies begründet auch die grosse Anziehungskraft Wiens auf Ungarn. Die Kaiserstadt war für den Osten die letzte Festung der westlichen Kultur. Die Städte Transdanubiens und Oberungarns waren zum grössten Teil von evangelischen Deutschen bewohnt, deren bürgerliche Kultur mit der Kultur des Deutschen Reiches aufs engste verbunden war. Die deutsche bürgerliche Jugend bezog mit Vorliebe die Universitäten Deutschlands, weniger Wittenberg als vielmehr Halle, Jena und Göttingen. Die deutschen Jünglinge Ungarns wurden in diesen Hochschulen in einem neuen Geiste gebildet, sie bildeten eine Elite, die bahnbrechend für die deutsche Entwicklung wirkte. Sie brachten die Ideenwelt des Pietismus mit, die deutsche Sentimentalität, den Geist des Neohumanismus, die Gedanken eines Herder und schliesslich auch die Kenntnis der grossen Klassiker Deutschlands. Matthias Bél, ein Mann von slowakischer Abstammung, deutscher Bildung und ungarischem Empfinden, entwickelte in Pressburg (Pozsony) eine ähnlich segensreiche Tätigkeit wie die lateinisch schreibenden Jesuiten in ihren Ordenshäusern. Bél schenkte der Nation die erste ausführliche Beschreibung des Ungarlandes. In seiner Nachfolge entstand in Pressburg ein lebhaftes literarisches Leben, dessen führender Geist in der zweiten Hälfte des Jahrhunderts der Bürgermeister Windisch wurde, der deutschsprachige Zeitschriften mit patriotischer Gesinnung herausgab. Das Beispiel von Pressburg und Pest-Ofen (Pest-Buda) befolgten auch andere Städte des Landes. Durch deutsche Hände entstanden Buchverlage, der Buchhandel blühte auf, Theater wurden gegründet, in denen zuweilen die besten Schauspieler aus Wien Gastspiele gaben.

Die ungarischen Schriftsteller hatten nun Vorbilder. Während sie vor einem halben Jahrhundert noch völlig einsam wirkten und von einander kaum etwas wussten, fanden sie sich in der fremden Atmosphäre der deutschen Städte zusammen. In Wien und Pressburg erschienen ungarische Journale mit Literatur-Beilage. In Kaschau wurde 1788 durch Baróti, Bacsányi und Kazinczy die erste ungarische Literaturzeitschrift herausgegeben, der bald auch andere folgen sollten. Bessenyei träumte bereits von einer ungarischen wissenschaftlichen Akademie, für die er einen ausführlichen Plan und selbst auch schon die Liste der Mitglieder aufstellte. Dichter und Schriftsteller schlossen sich einander an und fühlten bereits ihre Zusammengehörigkeit. Dichterbriefe wurden gewechselt und unter dem Einfluss des Hainbundes kam die sentimentale Dichterfreundschaft in Mode. Literaturzirkel wurden gegründet, in Ödenburg durch Johann Kis, in Pressburg durch Georg Fejér, in Kaschau durch Kazinczy. Die handschriftliche Literatur verseichte, das gedruckte „Buch" wurde zum ersehnten Ziel, zum Symbol und zur Waffe. Bessenyei allein veröffentlichte in wenigen Jahren 20 Werke. Neue Ausgaben wurden verlegt, selbst die ältesten, verstaubten Manuskripte wurden gedruckt.

Doch die Literaturbewegung der deutschen Städte wirkte nicht nur auf die äusseren Formen des ungarischen literarischen Lebens. Die ungarisch-deutschen Schüler der Göttinger Universität spielten eine bewusste Mittlerrolle zwischen ungarischem und deutschem geistigen Leben. Kármán und Schedius gaben zusammen die „Uránia" heraus und Matthias Ráth gründete in Pressburg eine ungarische Zeitschrift, die Herders Gedanken verbreitete. Zu Anfang mischte sich der deutsche Einfluss mit dem französischen, brachte doch auch die deutsche Literatur französische

Ideen zum Ausdruck. Bessenyei verfasste sein erstes Voltaireisches Drama im Stile Gottscheds. Doch bald danach begann in Deutschland durch Lessing die Gegenwirkung, und die deutsche Literatur erreichte in Goethe und Schiller ihr goldenes Zeitalter. Zu derselben Zeit trachtete auch in Ungarn die Wiener Reaktion, die auf die französische Revolution folgte, alles, das auf Frankreich Bezug hatte, auszurotten. Innerhalb der ausländischen Strömung wurde also die französische Gedankenwelt alsbald durch den deutsch-griechischen Klassizismus abgelöst. Dessen Erörterung aber leitet schon in die folgende Epoche über.

Die Schöpfer der Literatur Ungarns — Geistlichkeit und Adel — bildeten eine kleine Gruppe, aus der sich die Käufer von Büchern, die Abonnenten der Zeitschriften und die Leser zusammensetzten. Ihnen gegenüber standen die Aristokraten, die nicht ungarisch verstanden, die fremden Nationalitäten, der ungebildete Adel, der sich mit Kalenderlektüre begnügte und die subliterarische Masse der Leibeigenen. Trotzdem vermochte die kleinere Gruppe — innerhalb weniger Jahrzehnte — nahezu Wunder zu vollbringen. Es gelang ihr, die Tradition der geschichtlichen und literarischen Vergangenheit wieder erstehen zu lassen und die grossen Geistesströmungen des Westens in sich aufzunehmen. Diese Taten glichen einer neuen, geistigen Landnahme mitten in der fremd gewordenen Heimat. Umso mehr ist dies zu bewerten, als sich alles ohne die geringste Unterstützung der regierenden Macht vollzog, ja sogar im Gegensatz zu deren Absichten stand. Die Gruppe war schliesslich aller Mittel eines geistigen Kampfes beraubt, und alles, was sie tat, erforderte die grösste Opferbereitschaft, den tiefsten Glauben und die stärkste Liebe zu dem eigenen Volkstum. Das kulturell gespaltene Ungarntum begann seinen Kampf aus zwei entgegengesetzten Richtungen, um in einem späteren Zeitpunkt wiederum vereint der Idee der autonomen

Nation Geltung zu verschaffen und den ihr gebührenden Platz in Europa wieder einzunehmen.

Die erste Hälfte des XVIII. Jahrhunderts. Aufbruch. In der ersten Hälfte des XVIII. Jahrhunderts wurde die literarische Richtung der vorhergehenden Epoche ohne wahrnehmbare Änderung weitergeführt. Die Druckanstalten, die ungarische Bücher verlegten, veröffentlichten grösstenteils auch weiterhin fromme und moralische Werke. Die Schüler Pázmánys schmückten ihre Predigtsammlungen mit rokokohaften Titeln, der kalvinistische Paul Ráday — der auf den Spuren Balassas und Albert Molnárs wandelte — gab fromme Gesänge heraus, und Ladislaus Amadé schrieb Bittgesänge. Sehr beliebt unter den Katholiken waren die moralerzieherischen Arbeiten Franz Faludis: die ungarischen Übersetzungen der Werke des englischen Jesuiten Darell und des spanischen Grazian. Sie wurden in der zweiten Hälfte des Jahrhunderts in mehreren Auflagen verbreitet.

Diese Literatur aber hatte nichts mehr von der Leidenschaftlichkeit der Epoche der Religionsstreitigkeiten an sich; es fehlte ihr das Kämpferische und die Gewissensproblematik der früheren Zeit. Die unterdrückten Protestanten mussten tatenlos zusehen, wie sie aus ihren Jahrhunderte alten Positionen herausgedrängt wurden: nicht durch die Waffe der geistigen Überzeugung, sondern durch die rohen Waffen der staatlichen Macht. Die Regierung wachte eifrig darüber, dass sie in ihrer zielbewussten Arbeit von katholischer Seite durch keinerlei Kriegslärm gestört wurde.

Jedoch „grosse Dinge ereigneten sich während der auffälligen Stille“. Die religiöse Literatur, die bis dahin von dem literarischen Bewusstsein einzig anerkannt wurde, verlor immer mehr an Bedeutung. Auf dem Gebiet der Literatur in lateinischer Sprache hatte seit Janus Pannonius auch schon die weltliche Dichtung, die die klassischen Autoren des römischen Altertums zu neuem Leben erweckt hatte, einen Platz errungen. Unter der Einwirkung des Humanismus hatte die Magyarisierung dieser Dichtung auch frühzeitig begonnen, vermochte aber gegen die Überlegenheit der religiösen Literatur in ungarischer Sprache zwei Jahrhunderte lang nicht den Kampf aufzunehmen. Nun gab diese selbst ihre Oberhoheit auf, und die wichtige Mission der Erziehung der Nation fiel der schönen Literatur zu, die bis dahin verachtet war und nur in handschriftlicher Aufzeichnung ihr Dasein fristen konnte.

Bezeichnend für jede Zeitwende ist die Erinnerung an die Vergangenheit. Die Volksseele blickt auf ihren bereits zurückgelegten Weg, bevor sie neuen Zielen entgegenstrebt. Es ist kein Zufall, dass wir die erste Literaturgeschichte in ungarischer Sprache dieser Epoche verdanken, und dass der Verfasser dieses Werkes ein Ostungar und Kalvinist gewesen ist. Nach den lateinischen Versuchen Czwittingers und Rotarides, zwei Schriftsteller deutscher Abstammung, gab Peter Bod, ein Geistlicher aus Magyarigen, im Jahr 1766 seine Ungarische Athenas „oder die Geschichte der gelehrten Männer aus Siebenbürgen und Ungarn, namentlich derjenigen, die durch irgendwelche veröffentlichte Schriften bekannt geworden sind und eine gute Erinnerung hinterlassen haben", heraus. In diesem Schriftsteller-Lexikon war der schönen Literatur nur wenig Platz eingeräumt. Selbst der so volkstümliche Stefan Gyöngyösi wurde neben seinem Namensvetter, der in der Schweiz lateinische Psalmenkommentare veröffentlicht hatte, nur an zweiter Stelle und ganz nebenbei erwähnt. In seinem Vorwort betonte er, dass er keinen Autor wegen seiner Konfession ausgelassen habe, und dass er die Bezeichnung „Ungar" auch den Siebenbürger Sachsen und den ungarländischen Slowaken zuteil werden lasse, „da sich diese in der Fremde auch als Ungarn bezeichneten und durch ihre Schriften der ungarischen Nation zur Zierde gereichten". Das Buch Bods ist aber seinem Wesen nach doch nichts anderes als eine Revue der ungarischen protestantischen Literatur: in seinem Anhang zählte er in 20 Gruppen die Titel von 248 ungarischen Büchern auf; 222 sind davon religiösen Inhaltes, unter denen sich bloss 27 katholische Werke befinden. Die 26 weltlichen Werke sind geschichtliche und medizinische Arbeiten.

„Die Ungarische Athenas" von Bod bildet einen offensichtlichen Markstein in der literarischen Entwicklung. Zur Zeit ihres Erscheinens hatten schon die ungarischen Katholiken die Führung in der Literatur an sich gerissen (Bod, der die katholische Bewegung gar nicht zur Kenntnis nahm, hielt sogar den Namen Faludis für einen erdichteten Namen), und die weltliche Literatur gelangte zu einer nie erhofften Blüte.

In der ersten Hälfte des Jahrhunderts waren die Bestrebungen auf dem Gebiet der schönen Literatur nur vereinzelte Erscheinungen, die gar nicht an die Öffentlichkeit kamen. Die Kurutzendichtung, die einen Aufschwung nahm, wurde durch mündliche Überlieferung erhalten und später in Liederbüchern handschriftlich fixiert. Anderthalb Jahrhundert musste noch verstreichen, bis Koloman Thaly, „der Schreiber des grossen Fürsten", diese Glanzstücke der ungarischen Volksphantasie — ergänzt durch eigene dichterische Invention — herausgeben konnte.

Die „Historie" des Protestanten Michael Cserei und die „Metamorphosis" des Katholiken Baron Peter Apor, die Erinnerungen von zwei habsburgtreuen Edelmännern, wurden in den Siebenbürger Adelshäusern in Handschriften gelesen. Beide Werke wurden erst in der zweiten Hälfte des XIX. Jahrhunderts durch Gabriel Kazinczy herausgegeben. Guter ungarischer Stil, ein starker Siebenbürger Geist und das innige Festhalten an der Tradition sind die bezeichnenden Eigentümlichkeiten von beiden Autoren. Auch sie waren Erscheinungen der Zeitwende, ebenso wie Peter Bod. In ihrer Jugend hatten sie mit Stolz das selbständige ungarische Siebenbürgen erlebt und versuchten an der

Schwelle der neuen Entwicklung das Rad der Zeit aufzuhalten.

Kelemen Mikes, der treue Page des in der Fremde wandernden Fürsten Rákóczi, die rührendste Schriftstellergestalt der Epoche, war von einer unauslöschlichen, hoffnungslosen Liebe zu seiner siebenbürger Heimat erfüllt. Während der bitteren vier Jahrzehnte seiner Verbannung richtete er seine Episteln an eine Phantasiegestalt, seine „liebe Tante"; in Wahrheit schrieb er sie für sich. In seiner letzten Epistel kann man nicht ohne tiefste Rührung lesen: „Als ich meinen ersten Brief an Sie, liebe Tante, richtete, war ich 27 Jahre alt; heute bin ich bereits im neunundsechzigsten. Davon 17 Jahre abgerechnet, habe ich die ganze übrige Zeit in unnützer Verbannung verbracht. Ich hätte nicht sagen dürfen „unnütz", denn in den Bestimmungen Gottes gibt es ja nichts, das unnütz wäre... Wir dürfen also nichts anderes, als Gottes Willen wünschen". Dem Autor, der auch in Paris gewesen war, dürften bei der Wahl der Epistelform französische Muster vorgeschwebt haben. Überall lässt er auch die Spuren seiner französischen Lektüre erkennen, doch die Seele, die aus den Episteln spricht, ist ganz seine eigene. Jede Zeile spiegelt religiöse Ergebenheit, die aufopfernde Liebe zu seinem Fürsten und die Liebe zu seiner Rasse und seinem Heimatland. Der grösste Ruhm aber gebührt seiner Sprache, seinem Prosastil von persönlicher Färbung, der széklersche Invention mit der Absichtlichkeit eines an fremden Mustern geschulten Kopfes vereinte. Im fernen Rodostó hatte er seine Schriften gar nicht für Leser bestimmt. Als das Manuskript am Ende des XVIII. Jahrhunderts nach Ungarn gelangte und im Jahr 1794 verlegt wurde, erweckte es keinen Eindruck mehr. Um die Mitte des XIX. Jahrhunderts musste er so gut wie neu entdeckt werden. Obwohl Mikes in der literarischen Entwicklung keine Rolle zuteil wurde, war er doch eine symptomatische Erscheinung. Dadurch, dass er, der Székler Edelmann, der kaum eine Schule besucht hatte und als halbes Kind in die Fremde kam, die verschiedenartigsten Empfindungen und Gedanken mit solcher Urwüchsigkeit zum Ausdruck bringen konnte, bewies er, welche Urkraft der ungarischen Sprache, die man für zum Tode verurteilt hielt, innewohnte. Wahrhaft, das Mägdlein war nicht gestorben, sondern es schlief nur! Das Symbol der ungarischen Sprache war nicht, wie Décsy und sein Kreis glaubte, der Vogel Phönix.

Cserei, Apor und Mikes vertraten in der ungarischen Literatur das Siebenbürgentum. Siebenbürgen brachte in diesem Jahrhundert eine Reihe von Literaten hervor, konnte sie aber nicht zwischen seinen Bergen halten. Die Heimat der Leibgardisten-Schriftsteller wurde Wien, Baróti liess sich in Transdanubien nieder. Sie bahnten der literarischen Entwicklung neue Wege, vergassen aber ihre engere Heimat, der sie doch ihre uralte Tradition und reine, kernige Sprache verdankten. Der Schwerpunkt der ungarischen Literatur wurde schon in der ersten Jahrhunderthälfte nach Transdanubien und Oberungarn verlegt.

In seiner Einsamkeit in Tarnaörs im Komitat Heves schrieb Baron Lorenz Orczy, ein früher Verherrlicher der Theisslandschaft, seine volkstümlichen Gedichte. Obwohl er sich gern in die Werke der französischen Literatur vertiefte, wies er die Ideen der Aufklärung mit der Entrüstung einer konservativen Seele zurück. Wie alle seine Zeitgenossen, stand auch er an der Grenze zweier Epochen. Die neue Generation verehrte ihn als ihren Bahnbrecher, Bessenyei lud ihn in seine Literatengesellschaft ein, und Révai gab seine handschriftlichen Gedichte heraus; doch Orczy sah seinen Lieblingsautor in Gyöngyösi, und das schlichte ungarische Leben gilt ihm als anziehendster Gegenstand der Dichtung. Eine ähnliche Übergangserscheinung verkörpert auch Graf Gideon Ráday, der an der Universität von Frankfurt an der Oder deutsche Bildung erworben hatte und sich als erster mit der

Übertragung gereimter Metren ins Ungarische versuchte. Er war ein früher Vertreter des „literary gentleman“ in Ungarn; er brachte eine umfangreiche Bibliothek zusammen, die auch zeitgenössische ungarische Werke enthielt (eine grosse Seltenheit in dieser Epoche), stand in lebhafter Verbindung mit den jungen Literaten Ungarns, schrieb auch selbst Gedichte, die er allerdings erst in spätem Alter — meist verschämt, unter einem Pseudonym — in den Zeitschriften des Jahrhundertes veröffentlichte. Weitere hundert Jahre mussten verstreichen, bis sie auch in Buchform erscheinen konnten. Kazinczy sah in Ráday seinen Vorgänger und benannte die Versform deutscher Art nach ihm.

Ein bewusstes literarisches Leben entwickelte sich — wie wir bereits sehen konnten — nur im Kreise der Jesuiten-Gymnasien von Transdanubien und Oberungarn. Im Schatten der lateinischen Jesuitendichtung nahm langsam auch die ungarische ihren Anfang. Baron Ladislaus Amadé war Grazer Jesuitenschüler; er schrieb mit der gleichen Leichtigkeit ungarische und deutsche Verse und führte in seinen lyrischen Gedichten jene italienische Tradition weiter, die durch Zrinyi begonnen worden war. Unter dem Einfluss der deutschen, aus Italien stammenden galanten Dichtung, verfasste er seine Liebeslieder, geisselte die Grausamkeit seiner Geliebten, verherrlichte das fröhliche Soldatenleben und beweinte das traurige Schicksal des verheirateten Mannes. Erst 1836 erschienen seine Gedichte im Druck, doch übten seine neuen Liedformen grossen Einfluss auf die Entwicklung des sich dem Volkslied nähernden ungarischen Kunstliedes aus.

Franz Faludi (1704—1779), ein Schulkamerad Amadés in Graz, war der grösste Stolz dieser beginnenden Epoche. Sein bewegtes Leben war charakteristisch für die Tätigkeit des ungarischen Jesuitenordens. Er war in Wien und Leoben gewesen, hatte Jahre lang in Rom gelebt, später, bis zur Auflösung seines Ordens, in verschiedenen Schulen seiner Heimat unterrichtet, um sich dann zum Schluss in ein Städtchen des Komitates Vas zurückzuziehen und die Armen zu betreuen. In seinen Prosachriften erwies er sich als der erste be- wusste Künstler des Stils, der die Tradition Pázmánys weiterführte, indem er die Ausdruckmöglichkeiten der lebendigen Volkssprache mitbenützte. In seinen Lie- dern, deren Themen er weniger seinen eigenen Erleb- nissen, als seinen fremden (deutschen, italienischen) Mustern entnahm, traf er als erster tadellos den Rhyth- mus der Volksmelodien. Obzwar seine Gedichte erst 1786 durch Nikolaus Révai herausgegeben wurden, wurden sie durch mündliche Übertragung sehr schnell bekannt und volkstümlich. Dugonics zitierte in seinen Romanen manche Gedichte von Faludi als Lieder aus der Heidenzeit.

Seine weltlichen Gedichte sind rokokohafte Spiele eines hochgebildeten und von tiefer Religiosität erfüll- ten Geistes, der Freude an der Mannigfaltigkeit fand, an dem Zusammenklang der Reime und an dem Schwung des ungarischen Rhythmus. Faludi war der einzige Dichter dieser Epoche, der eine Schule hatte. Die Vertreter der traditionellen Richtung gehörten zu seinen Schülern. Rájnis nannte ihn das Wunder unter den ungarischen Poeten. Nach Révai konnte kein an- derer „in einem so angenehmen Ungarisch sprechen" wie er, dessen Stil „nichts Fremdartiges enthielt... er sprach eine natürliche, urwüchsige, echt ungarische Sprache". In den 80-er Jahren des XVIII. Jahrhunderts, als die ungarische Sprache mit den willkürlichen Ma- gyarisierungen deutscher, französischer und lateini- scher Konstruktionen überschwemmt wurde und die gebildetsten Schriftsteller erklärt hatten, die ungarische Sprache sei ungeeignet für die Literatur, sie müsse von Grund auf erneuert werden, war das ein ausserordent- liches Verdienst. Faludi hatte der Entwicklung den richtigen Weg gewiesen, war aber seiner Zeit vorausgeeilt: die Früchte seiner dichterischen Tätigkeit konnten erst ein Jahrhundert später zur Reife gelangen.

Die traditionelle Richtung. Faludi schrieb nicht nur ungarische Gedichte, sondern auch lateinische Verse in klassischen Metren. Diese Tatsache beweist am besten die Verflechtung der ungarischen und lateinischen Tradition. Die lateinische Dichtung Ungarns war im Laufe der Jahrhunderte zu echtem nationalen Besitz geworden, um an der Neige ihrer Entwicklung — ähnlich wie seinerzeit die religiöse Welt des Mittelalters — auch in ihrer Sprache ungarisch zu werden.

Nach der Initiative Johann Molnárs, eines Geistlichen aus Transdanubien, hatten — unabhängig von einander — drei katholische Mönche diese Aufgabe auf sich genommen. Zunächst galt für sie das Dichten „sechsfüssiger Verszeilen" als blosses Spiel, an dem sie die Möglichkeiten der ungarischen Sprache ausprobieren wollten. Als erster trat David Baróti Szabó hervor (1777), im folgenden Jahr Nikolaus Révai mit seinen ungarischen „Elegien" und schliesslich Josef Rájnis, der sein Werk erst nach neun Jahren hervorholte und dann schon vergeblich um die Priorität kämpfte. Alle drei wiesen, in formaler Hinsicht, viel Gemeinsamkeit mit den Übersetzern der mittelalterlichen Codices auf: sie zwangen die ungarische Sprache in die Fesseln der lateinischen Konstruktion hinein und brachten kühne Neuerungen auf, wenn ihr ungarischer Sprachschatz versiegte. Die Sprache Barótis, dieses Urahnen der ungarischen Stilromantiker, war die farbigste unter ihnen. Ihre Stärke lag weniger in ihrer dichterischen Begabung, als in ihrer Absichtlichkeit. Indem sie untereinander den sogenannten „Prosodienkampf" begannen, warfen sie solche Probleme der Sprache und des Stils auf, über die vor ihnen noch niemand nachgedacht hatte. Nikolaus Révai, der den Lehrstuhl für ungarische Sprache an der Pester Universität erlangte, wurde durch seine epochalen Forschungen zum Begründer der ungarischen Sprachwissenschaft. Die Gedichte dieses Kreises zeichneten sich nicht durch den Abwechslungsreichtum ihrer Themen aus. Der Geist der klassischen Dichtung hatte sie nicht inspiriert, obwohl Baróti als erster Virgil in ungarischer Sprache herausbrachte. Sie waren Gelegenheitsdichter, die ihre Gedichte zu Geburtstagen, zu der Einsetzung von Obergespanen und Bischöfen schrieben. Eine beliebte Versform bildete die Epistel, mit der sie einander begrüssten. Das Schicksal der Nation bewegte sie noch kaum. In diese Dichtung brachte Benedikt Virág (1754—1830) klassischen Geschmack und nationalen Geist. Als der Sturm der Reaktion über das Land hinwegfegte, hielten seine feurigen Oden den Glauben in den Seelen wach. Sein Meister war Horatius, dessen Gedichte er als erster ins Ungarische übertrug. Dichterischen Schwung erreichte er nur selten, aber sein patriotisches Empfinden und sein ethischer Ernst übten auf ganze Generationen eine erzieherische Wirkung aus. Der in puritanischer Armut lebende „heilige Alte" galt als Meister nicht nur für Berzsenyi, sondern später auch für Michael Vörösmarty.

Der ungarische Zweig der traditionellen Dichtung entwickelte sich parallel mit der lateinischen Richtung. Auch Révai und Virág versuchten sich mit gereimten Versen in ungarischem Rhythmus. In ihrem Kreis in Transdanubien lebten auch jene, meist katholischen Geistlichen, welche die Tradition Faludis weiterführten. Wenn auch ihre dichterische Kraft nicht gross war, so galten sie doch nicht bloss durch die Bewahrung der Tradition als wichtige Mitarbeiter des ungarischen Lebens, sondern auch als Verbreiter und Leser der literarischen Werke. Der grösste Teil des ungarischen Leserpublikums kam während eines halben Jahrhunderts aus ihren Kreisen.

Adam Horváth von Pálócz, ein kalvinistischer Edelmann vom Plattensee, der Jugendfreund Kazinczys, stand diesem Kreis nahe. Er hatte fünfhundert Lieder mit Melodien von den Denkmälern der alten ungarischen Dichtung aufgezeichnet und gilt, obwohl sein Werk bis heute noch nicht im Druck erschienen ist, als ein Bahnbrecher der musikalischen Folkloristik. Als Dichter war er der Typ des alten Ungarn, der sich krampfhaft an die Tradition klammerte und nicht einmal deutsch lernen wollte, damit ihn der Hauch des Fremdartigen nicht betören könne. Das volkstümlichste unter seinen Werken war das Epos „Hunniade", in dem er Johann Hunyadi in der Art Gyöngyösis besang, jedoch mit weniger Geschmack und einer mit klassischen Analogien und volkshaften Aussprüchen gezierten Sprache.

Im Geist glich ihm Graf Josef Gvadányi (1725—1801), der seine italienische Abstammung durch ein begeistertes ungarisches Gefühl vergessen liess. Sein „Notar von Peleske" wurde zu einem unsterblichen Typ des ungarischen Lebens. Seine Zeitgenossen, die sich auch über die eindeutigen Scherze der „Pistyaner Baderei" nicht chokierten, lasen mit viel Genuss seine markigen Schriften, in denen er leidenschaftlich um die alten ungarischen Sitten kämpfte und für die Alleinherrschaft der ungarischen Sprache die Lanze brach.

Andreas Dugonics (1740—1818) war der einzige, der an Volkstümlichkeit mit ihm wetteiferte. Dieser Piarist aus Szeged verdrängte durch seine ungarischen Romane die Übersetzungen der deutschen Ritterromane „Kartigam", „Die Gräfin von Schweden", „Sigwart" aus der Gunst der Leser. Am Anfang seiner Laufbahn schwärmte er für Homer und Virgil und verfasste, in der Art Gyöngyösis, Epen mit klassischen Themen. Sein Roman „Etelka", mit dem er die Heidenzeit der Magyaren auferstehen lassen wollte, brachte ihm im Jahr 1788 einen grossen Erfolg. Geschichtliches Empfinden besass er nicht, ebenso wie es ihm auch an den besonderen Qualitäten eines Romanschriftstellers mangelte. Seinen Gegenstand entnahm er irgendeinem deutschen Roman und magyarisierte ihn. Seinen Erfolg konnte er der offensichtlichen politischen Tendenz und seinem starken ungarischen Empfinden verdanken. Seine Auffassung über das Ungarntum war von einem übertriebenen Optimismus; er glaubte, dass die Ungarn die vortrefflichste Nation der Welt seien, an denen gemessen alle anderen Völker nichts taugten. Diese Art von Chauvinismus, übrigens eine auffällige Eigenschaft aller Assimilierten in Ungarn, machte Schule.

Dugonics schrieb, nach dem Erfolg von „Etelka" noch viele geschichtliche Romane und Dramen. Seine historischen Erzählungen waren reine Fiktionen, doch gab er als erster ein Beispiel für die schönliterarische Verarbeitung der ungarischen geschichtlichen Vergangenheit. Von seinen Romanen aus der Heidenzeit und dem Epos in Hexametern von Baróti führt über die Sagen Alexander Kisfaludys ein gerader Weg zu der „Flucht Zaláns", dem Heldenepos Vörösmartys.

Die ausländische Richtung. Während den Boden der traditionellen Richtung das ungarische Transdanubien darstellte, obwohl ein Teil seiner Anhänger sich aus fremden Assimilierten zusammensetzte, wurde die ausländisch orientierte literarische Strömung von rein ungarischen Dichtern mit revolutionärer Begeisterung in der Atmosphäre fremder Städte ins Leben gerufen.

Aus dieser Gruppe ragt die früh vergessene Gestalt Georg Bessenyeis (1747—1811) hervor. Der Jüngling aus dem Komitat Szabolcs trat nach frühzeitig unterbrochenem Schulbesuch in Sárospatak mit einer von Bildung kaum belasteten Seele in die Leibgarde Maria Theresias in dem französisierten, von europäischer Atmosphäre erfüllten Wien ein. Hier stürzte er sich nicht in die Genüsse, die sich ihm in reicher Fülle boten, sondern widmete sich mit beklommenem Herzen und mit unglaublicher Willenskraft dem Lernen. Er fühlte sich als Vertreter seiner Nation, seine Seele war mit dem ganzen ungarischen Leben erfüllt, und er hatte das Empfinden, dass er, indem er sich selbst weiterbildete, eigentlich für seine gesamte Rasse arbeitete. Nach wenigen Jahren beherrschte er die deutsche und französische Sprache mit solcher Vollkommenheit, dass er seine Gedanken gleichzeitig in drei Sprachen niederlegte und sogar deutsche Bücher im Druck erscheinen liess. Keiner seiner Zeitgenossen eignete sich die Ideen der französischen Aufklärung, die Ideen Voltaires, Rousseaus und der Enzyklopädisten in solchem Masse an wie er. Er hat vielleicht kein einziges originelles Werk geschaffen; seine Dramen („Die Tragödie von Agis", „Ladislaus Hunyadi", „Buda", „Der Philosoph") waren, ebenso wie seine Lehrgedichte („Die Probe des Menschen" nach Pope), Übersetzungen oder Umarbeitungen aus fremden Sprachen. Doch, was er auch las, dachte und schrieb, immer betrachtete er die Welt aus der Perspektive seiner Nation, und wollte dieser zu Grösse, Bildung, d. h. — nach der Weltauffassung des Rationalismus — zum Glück verhelfen. Die Schriftsteller der traditionellen Richtung begnügten sich damit, dass sie durch belletristische Werke dem „Schliff" der Sprache einen Dienst leisteten. Für Bessenyei galten seine Dramen und Gedichte nur als ein einzelner Programmpunkt eines grossen nationalen Reformplanes. Nicht die Verfeinerung des Stils, das Herausbilden neuer dichterischer Formen schien ihm wichtig, sondern die Ideen, denen er durch seine Helden Ausdruck verlieh. Diese Ideen interessierten ihn aber auch nur so lange, wie sie der Sache der Nation dienen konnten. Die ungarischen Konfessoren des Protestantismus hatten um ihren Glauben gekämpft; der neue Apostel der Aufklärung verkündete die ungarische Auferstehung. Er war kein Dichter von Bedeutung, sein Stil war altertümlich, seine Verse klangen oft unbeholfen und seine Charakterisierungskunst war mangelhaft. Niemals aber hatte er aufgehört, für die Interessen der ungarischen Sprache zu agitieren.

Wichtiger als seine dichterischen Arbeiten waren die theoretischen Werke; in seiner Flugschrift „Ungarntum" hat er — nach Szekfü — „als erster die abstrakte, ideale Nationalität erkannt, die sich in tausend Erscheinungen des ungarischen Lebens spiegelt, aber in ihrem Wesen nur von wenigen erblickt wird". Von Bessenyei stammte auch der erste Plan einer ungarischen wissenschaftlichen Akademie („Jámbor szándék"). In der ganzen Epoche hatte kein anderer so viel Gefühl für einen kollektiven Zusammenschluss der geistigen Führer, wie er. Seine Kameraden von der Leibgarde vereinigte er in einer literarischen Vereinigung. Zu diesen gehörte Alexander Báróczi, der erste bedeutende Stilist der neueren Zeit und Vorbild Kazinczys, der die Cassandra von Calprenède und die Erzählungen von Marmontel ins Ungarische übertrug. Bessenyei aber begnügte sich nicht mit dem Wiener Literatenkreis, sondern trat auch zu den gleichgesinnten Schriftstellern der Heimat in Beziehung: zu Lorenz Orczy und Josef Péczeli, dem frühverstorbenen kalvinistischen Geistlichen aus Komárom, dessen Übersetzungen Voltaires und Youngs von den Zeitgenossen mit Achtung erwähnt wurden. Er war auch mit Révai befreundet, der Bessenyeis „Jámbor szándék" herausgab. Die jungen Schriftsteller, mit Kazinczy an der Spitze, huldigten ihm.

Bessenyei musste das Schicksal aller grossen Reformatoren Ungarns teilen. Wien galt ihm als Lebenselement; er wurde katholisch, um dort bleiben zu können, dennoch musste er wieder in seine Heimat zurückkehren, die er schwärmerisch liebte, vor deren bäuerischem Charakter es ihm nun aber auch graute. Im besten Mannesalter (mit 35 Jahren) zog er sich nach Bihar in die Einsamkeit zurück, sah mit Betrübnis den Sieg der Reaktion, der die Niederlage seiner Ideen bedeutete und arbeitete mit resigniertem Herzen — nunmehr für sich allein — an seinem grossen Staatsroman

„Tarimenes" und an seinen philosophischen Schriften weiter.

Die Aufklärung, deren Ideenwelt unter der Regierung Josef II. zum Staatsprogramm erhoben wurde, strahlte von Wien aus über das ganze Land. Ihr Wellenschlag unterwühlte auch die Fundamente der katholischen Kirche. Der Kaiser hob, mit Ausnahme der Piaristen, die Mönchsorden auf und stellte die Priestererziehung unter staatliche Aufsicht. Aus den neuen Seminaren kamen freidenkende Priester heraus, die schwer an ihren Gewissenskonflikten zu tragen hatten. Da die Erziehung der jungen katholischen Generation in den Händen der Priester lag, festigte sich, trotz der aufkommenden Reaktion, die geistige Weltanschauung der Aufklärung, die zu dem Liberalismus des folgenden Jahrhunderts hinüberleitete.

Der geistige Umschwung näherte für kurze Zeit die gegensätzlichen Pole der ungarischen Seele einander. In manchen deutschen Städten Ungarns entstanden Schriftstellerkreise, an denen sich gleichermassen katholische und protestantische Schriftsteller beteiligten. Doch unter dem Einfluss der deutschen Umgebung drang das Weltbild des Rationalismus nicht durch französische, sondern durch deutsche Vermittlung zu ihnen.

David Baróti Szabó, Johann Bacsányi und Franz Kazinczy organisierten die Kaschauer Ungarische Gesellschaft und gaben das „Ungarische Museum" („Magyar Múzeum") heraus. Da sich aber Kazinczy mit seinen katholischen Kollegen nicht vertragen konnte, gründete er den „Orpheus", dessen Mitabeiter er — nach seinem eigenen Geständnis — nur aus dem Kreise der kalvinistischen Schriftsteller wählte. Dennoch war der Katholik Bacsányi (1763—1845) nicht weniger revolutionär gesinnt, als er. Bacsányi, der dem Stande der Hörigen entstammte, fühlte in Ungarn vielleicht als erster die soziale Bedeutung der französischen Revolution, und indem er in mutiger Weise die Umgestaltungen Frankreichs verherrlichte, wandte er sich drohend an die Unterdrücker des ungarischen Volkes: „Ihr geweihten Henker eurer treuen Hörigen: kommet her und damit ihr euer Schicksal voraussehet, werfet einen aufmerksamen Blick auf Paris“. Seine revolutionäre Gesinnung musste er in Kufstein mit Festungshaft büssen, wobei er seinen Leiden durch traurige Elegien in deutschem Geschmack Ausdruck verschaffte. Nachdem er die Haft verlassen hatte, schaltete er aus dem ungarischen Leben völlig aus: zunächst wurde er in Wien, später — nach einem kurzen Pariser Intermezzo — in Linz interniert und starb hochbetagt in der Fremde. In der Heimat bekam man von seinem Tode erst viele Jahre später Kenntnis.

Das Leben des Paulaners Franz Verseghy (1757—1822) glich in vieler Beziehung dem tragischen Schicksal Bacsányis. Nach der Auflösung seines Ordens stand er, wegen seiner ungebundenen Lebensweise, mit seinen kirchlichen Vorgesetzten auf ewigem Kriegsfuss; er liess sich zur Teilnahme an der Verschwörung von Martinovics hinreissen, musste eine neunjährige Festungshaft verbüssen, um danach gebrochen im Glauben Ruhe und Trost finden zu können. Seine in der Art der deutschen Dichter des Jahrhundertendes geschriebenen Liebesgedichte wurden gern gelesen; volkstümlicher aber als seine epischen Dichtungen wurden die Romanübersetzungen, durch welche die mindere Art der deutschen Ritterromane in die ungarische Literatur eingeführt wurde. Verseghy war ein denkender Kopf, ebenso wie Bacsányi (der in Ungarn als erster über die Theorien der Übersetzung reflektiert hatte). Er trug heftige Kämpfe mit Révai über die Fragen der ungarischen Orthographie aus, welche die ungarischen Schriftsteller in zwei Lager geteilt hatte. Hinter dem scheinbar kleinlichen Gefecht der Jottisten und Ypsilonisten waren in Wirklichkeit weltanschauliche Gegensätze verborgen.

Gleichzeitig mit Verseghy wirkte am Ende des XVIII. Jahrhunderts in Pest auch Josef Kármán (1769—1795), der seinen europäischen Horizont an der Wiener Universität erworben hatte. 1794 gründete er mit mehreren Kollegen zusammen die Zeitschrift „Urania". Hier erschien auch sein Werk „Fanni hagyományai", eine Novelle reifen Stils, die mit dem „Bácsmegyei" von Kazinczy zusammen zu den wertvollsten Äusserungen der deutschen Werther-Sentimentalität in Ungarn gehörte. In seinem theoretischen Werk „von der Verbesserung der Nation" erschien er als Geistesverwandter Bessenyeis; mit demselben Feuer wie dieser kämpfte auch er, inspiriert von der Ideenwelt des französischen Rationalismus, gegen das Bäuerische des Landes und um eine bessere Zukunft.

Sein Name blieb, infolge seines frühen Todes, unbekannt, und sein glühendes Feuer verglomm, bevor es noch weithin hätte leuchten können. Das Ende dieses Jahrhunderts war überhaupt reich an früh abgebrochenen Lebensschicksalen. Weder Ányos, noch Dayka und Ladislaus Szabó v. Szentjób, die drei typischen Vertreter der melancholischen Dichtung Ungarns, konnten ihr dreissigstes Lebensjahr vollenden.

Paul Ányos (1756—1784), der Lehrerkollege Benedikt Virágs in dem Paulaner-Gymnasium in Stuhlweissenburg (Székesfehérvár), gehörte durch seine Herkunft aus Transdanubien und seine geistige Umgebung zu den Schriftstellern der traditionellen Richtung. Am Beginn seiner Laufbahn übersetzte er aus Ovid, verfasste ein verherrlichendes Gedicht an den Schatten Gyöngyösis und versuchte sich im Schreiben volkstümlicher Verse. Er stand jedoch in intensiver Beziehung zu den Schriftstellern der Wiener Leibgarde, besonders zu Abraham Barcsay, war, wie diese, von den Ideen der Aufklärung durchdrungen, blickte auf die Vergangenheit Ungarns wie auf ein Zeitalter der Finsternis zurück und wurde schwankend in seinem Priesterberuf. Da er nicht mehr frei werden konnte, suchte er Trost in der Lektüre der Dichter des Hainbundes und schrieb nach ihrem Muster seine eigenen, melancholischen Gedichte.

Auf männlichere Art zog Gabriel Dayka (1769—1796) die Konsequenzen aus seinen seelischen Konflikten. Nachdem er als Seminarist in Erlau wegen seiner rationalistischen Gedanken, die er in einer Predigt zum Ausdruck brachte, zur Rede gestellt wurde, legte er das Priestergewand ab und wurde zum weltlichen Lehrer. Kazinczy, der ihn mit nicht geringer Spitze gegen Alexander Kisfaludy ausspielte, sah in ihm den bedeutendsten Dichter Ungarns und gab nach seinem Tode seine gesammelten Gedichte heraus. Dayka war auch wirklich mehr als ein blosser Übersetzer, Kopist oder Nachschaffender. In der Art der deutschen sentimentalen Dichter besang er mit entwickeltem Sprachgefühl und Kompositionsvermögen die Kämpfe seiner eigenen Seele. Die gereimte-metrische Versform behandelte er mit Geschmack und gab ein Beispiel für die spätere Entwicklung.

Der Protestant Ladislaus Szabó v. Szentjób wurde zwar durch seinen Glauben nicht in Widerspruch zu den Ideen der Aufklärung gestellt, dennoch musste er am härtesten büssen: er ging in der Haft in Kufstein — in der unmittelbaren Nähe Bacsányis —, von allen verlassen, zugrunde. Er übersetzte aus den Werken Homers, Ovids und Horatius, doch auch ihm standen die deutschen Dichter — Hölty, Overbeck, Gellert — am nächsten. Nach ihrem Beispiel schrieb er auch Gedichte mit volkshaften Themen, unter denen die würzig ungarische dichterische Anekdote vom „einfältigen Bauern“ die gelungenste ist.

Alle diese Dichter spiegelten die konfliktbeladene, chaotische Seelenhaltung der Epoche wider. Sie waren schon im Begriff, sich von der uralten Überlieferung zu trennen und gewährten den mächtig auf sie zukommenden fremden Strömungen Einlass, doch waren sie noch keine feurigen Verkünder einer neuen Zeit, sondern riefen bloss leise und verträumt nach ihr.

Einem einzigen unter ihnen gelang es, mit seinem fragmentarischen Leben und seinem gottbegnadeten Genie an beiden Ufern des ungarischen Lebensstromes Fuss zu fassen und heroische Bemühungen anzustellen, um, durch eine Verschmelzung von altem und neuem, von Traditionellem und Fremdem, an der Jahrhundertwende das neue seelische Bild des Ungarntums herauszuformen. Dies war Michael Vitéz Csokonai (1773—1805).

Er selbst behauptete von sich selbst, er sei eine Amphibie, ein Anhänger „sowohl der alten, ruhmvoll verblichenen Zeit, als auch des gegenwärtigen und überaus hübschen Europa“. Der Schüler des Debrecener Kollegiums empfand den starren Rahmen der kalvinistischen Disziplin als zu eng und zog 1796 mit dem Wanderstab in der Hand nach dem hügeligen Transdanubien, woher auch seine Familie stammte. In Pressburg (Pozsony) gab er 17 Hefte seiner „Diétai Magyar Múzsa“ („Ungarische Muse der Dieten“) — alle waren mit seinen eigenen Versen gefüllt — heraus; in Komárom lernte er Lilla kennen, der er die Inspiration zu seinen Liebesgedichten verdankte, streifte auf seiner Wanderschaft die Adelskurien und kalvinistischen Pfarrhäuser, um dann schliesslich am Anfang des neuen Jahrhunderts mit krankem Leib, aber einer ungebrochenen Seele in seinem Vaterhause zu landen. Seine Lebensbahn umfasste beide schöpferischen Gebiete der ungarischen Literatur. In Debrecen ereilte ihn der Tod. Sein langsames Dahinsiechen beschrieb er mit einer für seine Zeit beispiellosen Natürlichkeit und Subjektivität.

Trotz eines studentisch geräuschvollen und abwechslungsreichen Lebens war er ein einsamer Dichter, der von seinem gleichgültigen Zeitalter kaum verstanden wurde. Er wusste es auch, dass er nicht für seine Zeit, sondern für „eine glücklichere Nachkommenschaft“ dichtete. Seine literarische Bildung war universell; sie umfasste — um nur die grössten Namen zu nennen — Homer, Virgil, Tasso, Shakespeare, Molière, Rousseau, Milton, Pope, Bürger, Kleist und Herder. Gleichzeitig aber vertiefte er sich auch liebevoll in die Werke Gyöngyösis und gehörte zu den ersten, die die ungarische Literatursprache mit Hilfe der Volkssprache erneuern wollten. Er war ein bewusster Dichter, der über die Erscheinungen des literarischen Lebens, über die Regeln der dichterischen Formen und Kunstformen viel nachdachte. Seine „Dorothea“, das erste ungarische komische Epos, leitete er mit einer Abhandlung ein, in der er das Wesen des komischen Epos auseinandersetzte.

Sein Leben war viel zu kurz, als dass er sich einen einheitlichen Geschmack hätte erwerben können. Neben verspielten rokokohaften Liedern schrieb er volkshaft anmutende, ungarische „Bauernlieder“ und neben Anakreontika auch Weinlieder, die uns Petőfi vorspiegeln.

Seine „Lieder an Lilla“ entspringen einem „wahren Empfinden“, fast allen diente als Grundlage irgendein Erlebnis, dessen Leidenschaftlichkeit aber durch die Schematik der Rokokotändelei gezügelt wurde. Zuweilen aber vergass er Cypris, Chloe oder Amor und brachte aus tiefem Empfinden Zeilen voller Unmittelbarkeit hervor.

Der Verfasser der Dorothee, dieses heiter dahinströmenden, lustigen Epos, erhob sich in seinen reflektierenden Gedichten zu philosophischer Höhe. In seinem Gedicht „Die Unsterblichkeit der Seele“, veredelte er das Klagelied, eine Modeform der minderwertigen Gelegenheitsdichtung, und erfüllte es mit den tiefen Gedanken der Parallelität von Philosophie und Religion, ohne deshalb an dichterischem Wert zu verlieren.

Er war nicht nur ein bewusster Dichter, sondern auch ein bewusster Ungar. Aus seinen Briefen, mit denen er die Grossen des Landes überhäufte, um sich in dem ungarischen Leben einen Platz zu erkämpfen, erschliessen sich die Umrisse einer besseren Zukunft der Nation. Er fand kein Gehör; auch als Dichter war er zu früh erschienen. Sein Ruhm wurde in Transdanubien durch Kisfaludy verdunkelt, dem er in seiner rührenden Bescheidenheit selbst die Palme reichte, in der Theissgegend sah Kazinczy mit seinem empfindlichen Geschmack in ihm nur einen Vertreter der niederen Literatur und schliesslich stellte Kölcsey Dayka hoch über ihn. Einzig und allein in Debrecen wurde sein Gedächtnis bewahrt, das, als sein dichterisches Programm zur Verwirklichung heranreifte, zu neuem Leben erstand. Die Flagge, die seinen Händen nur allzufrüh entfiel, führte ein anderer Dichter der Alföld zum Siege: Alexander Petőfi.

DIE HERRSCHAFT DES NATIONALISMUS.

I.

Im Jahre 1801 veröffentlichte Alexander Kisfaludy seine Dichtung „Die klagende Liebe“. In demselben Jahr gewann Franz Kazinczy nach siebenjähriger Gefangenschaft seine Freiheit wieder.

Der bereits 42=jährige Dichter konnte sich nur schwer an die Freiheit gewöhnen. Die Veränderungen, die in der Welt vor sich gegangen waren, erschütterten ihn aufs Tiefste. Das Ungarland, aus dem er 1794 in die Gefangenschaft geschleppt wurde, war ein anderes gewesen als das, das er nun vorfand. In den 90=er Jahren hatten die Deputierten im Landtag von Pressburg grosse Reformpläne erörtert, neue Dichter und Denker waren aufgetaucht, deren begeistertes Wirken eine glanzvolle Zukunft des Ungarntums erhoffen liess. Seine Meister, seine Freunde und Anhänger — die Ányos, Kármán, Sz. Szabó, Földi, Dayka — waren für immer verstummt. Der Kreis der Wiener Leibgardisten hatte sich zerstreut. Der Alpdruck des reaktionären Absolutismus lastete auf dem Lande. Es gab keinen Landtag mehr und die Literaten=Zirkel waren aufgelöst. Allein die Dichter Transdanubiens sangen noch und in Debrecen scharten sich einige Schriftsteller um den sterbenden Csokonai. Während im Westen die Napoleonischen Kriege — in denen auch Ungarnblut in Strömen floss — den Nationalismus der europäischen Völker zu neuer Glut entfachten, die eine Änderung ihrer staatlichen und sozialen Struktur zur Folge hatte, herrschte im politischen Leben Ungarns

Stille und Untätigkeit. Die Reformpläne schienen vergessen. Der Adel sass auf seinen Gütern, in eine mittelalterliche Starrheit versunken und war dem Gang der Dinge gegenüber teilnahmslos.

Die grosse Aufgabe harrte der Dichter: die Seele der Nation zu bewahren und wachzuerhalten. Doch noch niemals zuvor war diese Aufgabe so schwierig gewesen, wie in dieser Zeit. Einsam war der Dichter. Wie konnte er seine hohe Mission erfüllen, ohne Helfer, ohne ein lebendig pulsierendes literarisches Leben? Fast alle Waffen eines literarischen Kampfes waren seinen Händen entfallen. Im ganzen Ungarlande stand ihm keine einzige Zeitschrift zur Verfügung, in der seine Ideen, die Wandlungen des Geschmackes, der Kampf der Ansichten und Prinzipien Ausdruck hätten finden können. Keine literarischen Gesellschaften waren vorhanden, welche durch eine Kollektiv-Bewegung neue Ideen zu neuem Erfolg hätten führen können. Die ungarischen Schauspieler mussten sich in alle Welt zerstreuen und dies zu derselben Zeit, als die in rapider Entwicklung begriffene Stadt Pest der deutschen Schauspielkunst ein neues Palais errichten liess. Das schöne Gleichnis Kármáns, der ungarische Dichter sei einsam, wie eine hohe Eiche auf weiter Flur oder ein steiler Felsen mitten im Meere, beleuchtet die Lage der ungarischen Dichter am besten. Die meisten von ihnen waren Adelige, die ihre Güter bewirtschafteten, fern von den Städten lebten, einander kaum kannten und höchstens ihre Mussestunden mit dem schönen Zeitvertreib des Dichtens verbrachten.

Kazinczy bemühte sich in bewundernswerter Weise um die Zusammenfassung der zerstreuten Kräfte. Von seiner bescheidenen Kurie in Bányácska aus, die er in edlem Illusionismus Széphalom („Schönen Hügel“) nannte, sandte er zu tausenden Briefe in alle Teile des Landes. Durch seine Briefe, die er bewusst um der Unsterblichkeit willen schrieb, schuf er in Széphalom ein

Zentrum der Literatur, das mehrere Jahrzehnte hindurch alle Fäden des geistigen Lebens zusammenhielt.

Doch je grösser der Ehrgeiz Kazinczys wurde, die ausschliessliche Führerstellung zu erobern, umso stärker musste er erkennen, welch unüberbrückbarer Abgrund die ungarischen Katholiken und Protestanten — als beklagenswertes Erbe aus dem Zeitalter der Reformation — noch immer von einander trennte. Ähnlich, wie auf dem Landtag von Pressburg die kalvinistischen Deputierten der Theissgegend und die Katholiken aus Transdanubien an getrennten Tischen gesessen hatten und Bessenyei und Dugonics am Ende des XVIII. Jahrhunderts zwei grundverschiedenen Welten angehörten, so stand auch Kazinczy seinem grössten Antagonisten Alexander Kisfaludy fremd und fern gegenüber. Nicht ihre Weltanschauung trennte sie von einander, — hatte doch die Aufklärung beide Dichter einem kategorischen Glaubensbekenntnis entfremdet, auch ihre politischen Anschauungen waren nicht verschieden. Beide waren adelige Gutsbesitzer, die in der uralten Verfassung die höchste Kraft der Nation sahen. Der Oberleutnant Matthias Fazekas, ein Freund Csokonais in Debrecen, der in seinem Matyi Ludas — einem in Hexametern verfassten, doch volkstümlichen Werke — demokratische Ideen zum Ausdruck brachte, bedeutete zu dieser Zeit noch eine Ausnahmeerscheinung. Der Freidenker Kazinczy verachtete das Volk in gleichem Masse, wie der konservative Kisfaludy.

Die Gegensätze zwischen den beiden Dichtern stammten aus den tiefsten Abgründen der gespaltenen ungarischen Seele. Keiner stand alleine da, hinter jedem stand eine ganze Gruppe von Schriftstellern. Während noch vor kurzer Zeit die Dichter aus der Theissgegend mit Stolz verkündeten, dass Gott die Kalvinisten von der Theiss zur Bewahrung der nationalen Seele und der nationalen Sprache auserwählt hätte, lehrte nun der evangelische Berzsenyi, im Gegensatz zu ihnen, dass die Donausprache reicher sei, die

Städte an der Donau wichtiger, auch die Herrscher hatten stets dort residiert, das Volk sei die Elite des Ungarntums, während die Theissgegend seit frühester Zeit nur von Hirten bewohnt wurde und die Leere seiner Natur auch nichts anderes als die Leere der Seele mit sich bringen konnte. Der Gegensatz Donau oder Theiss wurzelt tief in geschichtlichen, landschaftlichen, kulturellen Ursachen, die im Laufe von Jahrhunderten das Janus-Antlitz der ungarischen Seele hervorbrachten. In der Literatur äusserte sich diese Zweiheit in der verschieden gearteten Zielstrebigkeit der Führer, in der Verschiedenheit ihres nationalen Empfindens und Geschmackes. Nach einem Ausspruch Kisfaludys seien er und Kazinczy „zwei sehr verschiedene Atemzüge des Gottes der Ungarn". Der Hauptzug des Kazinczy'schen Literatur-Programmes war kulturell orientiert. Voll Schmerz betrachtete er die Zurückgebliebenheit des Ungarntums, die grosse Masse der Ungebildeten und die „Unfertigkeit" der ungarischen Sprache. Mit fieberhaftem Eifer war er bemüht, sein Volk auf ein europäisches Niveau zu erhöhen. Aus diesem Grunde schien ihm die Übersetzung ausländischer Werke von klassischem Wert zweckmässiger, als das Verfassen minderwertiger Originale. 1814 erschienen seine Übersetzungen in 9 Bänden, die Werke von Goethe, Herder, Wieland, Stern, Marmontel enthielten. Er war es auch, der der ungarischen Literatur den Hamlet vermittelte und das Gesamtwerk des Ossian übermittelte. Die beiden deutschen Geistesheroen, Goethe und Schiller, waren seine Ideale. Er selbst war Klassizist, der die ungarische Literatur endgültig von ihrer vielhundertjährigen Abhängigkeit vom Humanismus befreite. Obwohl kein anderer mehr für die klassischen Kunstwerke der griechischen und römischen Antike schwärmte als er, verachtete er dennoch alle seine Landsleute, die als Fortführung der barocken Tradition, als Nachahmer eines Virgil oder Ovid ihre Liedchen hervorbrachten. Im Gegensatz zu Kazinczy war Kisfaludy gerade von dieser Tradition am meisten erfüllt. Ähnlich wie Zrinyi, Amadé, Faludi hatte auch er die Italiener zu seinem Vorbild erwählt, und seine Neigung zog ihn zu der Wiener Romantik. Seine Werke erschienen mit dem Anspruch auf Originalität und bereiteten die patriotische und historische romantische Dichtung vor. Sein Blick war weniger auf die Scharen der Ungebildeten gerichtet, als vielmehr auf die grosse Masse der Nicht-Ungarn seiner Heimat. Als Erbe der katholischen Assimilation der vorangegangenen Epoche schwebte ihm nicht die Kultivierung, sondern die Magyarisierung des Volkes vor. Sein schönster Traum galt einem zehn Millionen Ungarn-Volke.

Kazinczy verachtete die Dichter, die in der Art schrieben, dass sie selbst jeder Kutscher verstehen könne. Kisfaludy hingegen wandte sich an das breiteste Leserpublikum. Kazinczy hatte die Empfindungen eines Weltbürgers. In seinen Augen erschien die Pflege der ungarischen Sprache als Dienst an der gesamten Menschheit. Kisfaludy blickte nur nach innen, seine Dichtung galt als eine patriotische Tat. Er betonte auch, dass das Literatentum in Ungarn nur Patriotismus bedeutete. Die Transdanubienser waren von dem Glauben erfüllt, dass „extra Hungariam non est vita". In ihren Augen waren die Ungarn die glorreichste Nation der Welt und die ungarische Sprache galt als die bewunderungswürdigste unter allen Sprachen. Denn „diese Sprache sei gleichermassen fähig mit dem Orkan zu heulen, mit jedem Unwetter zu donnern und zu schmettern, mit dem Adler in die Höhe zu fliegen, mit der Turteltaube zu klagen und mit der Nachtigall zu singen" (Kisfaludy). Berzsenyi wiederum sang in der Epoche der finstersten absolutistischen Unterdrückung, dass der Ungar heiter sei und froh, „königliche Freiheit hauset in den Palästen der Reichen und schützen die Bewohner der Hütten die Rechte des heiligen Gesetzes". Demgegenüber beklagte sich Kazinczy immer wieder, wie sehr die Ungarn an Seelenkultur hinter anderen Völkern zurückstünden und der junge Kölcsey schrieb voller Erbitterung: „Wenn meine Seele, ehe sie aus dem Hades heraufgeholt und hierher verpflanzt wurde, hätte wählen dürfen, hätte sie sich bestimmt nicht dieses Land zur Heimat auserkoren, in dem ich geboren bin“.

Im ersten Jahrzehnt des Jahrhunderts hatten Kisfaludy und Kazinczy schliesslich jede Beziehung zu einander abgebrochen. Zwei Lager, die einander bekämpften, standen sich gegenüber. Während auf dem Wiener Kongress die „kleinen Götter“ der Welt Europa unter sich aufteilten, begann in Ungarn mit rührendem Eifer der Kampf um die Erneuerung der Sprache. Die Sprachenfrage bildete seit der Frühzeit des Humanismus das zentrale Problem der ungarischen Literatur; in der Zeit der Aufklärung wurde diese Frage zu einer Sache der Nation erhoben. Kazinczy behauptete, dass ein Volk, das seine eigene Sprache nicht beherrsche, stets bäurisch und ungehobelt bleiben müsste. Doch während der katholische Kisfaludy von dem Glauben an den Genius der Sprache erfüllt war, fest an deren mystische, sichselbsterneuernde und national-erzieherische Kraft glaubte, der man sich nur in tiefster Andacht nähern dürfte, schien in den Augen des Rationalisten Kazinczy die Sprache nichts anderes zu sein, denn ein Material — gleich dem Stein oder Ton in des Bildhauers Hand —, das je nach Gefallen geformt werden könnte, wenn man nur auf seine Eleganz, Schönheit und Wohlklang bedacht war. Auch Kisfaludy und sein Kreis führten Neuerungen ein — hätten sie doch sonst ihren Gedanken und Empfindungen kaum Ausdruck geben können —, aber der Eifer ihrer Reformideen war durch die Ehrfurcht vor der Tradition sehr stark beschränkt. Kazinczy hingegen streifte alle Fesseln ab, er fühlte sich durch keinerlei Sprachgesetz gebunden oder gehemmt, denn das einzige Gesetz, das er anerkennen wollte, war einzig und allein das Gesetz der Schönheit. Sein Gebaren erregte in Transdanubien das tiefste Entsetzen, befürchtete man doch, dass das höchste Gut der Nation geschändet werden könnte. Jenseits der Theiss aber fürchtete man sich auch: man glaubte, der reine Quell des sprachlichen Ausdrucks müsse trübe werden und verseichen.

Der Kampf erweckte die ganze Nation. Obwohl sie alle gute Ungarn waren, bezichtigten sie sich dennoch gegenseitig des Vaterlandsverrates. Kazinczy, von dem entfachten Sturm erschrocken, wählte den goldenen Mittelweg, auf den ihn die Transdanubienser beriefen. „Gesiegt hat causa mea nun doch“, berichtete er an seinen deutschen Freund Karl Rumy, nachdem er den Canossagang zu Kisfaludy getan hatte. Und er war wirklich im Recht. Es gehört zu seinen unvergänglichen Verdiensten, die ungarische Sprache beweglich, anschmiegsam, abwechslungsreich und wirklich ungarisch gemacht zu haben. Ihm ist es auch zu verdanken, dass die Sprache von den fremdartigen Spuren der lateinischen Bildung gereinigt wurde. Vor seiner Zeit fehlten der ungarischen Sprache die Beziehungen für Literatur, Poesie, Idee und Universität.

Der Kampf zwischen Kazinczy und Kisfaludy wurde durch Handschlag der beiden Dichter aufgehoben, bezw. beendet. Doch war ihr Frieden nur ein scheinbarer, drehte sich ja schliesslich ihr Kampf nicht allein um Worte, sondern letzten Endes um tiefliegende geistige Gegensätze. Eine neue Generation musste heranwachsen, um die beiden gegensätzlichen Ufer des ungarischen Lebensstromes zu überbrücken und um die gesamte Nation in einem einheitlichen Nationalgefühl, auf einem einheitlichen Kultur-Niveau zu vereinen. Kazinczys Blick schweifte beinahe prophetisch in die Zukunft. Er schrieb: „Die Zeit wird kommen, in der Gottessöhne auf die Bahn treten und dem ungarischen Namen einen Glanz verschaffen, der uns versagt war und auch versagt sein musste. Doch uns gebührt der Ruhm, ihnen den Weg bereitet zu haben. Sie könnten nicht weiterschreiten, hätten wir nicht gerodet, und selbst unsere Verirrungen gereichen ihnen zum Nutzen, ersehen sie doch aus diesen, was sie in Zukunft zu meiden haben".

Die grossen Opfer der Vorkämpfer sind auch wirklich nicht vergeblich gewesen.

Die Dichtung der Klassizisten und der Frühromantiker.

Franz Kazinczy (1759—1831), der Führer der Klassizisten, begann seine Laufbahn im Gefolge der fremdländisch orientierten Schriftsteller des XVIII. Jahrhunderts. Kaum 18-jährig, gab ihm der Bibliothekar des Kollegiums von Sárospatak die Marmontel-Übersetzung von Báróczy zu lesen. Noch in seinem späten Alter begeisterte er sich in seinen Erinnerungen über dieses erste grosse literarische Erlebnis seiner Jugend: „Ich besitze auch heute noch dieses Werk, das mit der Erinnerung an meine Jugend erfüllt ist. Ich erinnere mich auch der Stellen, bei denen ich vor Begeisterung aufschrie... Er ward mir immer wieder zur Lektüre und ich beschloss schon damals, dass ich mit all meinen Kräften seinem Beispiele nachstreben wollte". Allerdings bald wählte er danach Goethe und Schiller zu seinen Vorbildern. Das Schönheitsideal des deutschen Klassizismus wurde auch Kazinczy zum Ideal. Seine Bildung umfasste nicht allein die deutsche Literatur, sondern die gesamte Weltliteratur. Er war eine bewunderungswürdige Persönlichkeit. Auch als er verarmte und das Elend in die Kurie von Széphalom Einzug hielt, opferte er noch seine letzten Groschen, um sich neue Bücher anzuschaffen. Seine Kraft und sein Glaube konnten durch nichts gebrochen werden. Alternd und arm, — er musste seine Kinder der Obhut von Verwandten anvertrauen, da es in seinem eigenen Hause oft am täglichen Brot mangelte, — schmerzerfüllt, dass er nicht einmal mehr die Mittel für Briefporto besass, versenkte er sich in den Traum von der Unsterblichkeit.

Kazinczy war der erste Denker in der ungarischen Literatur. Seine Briefe und Prosaschriften bilden eine unerschöpfliche Fundgrube für die ungarische geisteswissenschaftliche Forschung. Er schritt auf Wegen, die vor ihm noch keiner gegangen war. Noch niemand hatte vor ihm über die Gesetze der Sprache, des Rhythmus, der dichterischen Form oder der ungarischen geistigen Entwicklung nachgedacht. Sein Ehrgeiz aber galt anderen Dingen. Er war kein Philosoph, auch kein Dichter. Das Spiel mit abstrakten Begriffen war ihm ebenso fremd, wie das leidenschaftliche Empfinden, das sich in Versen Ausdruck verschafft. Er empfand eine geistige Verwandtschaft mit den Bildhauern, Malern und Architekten. War er in Wien, suchte er nicht die Dichter auf, sondern begab sich ins Belvedere. In seinen Dichtungen strebte er nach der Schönheit der Form, der Harmonie der Linien und der geschlossenen Einheit der Komposition. Das Material, mit dem er arbeitete, war die Sprache. Er übersetzte die Klassiker, weil er durch diese Arbeit seine Kraft am besten erproben konnte. Er arbeitete sehr langsam. Oft feilte und glättete er Jahre hindurch an irgendeiner seiner kleinen Sonette, bis sein klassischer Geschmack sich endlich zufrieden gab. Er schuf einen neuen Prosa-Stil. Man erkennt seine Reife und Differenziertheit, wenn man ihn mit anderen, selbst den besten, Prosa-Schriftstellern seiner Zeit vergleicht. Der Inhalt war ihm Nebensache und auf die Leser nahm er überhaupt keine Rücksicht. Seine Übersetzung Rochefoucaulds gab er mit dem französischen Original und der deutschen Übertragung zusammen heraus. Er wollte damit auf die Beweglichkeit der ungarischen Sprache und ihr jeder Geschmacksnuance fähigen Ausdrucksvermögen hinweisen. Die Leser aber suchten in der Literatur ihr Vergnügen und wollten nichts mehr von gelehrsamen Spielereien wissen. Kazinczy verlor an Volkstümlichkeit. Für seine vielbändigen Werke fand er keine Abonnenten mehr, tröstete sich aber an dem bejahenden

Urteil der „wenigen Guten“ und in der gläubigen Hoffnung auf die Unsterblichkeit.

Die Werke, die er übersetzte, verraten einen ausgezeichneten Geschmack. Die grössten Geister Europas wurden durch ihn erstmalig ins Ungarische übertragen. Während aber sein Blick wie gebannt an dem Westen hing, wurde er zum nationalsten Schriftsteller des Landes. Sein Lebenswerk galt ja Ungarn, über dessen Grenzen hinaus er gar nicht verstanden werden konnte.

Doch nicht nur die Übersetzungen, sondern auch die originalen Arbeiten sichern ihm eine besondere Stellung in der Entwicklung. Seine sämtlichen Werke — die Reisebeschreibungen von Siebenbürgen und Pannonhalma, ebenso wie das Tagebuch der Gefangenschaft oder die Preisschrift von Tübingen und seine Lebenserinnerungen — zeichnen sich durch einen gepflegten Stil aus, den er mit sprühenden Einfällen und treffsicheren, lebendigen Beobachtungen würzte. 22 dicke Bände seiner gesammelten Briefe legen Zeugnis von seinen vielseitigen Interessen und seiner Begeisterung für die Literatur ab. Kleine Übertreibungen einer selbstgefälligen Eitelkeit vermögen die Tiefe seines Humanismus nicht zu beeinträchtigen.

Als Dichter bevorzugte er besonders jene Versformen, welche — im Gegensatz zu der ungarischen Art, die zur Weitschweifigkeit verlockt — durch die Geschlossenheit der Form zu einer besonders prägnanten künstlerischen Ausdrucksweise zwangen. Er schuf das ungarische Sonett und erhob das Epigramm und die Epistel auf ein künstlerisches Niveau. Die beiden letzten Kunstformen dienten ihm zum Ausdruck seiner literarischen Prinzipien.

Im Laufe seines langen Lebens versammelten sich immer wieder neue Generationen um ihn. Er war ein echter Meister, dem nicht einmal das tragische Schicksal so vieler Führer erspart blieb: die Schüler, kaum flügge geworden, liessen ihn nach einander im Stich und wandten sich gegen ihn.

Der Klassizismus hatte in der ungarischen Dichtung praktisch keinen Erfolg. Sein prinzipielles Programm aber wurde durch Toldy und Bajza in die Epoche der Romantiker hinübergerettet.

Friedrich von Schlegel, der Führer der deutschen Romantik, gewährte in seinem Überblick der Weltliteratur auch der ungarischen Dichtung einen Platz. Über Kazinczy schwieg er jedoch. Anerkennung zollte er nur dessen Antipoden: Alexander Kisfaludy.

Alexander Kisfaludy (1772—1844) gehörte, neben Báróczi, der Wiener Leibgarde an. Báróczi war sein Vorgesetzter, ein mürrischer Sonderling, mit dem der junge Kisfaludy keinerlei menschliche Beziehungen hatte. Die Epoche der Aufklärung war in Wien bereits zu Ende und die österreichische Literatur war von einem neuen Geiste, dem des Patriotismus, erfüllt. Der Leibgardist aus Transdanubien, der in seiner Pressburger Studentenzeit bereits die heimatliche Jesuiten-Literatur kennen gelernt hatte, schwärmte nun für den österreichischen Barden Denis. Er lernte auch italienisch, um Tasso und Petrarca in der Originalsprache lesen zu können. Strotzend vor Gesundheit, wollte er sich nicht mit blossen Spielereien seiner Phantasie begnügen. Er brauchte aber auch gar nicht nach Erlebnissen zu suchen. Er war Soldat und das Schicksal überschüttete ihn reichlich mit Abenteuern aller Art, galanten Liebesaffären ebenso, wie Kämpfen in fernen Ländern. Er geriet in französische Gefangenschaft und lebte in Vaucluse, in der Nähe des Geburtsortes von Petrarca. Nach seiner Befreiung lernte er, als Schiffbrüchiger, alle Gefahren des offenen Meeres kennen. Später kämpfte er wieder gegen Napoleon, diesmal in den bayerischen Bergen.

Seine „Klagende Liebe" ist ein Frühwerk der Romantik. Verschiedenartige Elemente — die literarische Überlieferung Transdanubiens, die Inspiration durch italienische, französische und österreichische Dichtungen nebst unmittelbaren erotischen Erlebnissen — führten sein Genie zu der schöpferischen Leistung. Sie ist für die ungarische Literaturgeschichte von epochaler Bedeutung: das Liebesgedicht wurde — nach jahrhundertelangen Verfolgungen — gleichsam salonfähig und bildete für die ungarische Literatur ein neues Leserpublikum heran. Die sehnsüchtige Liebe von Balassa wurde wiedergeboren. Zweihundert Lieder und einundzwanzig Gesänge — in einer durch ihn selbst geschaffenen Form — bringen eine Fülle neuer Variationen, lebendiger Naturschilderungen und Bilder:

Wonnebebend, trunken lausch' ich
Der geliebten Stimme Klang,
Holder ist ihr Silberlachen
Als der Lerche Jubelsang.

Die Natur zerschmolz in Wonne,
Horchte ihrem Klang entzückt,
Leiser murmelten die Wellen,
Bäume lauschten froh beglückt.

Alle Vögel horchten bebend,
Leiser atmet Zephyrs Brust;
Lautlos regte er die Schwingen,
Und der Schmerz, er ward zur Lust.

Kisfaludy gehörte zu jenen Dichtern, deren Feuer durch die Schöpfung eines einzigen Werkes erlöscht. Auf seine abenteuerliche Jugend folgten geruhsame Mannesjahre. Er heiratete, bewirtschaftete sein Gut und vergrösserte seinen uralten Besitz. Die „Glückliche Liebe" lässt schon eine verminderte Kraft an Gefühl und Inspiration erkennen, wenn auch manche Reminiszenzen über die Mängel hinweghelfen. Jedenfalls ist es ein unvergleichlich schwächeres Werk, als die Schöpfung seiner stürmischen Jugendjahre. Alles, was er später noch schrieb, ist bewusst und gezwungen. Er schrieb selbst von sich: „Ich bin kein Gelehrter, kein Literat. Jetzt ist es aber an der Zeit, dass jeder Patriot für seine Heimat, seine Nation und

Sprache etwas leistet". An Stelle der dichterischen Inspiration trat die Absicht, der Heimat zu helfen. Aus diesem Grunde schrieb er auch seine Sagen, von denen die ersten drei (Csobánc, Somló, Tátika) mit grosser Begeisterung aufgenommen wurden. Sie sollten die Nation an ihre grosse Vergangenheit gemahnen und ihren Patriotismus erwecken. Er benützte das Beispiel der Sagen eines Veit Weber und der österreichischen Romantiker. Doch das Publikum merkte nichts davon. Es bildet das Verdienst von Kisfaludy, dass er die Burgruinen des Plattensees mit dem Zauber der Romantik verklärte. Er setzte seine begonnene Aufgabe mit der Hartnäckigkeit eines Sektengründers fort. Er schrieb seine Sagen und patriotischen Dramen, deren Helden nur Schattengestalten, leere patriotische Festredner waren, auch noch, als das Publikum sich schon längst von ihm abgekehrt hatte. Es war sein Verhängnis, dass er sich eigentlich selbst überlebt hat. Allerdings schmälert das nicht seine Verdienste als Bahnbrecher. Durch die kurzen historischen Sagen bürgerte er eine in der ungarischen Literatur bis dahin unbekannte literarische Gattung ein, die in der Folge Vörösmarty und den Dichtern der Klassik als Muster dienen sollte.

Das nationale Publikum begnügte sich nicht mehr mit Heldensagen, es verlangte nach einer grösseren Tat: nach dem grossen epischen Werk, das die mythische Zeit der Nation wieder erstehen lassen sollte. Man erwartete diese Leistung — die übrigens in seiner letzten Zeit auch Csokonai zu erfüllen gedachte — von Andreas Horváth von Pázmánd, dem melancholischen Pfarrer von Téth, dem Erben der Tradition David Baróti Szabós und Benedikt Virágs. Vörösmarty aber kam ihm zuvor. Als der in Hexametern geschriebene „Árpád" im Jahre 1831 erschien, fand er schon keinen Widerhall mehr. Die Nation war bereits mit anderen Dingen beschäftigt; sie lauschte den Worten Széchenyis und bekannte sich zu seinem Satze: „Ungarn war nicht, Ungarn wird sein".

Allerdings gab es in Transdanubien auch einen solchen Schüler von Virág, der mit einem Schlage selbst den Ruhm seines Meisters überflügelte. Dieser Schüler war Daniel Berzsenyi (1776--1836), der zwar infolge seiner protestantischen Abstammung und seiner Freundschaft mit Johann Kis sich anfangs mehr zu Kazinczy hingezogen fühlte, aber durch seine selbsterworbene Bildung der Tradition Transdanubiens wieder viel zu nahe stand als dass er sich mit Kazinczy auf die Dauer hätte vertragen können. Die deutsch anmutenden Dichtungen erfüllten ihn mit tiefem Abscheu, denn — ähnlich wie die Dichter des vergangenen Jahrhunderts — er hielt einzig und allein die klassischen und ungarischen Versformen eines ungarischen Dichters würdig. Wenn ihn auch die düstere Sentimentalität eines Matthisson inspirierte, stand Horatius seiner Seele doch viel näher. Seine Lebensmaxime war das reine moralische Empfinden, denn „wenn dies verlorengeht, fällt Rom und wird dem Sklavenjoche preisgegeben". Doch die stille Lebensweisheit eines Horaz war nur eine Sache der äusseren Disziplin. Die Seele des einsamen Gutsherrn von Nikla wurde von einer unterdrückten, inneren Glut verzehrt. Auch das strenge Metrum der klassischen Versform diente nur der äusseren Ordnung. Da er den „schöneren Instinkten" seines Lebens niemals folgen konnte, verzehrte sich seine Seele — inmitten kleinlicher Verhältnisse — in einer schweren Melancholie. Sein Genius aber äusserte sich in einer farbenprächtigen Sprache und in der Fülle seltener, vielfacher Bilder, welche den inneren Stürmen oft ergreifenden Ausdruck gaben.

Zuweilen, ganz selten nur, wenn ihm die Kraft seiner Sprache zum Ausdruck seiner himmelstürmenden Gefühle nicht genügte, wurde er übertrieben bombastisch. Ein anderes Mal wieder gelangte er zu nahezu metaphysischer Höhe:

O Gott, den keines Weisen Verstand erfasst,
Den ahnungsvoll nur unsere Seele fühlt,

Du leuchtest gleich dem Sonnenballe,
Der unser irdisches Auge blendet!...

Dich lobt der Zenith, Herr! Der Nadir dich preist,
Der Stürme wilde Wut und des Blitzes Strahl,
Der Morgentau, die Blütenkelche
Künden die Schöpfungen deiner Hände!

Berzsenyis Kraft war allzu schnell erloschen und er verstummte bald. Doch der junge Vörösmarty hatte an ihm die Kühnheit und den dichterischen Schwung der Sprache erlernt. Das Beispiel von Kisfaludy und Berzsenyi wies der Generation der Romantik den Weg.

II.

In Pest erschien unter dem Titel „Tudományos Gyüjtemény“ („Wissenschaftliche Sammlung“), 1817, die erste ungarische wissenschaftliche Zeitschrift, welche die geistigen Führer der Nation um sich versammeln sollte. Sie wurde von Georg Fejér, einem katholischen Geistlichen, der aus Transdanubien stammte, redigiert. Pest war zu dieser Zeit bereits eine „Grosstadt“, die nahezu 60.000 Einwohner zählte. Allerdings waren kaum Tausend darunter, deren Muttersprache ungarisch war. Pest war im grossen und ganzen eine deutsche Stadt, deren Kultur von Wien abhing. Trotzdem zog sie die ungarischen Schriftsteller immer mehr an sich, denn sie hatten erkannt, dass sie ihre nationale Mission am besten aus dem Herzen des Landes heraus verwirklichen können. Ein Vorkämpfer erstand auch in der Persönlichkeit Karl Kisfaludys, dessen Name nicht allein vom Glanze seines grossen Dichter-Bruders bestrahlt war, sondern der gleich von Anfang an dem beispiellosen Erfolg seines ersten Dramas „Tataren in Ungarn“ (1819), seinen Ruhm verdankte. Die junge Generation erblickte in ihm ihren Führer und scharte sich begeistert um die „Aurora“, den 1822 durch ihn begründeten Almanach. Franz Schedel, ein junger Ofner Bürgersohn, fühlte sich glücklich, die Schriften Kisfaludys kopieren zu dürfen, derselbe, der später unter dem Namen Toldy, der Lenker, man könnte fast sagen der Diktator, der ungarischen Literaturwissenschaft und des ungarischen literarischen Lebens überhaupt werden sollte. Freilich hatte er bis dahin auch die ungarische Sprache richtig erlernt, denn sein Erstlingswerk, die ungarische Übersetzung der Schillerschen „Räuber", war noch voll von unverständlichen Germanismen. Auch seine erste Literaturgeschichte war in deutscher Sprache verfasst. Toldy war durch eine schwärmerische Jugendfreundschaft mit Joseph Bajza verbunden, mit dem er zusammen die Schule der Piaristen in Pest besucht hatte. Angesichts seiner frühen sentimentalen und in deutschem Geschmack gehaltenen Verse aus der Frühzeit der „Aurora" hätte man kaum auf den späteren gefürchteten Kritiker schliessen können. Kurze Zeit später erschien im Kreis der „Aurora" ein junger Rechtsanwaltskandidat aus dem Komitat Fejér, namens Michael Vörösmarty, der durch sein Helden-Epos über die ungarische Landnahme einen jahrzehntelangen Traum der ungarischen Literatur zur Wirklichkeit erstehen liess. Die Grösse seiner dichterischen Persönlichkeit sollte in kurzer Zeit alle seine Vorgänger und Zeitgenossen in den Schatten stellen. Gregor Czuczor, der mutige Benediktiner, folgte den Spuren Vörösmartys. Georg Gaál sandte aus Wien seine Briefe. Er war es, der drei Dramen Kisfaludys ins Deutsche übertrug und die „Tataren" in Wien zur Aufführung brachte. Wenn auch nur in sehr bescheidenem Masse, so begann die ungarische Literatur doch schon langsam die Anleihe an der deutschen Literatur von früher zurückzuerstatten. Graf Johann Mailáth, ein germanisierter ungarischer Magnat von zweifelhaftem Charakter, meldete aus Wien seine Zusammengehörigkeit mit der Heimat. Er gab in deutscher Sprache die erste Sammlung ungarischer Märchen, sowie eine Dichter-Anthologie heraus. Mit seinen Arbeiten wollte er dem romantischen Interesse der Deutschen an den Ungarn entgegenkommen. Allerdings dienten seine Bücher, — ebenso wie die Sagen-Sammlung seines Schwagers, des Barons Aloisius Mednyánszky und das Geschichtswerk Aurel Fesslers — Jahrzehnte hindurch als Quellenschriften für die ungarischen Dichter. Doch wesentlicher noch als die Haltung der Wiener dürfte der Übertritt der kalvinistischen Dichter der Theissgegend sein. Kölcsey und mit ihm Szemere und Fáy schlossen sich ebenfalls dem Aurora-Kreise an.

Nur ein einziger Name fehlte aus der stolzen Liste: derjenige Joseph Katonas. Der unsterbliche Autor des „Banus Bánk" zog sich enttäuscht in seine Geburtstadt Kecskemét zurück und vertiefte sich mit glühender Seele in das trockene Studium der Akten. Die Aufführung seiner Tragödie wurde durch die Zensur verboten. Der katholische Dichter des Alföld hatte weder einen Kazinczy, noch transdanubische Dichterfreunde zur Verfügung, die sein Buch-Drama aus dem Dunkel hervorgeholt hätten.

Inzwischen liess auch die politische Starre endlich nach. 1825 wurde der Landtag in Pressburg eröffnet. Die Abgeordneten schwärmten nicht für neue Reformideen. Ihr Trachten war allein darauf gerichtet, ihre Adelsrechte zu bewahren und die Verfassung in ihrer Jahrhunderte alten Starre auch weiter zu erhalten. In einer der Sitzungen vollzog sich ein unerwartetes Ereignis: ein Husaren-Hauptmann, namens Graf Stephan Széchenyi, der kaum der ungarischen Sprache mächtig war, erhob sich und bot das Einkommen eines Jahres für die Gründung einer ungarischen wissenschaftlichen Gesellschaft an. Die Sache der Sprache wurde eine wichtige politische Angelegenheit, und patriotisch gesinnte Magnaten überboten sich an reichen Spenden, um den ersten Beitrag zu ergänzen. Den Verlauf dieser Landesversammlung beobachtete mit fieberhaftem Interesse ein junger Jurist aus Oberungarn namens Ludwig Kossuth, und in den Komitatssitzungen von Zala tauchte zum ersten Mal die nüchterne Weisheit Franz Deáks auf.

Das Interesse des Pester Aurora-Kreises galt zunächst in stärkerem Masse der Literatur als der Politik. Das literarische Leben nahm einen lebhaften Aufschwung. Ausser der Aurora erschienen auch in Wien und Gran (Esztergom) weitere Jahrbücher. Kölcsey und Szemere gaben — als Pendant der „Aurora", die nur schöne Literatur enthielt — das „Leben und Literatur" heraus, in der auch theoretische Fragen erörtert wurden. Als letztes dissidentes Unternehmen erschien in Kaschau (Kassa) die „Minerva von Ober-Ungarn". Doch konnte die Provinz der Stadt Pest keine Konkurrenz mehr machen. Dort stand die junge Generation als einheitliche Phalanx hinter ihrem Führer. Das Interesse der jungen Schriftsteller galt einzig und allein der Literatur. Sie war ihnen nicht nur Lebenselement, sondern Broterwerb. Kisfaludy lebte von den Erträgnissen der „Aurora" und zahlte an seine Mitarbeiter Honorare. Die deutschen Verleger in Pest erklärten sich bereit, nunmehr auch ungarische Werke zu verlegen. Wussten sie doch, dass für das ungarische Buch ein beträchtlicher Leserkreis zur Verfügung stand. Zu den eifrigsten Lesern gehörten die katholischen Geistlichen Transdanubiens, die stets auch die eifrigsten Vorkämpfer der nationalen Sache waren.

Die Schriftsteller gehörten — gleich ihren Vorgängern — zum grössten Teil dem Adel an. Doch hatten sie sich von dem Boden, dem sie entstammten, meist losgelöst. Zwischen Donau und Theiss bestand keine landschaftliche Trennung mehr. Die Erinnerung an die Kämpfe der Spracherneuerung, zu deren eifrigsten Kämpfern Kölcsey gehörte, schien in Vergessenheit geraten. Die neue Generation bediente sich der Ergebnisse der Spracherneuerung und befreite diese von allen Schlacken, die noch daran hafteten. Seit dem Erscheinen Vörösmartys bildete die dichterische Sprache kein weiteres Problem. Die literarischen Prinzipien

Kazinczys hatten gesiegt, doch gehörte sein preziöser Klassizismus bereits der Vergangenheit an. Der Kreis der „Aurora" folgte den Spuren Alexander Kisfaludys, Benedikt Virágs und Daniel Berzsenyis. Zu den grossen Geistern des Westens, denen sie ihre Inspiration verdankten, gehörten weder die deutschen, noch die französischen Klassiker, sondern vielmehr Tasso, Ariost, Calderon, Shakespeare, Ossian, Walter Scott und Byron. Auch die literarische Tendenz war eine andere geworden. Man wandte sich an einen weiten Kreis von Lesern, um diesen die Kraft des nationalen Geistes zu übermitteln. Die herrlichen Bilder der Vergangenheit wurden beschworen: der mythische Kampf der Landnahme und die heldischen Taten der Vorfahren. Über die Stürme von acht Jahrhunderten wurde eine schimmernde Brücke gespannt. Die Geister des Anonymus und der mittelalterlichen Chronisten schwebten über ihnen. Die lateinische Barock-Literatur des vorhergehenden Jahrhunderts wurde zu einer rein ungarischen, romantischen Dichtung veredelt.

Die Vergangenheit Ungarns ist mit der Vergangenheit des nationalen Adels identisch. Die ungarische Romantik bedeutete die künstlerische Höhe der adligen Literatur. Doch bereits Kölcsey untersuchte den Seelengehalt der Volkslieder. Karl Kisfaludy verfasste Volkslieder aus dichterischer Bravour. Ebenso Gregor Czuczor, bei dem seine bäurische Abkunft der innere Antrieb zu seinem Schaffen gewesen sein dürfte.

Doch sahen die Romantiker ihre eigentliche Bestimmung auf einem anderen Gebiet. Sie wünschten, den Adel der Nation mit einheitlichem Nationalgefühl zu erfüllen, damit die Jahrhunderte alten Gegensätze verwischt und Protestanten wie Katholiken, Theiss- wie Donaubewohner in einem Lager vereinigt werden könnten. Durch den Hinweis auf die Vergangenheit blickten sie in eine neue Zukunft. Am Vorabend einer tragischen Schicksalswende wollten sie die Seelen zu Widerstand und Kraft stählen.

Den begeisterten Optimismus ihrer transdanubischen Vorgänger konnten sie, trotz ihres Patriotismus, nicht mehr teilen. Die gegenwärtige Lage verdunkelte den Ausblick auf die Zukunft. Der tragische Widersinn des ungarischen Schicksals schwebte ahnungsvoll über ihnen. Sie sahen — im Gegensatz zu den Besten der früheren Epoche —, dass die Nation weder durch die unveränderte Aufrechterhaltung der Verfassung, noch durch eine zeitgemässe Weiterentwicklung vor der Katastrophe bewahrt werden könnte. Während die Konservativen im Gegensatz zu den absolutistischen Einverleibungstendenzen der Regierung standen, stiessen die Fortschrittlichen auf den Widerstand der Wiener höfischen Reaktion. Die unveränderte Wahrung der Verfassung isolierte das Land von der Entwicklung des Westens und bedeutete gleichzeitig auch seinen wirtschaftlichen Ruin. Hinwieder musste eine Änderung der Verfassung im Sinne der Demokratie die Position des Adels, als eines die Nation aufrechterhaltenden Faktors, erschüttern und das Ungarntum der Überzahl der Nationalitäten preisgeben. Das Festhalten an Territoriumsprinzip zwang zur Einigung mit den Nationalitäten, diese schien allerdings — infolge des Wunsches, der ungarischen Sprache Geltung zu verschaffen — von vornherein nicht möglich. Die Befreiungsbewegung der Nationalitäten hatte bereits begonnen und das slowakische Epos (Slávy Dcera) Johann Kollárs, eines evangelischen Pastors in Pest, galt als Wegweiser dem gesamten Slaventum an der Donau. Was für eine Lösung seiner nationalen Probleme das Ungarntum auch erstrebte, immer nur musste es auf eine kalte Wand der Abweisung stossen.

Széchenyi war derjenige, dessen prophetischer Blick die Konsequenzen der Lage erkennen sollte. Bei den Dichtern der Romantik entstand ein finsterer Pessimismus, der in ihr Bewusstsein Lethargie und Verzicht brachte. Kölcsey schrieb, die ungarische Nation sei zum Tode verurteilt, jede Anstrengung dies zu verhindern, sei zwecklos. Nur Gottes Mitleid könne dem ungarischen Volke helfen. Weise sei nur der, der alles mit Grösse zu verachten vermag, die Wissenschaft, den Ruhm und das ganze Leben. Letzten Endes sei auf Erden jede Bemühung vergeblich. Solcher Pessimismus war keineswegs nur der Ausbruch einer momentanen Verzweiflung. Er drang tief ein und wurde dermassen zum Bewusstsein, dass man in der Folge die Melancholie für den stärksten Charakterzug der ungarischen Seele ansah. 1830 schrieb Kölcsey:

Die da leben, sind im Blut verdorben,
Schwach an Kopf, verderbt in Herz und Sinn.
Jenes Volk, das Heldenlohnes Ernte
Auf des Schweisses Bahn gewinnen lernte
Lebt im Namen nur — es ist dahin.

Einige Zeit später schrieb Kölcsey den zweiten Gesang seines „Zrinyi" mit der Vision des letzten Unterganges, Vörösmarty dichtete seinen „Mahnruf" mit der furchtbaren Prophezeiung des Todes der Nation, und Bajza klagte:

Dein Ehmals freudenleer,
Dein Künftig trostverbannt,
Dir schlägt mein blutend Herz,
Verwaistes Vaterland.

Zum Glück führte diese so tief eingedrungene nationale Verzweiflung trotzdem zu keinem Oblomowschen Nihilismus. Das Wissen um den Tod beschwor den Instinkt zum Leben herauf. Der Kampf begann. Ein starker Trotz bemächtigte sich der Seelen und die Lethargie wurde zeitweise durch Aktivität ersetzt. Die Generation der Romantiker verlangte nach Taten, wusste sie doch, dass andernfalls das Ende nahte. Gegen zwei Gegner wurde der Kampf geführt: gegen die hoffnungslose Todesahnung der eigenen Seele und gegen die magyarische Indolenz. Diese Romantiker waren Propheten, deren Ruf in der Puszta verhallte. Dennoch fühlten sie den Zwang, zu rufen, um den marternden Schmerz des inneren Zweifels zu übertönen. Vörösmarty schrieb — trotz der Qual seiner Todesvisionen —, dass die Tat besser sei als der Hass und ein neues Leben müsse begonnen werden. Die fieberhaften Taten und Schöpfungen der Gestalt Széchenyis und seiner sich selbst zerfleischenden Seele standen über der ganzen Generation.

Die Romantiker empfanden Hass gegen jenen Patriotismus, der die Fehler und Mängel der Nation mit einem optimistischen Schleier bedecken wollte, und der tatenlos in den Vorstellungen der einstigen Grösse schwelgte. Sie hassten die patriotische Phraseologie, die sich in grossen Worten erschöpfte. Die Generation der Romantiker trug das Vaterland im Herzen gleich einer brennenden Flamme, von der sie verbrannt und verzehrt wurde. „Hell und Dunkel umfangen sich schmerzhaft in unserem Nationalgefühl," schrieb Kölcsey darüber. Lähmender Pessimismus und stürmischer Tatendrang — eine eigenartige Mischung — bilden die spezifisch magyarischen Elemente des romantischen Nationalgefühls.

In diesem neuen und dennoch so uralten nationalen Empfinden fand sich die gesamte adlige Nation. Ihr bester Ausdruck sind die „Hymne" von Kölcsey und der „Mahnruf" von Vörösmarty, die zu nationalen Gebeten erhoben wurden. Beide Dichtungen vermitteln, in wenigen Zeilen zusammengefasst, die ganze Tragik der historischen Entwicklung des Magyarentums. Die biblische Sprache der „Hymne" mahnt an die protestantischen Jeremiaden der Reformation und erinnert an Magyari, während sich im „Mahnruf" der tiefe Glaube und die glühende Vaterlandsliebe eines Zrinyi spiegeln. Beide erklangen nunmehr diesseits und jenseits der Donau, in Siebenbürgen ebenso wie in Oberungarn; in allen Kirchen — gleich ob sie das Kreuz oder den Hahn an ihrer Spitze trugen — ertönte in religiöser Andacht ihr drängendes Flehen. Die adlige

Nation war in ihrer Seele zu einer Einheit verschmolzen: dies öffnete den Weg für die weitere Entwicklung.

Die Generation der Romantiker.

Karl Kisfaludy (1788—1830) schrieb über sich, dass er ohne das Beispiel seines Bruders Alexander niemals zur Feder gegriffen hätte. Trotzdem verkörpert er in der ungarischen Literatur einen neuen Schriftsteller-Typus. Nach kurzem Kriegsdienst zog er den Soldatenrock aus, worauf ihn sein Vater enterbte. Kisfaludy lebte eine Zeit lang in Wien und verkehrte dort in den Kreisen der Literaten. Er schrieb auch schon Dramen, die er zunächst noch gar nicht für die Öffentlichkeit bestimmte und hegte die Absicht, Maler zu werden. Später durchzog er Italien und gedachte, sich in Russland niederzulassen. Schliesslich wählte er Pest zu seinem dauernden Wohnsitz. Er war eine echte Bohémien-Natur, die keinerlei adelige Vorurteile kannte. Seine romantische Vergangenheit, Unabhängigkeit und die Suggestivität seiner Persönlichkeit sicherten ihm hohe Achtung und Gefolgschaft bei der Jugend, die er um sich versammelte.

Seine Bildung hatte er nicht durch tiefgreifende Studien erworben. Dazu fehlte es ihm an Lust und auch an Zeit. In Wien lernte er die österreichische Romantik kennen. Die Bühne vermittelte ihm die Bekanntschaft mit Shakespeare und Kotzebue. In der Heimat verfeinerte er sein Sprachvermögen an den Werken Kazinczys. Er besass einen äusserst regsamen Geist und die intuitive Fähigkeit, neue Wege aufzudecken. Ohne auch selbst besondere Kunstwerke zu schaffen, vermittelte er eine Fülle von Anregungen, die auf das gefährdete literarische Leben befruchtend wirkten.

Es gibt gar keine Kunstform, in der er sich nicht versucht hätte. Seine ersten Erfolge verdankte er seinen patriotischen Dramen. Er charakterisierte sie selbst in einem seiner Epigramme: „Der Ungar siegt, und der Beifall ist da". Er verfolgte auch kein anderes Ziel, als das entfremdete Publikum wiederzugewinnen. Die tragische Spannung in „Wojwoda Stibor" und „Irene" hebt diese beiden Dramen dennoch hoch über das schwache Niveau der übrigen Leistungen. Unvergleichlich besser als die historischen Dramen sind aber seine Lustspiele, in denen er ein anschauliches Bild von der Adelsgesellschaft Transdanubiens gibt. Sie verdrängten sogar Kotzebue, den bisherigen Liebling des Publikums. Er schrieb auch als erster geschichtliche Novellen, die erst später durch das Auftreten Jósikas in den Hintergrund gestellt wurden. In der Verfassung lustiger Novellen war ihm Andreas Fáy allerdings schon zuvorgekommen. Doch während dieser, selbst nach dem Erscheinen seines grossen Gesellschaftsromans, des „Haus Bélteky", nie recht populär werden konnte, fand Kisfaludy schon viel mehr Anerkennung. Sein „Jonas Tollagi" wurde zu einem fast sprichtwörtlichen ungarischen Typ. Während seine lyrischen Gedichte kaum das Mittelmass überschritten, erregten einige Teile seiner schönen Elegie „Mohács" den grössten Beifall:

Noch lebt der Ungar, und Ofen, es stehet als warnendes Beispiel,
Patriotismusdurchglüht blicken wir vorwärts getrost,
Du aber blühe im Schosse des Friedens, oh, Stätte der Trauer,
Unsres entschwundenen Ruhms trauriger Kirchhof, Mohács!

Nach dem Muster Schillers und Bürgers dichtete er „romantische" Balladen und Romanzen. Als reine Bravourleistung schrieb er nacheinander dreissig „Volkslieder". Sein Leben war reich und opfervoll. Als er starb, beklagte Toldy mit Recht den Verlust eines vorbildlichen Führers.

Kurz vor Kisfaludy verstarb auch Josef Katona (1791—1830), dem das tragische Geschick eines unerfüllten Lebens zum Teil geworden war. Schon in sei⸗

ner Pester Juristenzeit zog es ihn mit unwiderstehlicher Neigung zum Theater hin. Er wirkte als Dilettant mit, übersetzte deutsche Ritterdramen und versuchte, auch in ihrem Geiste solche zu schreiben. Ganz unerwartet trat er mit seinem Banus Bánk hervor. Während auch Kisfaludy von Shakespeare tiefe Eindrücke empfing, es aber nicht weiter brachte, als über die Entlehnung von Motiven, gelang es Katona, die Tiefe der Shakespeareschen Tragik in seinem Werk zu gestalten. Die erschütternde Charakterisierungskunst, mit der er die historische Vergangenheit gestaltete, steht ohne Vorläufer da. Obwohl seine Gestalten eine etwas schwerfällige Sprache sprechen — die Sprache der Epoche von Kazinczy —, entströmt ihnen dennoch eine Kraft, wie einer Skulptur von Rodin. Eine ähnliche Feinheit der Seelenschilderung erreichten später erst Arany und Kemény. Zehn Jahre nach Katonas Tod wurde sein Drama — Dank der politischen Reife der Epoche, die über die patriotischen Phrasen eines Kisfaludy nur mehr lachen konnte — schon als nationales Drama gefeiert. Ohne dass dies die eigentliche Absicht des Dichters gewesen wäre, erstand in Banus Bánk ein Symbol der Nation und in seinem Kampfe gegen den Hof der ewige Kampf des Ungarntums gegen das Fremde. Die Tragödie Bánks erscheint seit Koppány immer wieder in neuer Gestalt. Darauf beruht auch die Tatsache, dass dieses Drama später wieder auflebte und eigentlich niemals veralten kann.

Dem Sprachen- und Formenideal der Romantikerzeit hatte es nicht entsprochen, und das Nationalgefühl bedurfte jetzt einer anschaulicheren, klareren Ausdrucksweise. Der einflussreichste Dichter, gleichzeitig aber auch der tiefgreifendste Theoretiker des romantischen Nationalgefühls war — neben Vörösmarty — Franz Kölcsey (1790—1838). Seine ersten Gedichte, die er mit Bildern aus der griechischen Mythologie schmückte, verfasste er in der Manier des deutsch-griechischen Klassizismus. Er schrieb Sonette, in denen er nach Vollkommenheit der Form strebte. Seine Dichtungen blieben zunächst nur im Kreise seiner Freunde bekannt, vor der Öffentlichkeit trat er als Kritiker auf. In Transdanubien ebenso, wie in der Theissgegend machte er sich durch seine abfälligen Kritiken über Berzsenyi und Csokonai gleichermassen unbeliebt. 1817 zog er sich in die Einsamkeit seines adligen Besitzes zurück. Vier volle Jahre blieb er dort, während dessen sich grosse Wandlungen in ihm vollzogen. Neue Lieder entstanden, und als er sich der „Aurora“ anschloss, war er bereits ein romantischer Lyriker geworden.

Mit der Zurückhaltung der schamhaften Naturen, verschwieg er in seinen lyrischen Gedichten das Ringen und die Nöte seiner Seele. Einsam und frauenlos wie sein Schicksal war, bedeutete ihm die Krise der Nation das tiefgreifendste Erlebnis. Während seine im Geiste der deutschen Ritterromantik verfassten Novellen schon längst in Vergessenheit geraten waren, dienten seine Studien über die nationale Tradition, seine in der reinen Sprache eines Cicero abgefassten Reden nebst der „Parainesis“, welche die Vaterlandsliebe verherrlichte, auch noch späteren Generationen als Wegweiser und anfeuerndes Beispiel. Dass er mit seinen Balladen schon vor Kisfaludy auftrat, und dass seine philosophischen Elegien einem Vörösmarty den Weg wiesen, ist heute höchstens dem Literaturhistoriker bekannt. Seine Hymne aber und manche der patriotischen Gedichte werden noch lange Zeit bestehen, — solange, bis seine furchtbare Prophezeiung einmal zur Wahrheit werden könnte: „Eine andere Heimat steht an den Ufern der vier Flüsse, ein anderes Volk und eine andere Sprache“.

Das, was für Kölcsey Höhepunkt seiner Dichterlaufbahn war, bedeutete für Michael Vörösmarty (1800—1855) nur den schwungvollen Auftakt seiner Jugend. Kölcsey sprach voll Selbstbewusstsein: „Ich bin ein stolzer Magyare, die Wurzeln meines Geschlechtes sind im Osten gewachsen, der westliche Himmel vermochte mein glühendes Herz nicht zu kühlen". Vörösmarty stammte aus Transdanubien, dem milden Hügellande unter blauem Himmel und begann mit seinen ersten dichterischen Versuchen in Stuhlweissenburg (Székes-fehérvár), der königlichen Stadt. Baróti Szabó, Virág und Berzsenyi schwebten ihm als Vorbilder vor Augen. Sein höchstes Ziel war, seinem Vaterlande Opfer zu bringen. Gleich Kölcsey war auch er ein Lyriker, doch brachte es seine zeitliche Stellung mit sich, dass er in den Spuren Zrinyis wandelte. „Zaláns Flucht" wurde 1825 von der ganzen Nation mit Begeisterung begrüsst. Wenn das Werk auch gar nicht von allen gelesen wurde, genügte schon das Bewusstsein, dass Ungarn endlich überhaupt ein nationales Epos besass. „Zaláns Flucht" beschloss jene Jahrhunderte lange Entwicklung, an deren Anfang die Jesuiten-Literatur der Barockzeit steht. Das Werk erschloss keine neuen Möglichkeiten, kam aber durch seine künstlerische Höhe den Anforderungen der Nation entgegen. Nur das Künstlerische der Sprache und der Reichtum der Phantasie waren daran neu. Der Gegenstand ist zum grössten Teil das reine Werk der Erfindung, ebenso auch seine ganze Mythologie, während die Form sich an die klassischen Epen des Altertums anlehnt. Durch „Zaláns Flucht" wurde der Hexameter erst zur richtigen ungarischen Versform. Das Werk bildet in Vörösmartys Schaffen einen Grenzstein. Angefeuert durch dessen Erfolg schrieb er 1825 „Cserhalom" (die Kämpfe Ladislaus des Heiligen), doch ist dieses Epos eher eine Liebesepisode als ein Heldengedicht. Vörösmarty widmete sich dem Studium der Volksmärchen. Er spürte — ebenso wie Kölcsey —, dass die wahre Wurzel des Volkstums vielmehr hier als etwa in den lateinischen Chroniken oder in der Geschichte Fesslers zu suchen sei. Er liess sich den „Prinzen Argyrus" schicken, dessen schöne Märe bereits zum Gemeingut des Volkes geworden war und schrieb in „gemeiner", d. h. Zrinyi-

Versform, sein „Tündérvölgy". Reminiszenzen des Heldenepos vermischen sich darin mit Motiven des Volksmärchens. Es galt als Experiment, über das der Dichter selbst überlegen urteilte. Durch das Volksmärchen gelangte er immer mehr zu dem Problem des Allgemein-Menschlichen. „Délsziget", das reizvolle, zauberhafte Gedicht des erwachenden Frühlings ist nur als Bruchstück erhalten. Der Dichter hatte sich darin bereits von allem Irdischen getrennt.

Seine Phantasie verlor sich in kosmische Fernen. Vielleicht inspirierten ihn die Märchen von Tausend und einer Nacht, vielleicht auch Byron und Shelley. Ob er ein tiefsinniges allegorisches Gedicht schreiben wollte, oder ob es nur die farbenprächtigen Visionen seiner Phantasie waren — wir können es heute nicht mehr feststellen. Seine Legende „Hedwig", ist die schönste ungarische Legende, ohne jegliche fremde Färbung, ein reines Werk seiner dichterischen Schöpferkraft. Vielleicht hat er in „Szép Ilonka" noch einmal dieselbe Zartheit erreicht. In „Magyarvár" versuchte er sich zum letzten Mal mit dem ungarischen Heldenepos. Es blieb jedoch unvollendet, er hatte weder Zeit noch Lust mehr dazu. „Rom" („Die Ruine") stellte den ersten Versuch dar, im Rahmen des Ungarischen die Probleme des Allgemein-Menschlichen zu gestalten.

Im Jahr 1831 schrieb er „Csongor és Tünde", dessen Gegenstand der Geschichte des Prinzen Argyrus und dessen Versform dem spanischen Drama entnommen ist, die viele Möglichkeiten für die Anwendung des ungarischen Rhythmus zulässt. Csongor ist ein alter historischer Name, den Kazinczy wieder eingeführt hatte. Durch dieses Werk ist es Vörösmarty gelungen, innerhalb eines ungarischen völkischen und nationalen Rahmens das erste ungarische philosophische Drama zu schaffen. Es ist rein menschlich und dennoch national und gehört zu den Perlen der Weltliteratur. Klangvolle, musikalische Sprache, der Schwung einer Ode und feierliche Versenkung in tiefste philosophische Gedanken vereinigen sich in diesem Werke.

Mit „Csongor és Tünde" begann Vörösmartys dramatische Periode. Den Übergang bildet das Epos „Die beiden Nachbarburgen", dessen düstere Tragik einen Kölcsey entsetzte. Die Dramen aber trugen nur wenig zur Förderung seines Ruhmes bei. Es fehlte ihm dazu an wahrer dramatischer Kraft, die auch durch das Studium Shakespeares und der deutschen Schicksals-Dramen nicht ersetzt werden konnte. So blieb auch sein Ehrgeiz, die ungarische Literatur durch nationale Tragödien zu bereichern, unbefriedigt. Doch seine epochale Bedeutung darf nicht verringert werden. Denn in der Zeit, in der die einzige nationale Bühne mit schlechten Übertragungen von Kotzebue und der französischen Romantiker überschwemmt worden war, hat er nur durch den Schwung seiner dichterischen Sprache die Sprache des ungarischen Dramas auf ein hohes Niveau erhoben.

Ende der 30-er Jahre kehrte Vörösmarty zu der Lyrik, seinem ureigensten Gebiet, zurück. Seine Subjektivität war von der gleichen Zurückhaltung, wie die von Kölcsey. Zwei Jahrzehnte hindurch erfüllte ihn eine träumerische, unkörperliche Liebe zu Etelka, der er nur in den Gestalten seiner Epen Ausdruck verlieh. In ähnlicher Weise objektivierte er auch die Gestalt seiner Mutter, an die er sich nie anders als mit dem Adjektiv „arm" zu erinnern vermochte („Die arme Mutter", „Das Buch der armen Frau"). Als er an seine Gattin, an die „Sonne seines gebrochenen Lebens", ein Gedicht schrieb, drückte er es ihr im Weggehen in die Hand und wollte es nie veröffentlichen. Eine männliche Schamhaftigkeit — die fast als eine ungarische Rasseneigentümlichkeit gelten könnte — gestattete es ihm nicht, seine inneren Stürme und die Geheimnisse seines intimen Lebens vor die Öffentlichkeit zu tragen. Umso stärkeren Ausdruck gab er seiner grenzenlosen Liebe zum Vaterlande. Seine patriotischen Gedichte entsprangen nicht der Aufwallung eines Augenblickes, sondern spiegeln das Schicksal der Nation und sind daher von unvergänglichem Werte. („Szózat", „An Franz Liszt", „Die lebende Statue", „Das Lied von Fóth", „Der bittere Kelch", „Prophezeiung", „Vorwort".)

Von den 40er Jahren an vertiefte sich seine Lyrik immer mehr. Dazu kam noch die Betrachtung aus der Perspektive des Allgemein-Menschlichen. Nicht allein das Schicksal der Nation machte ihm Sorge, sondern auch das Los der Hörigen, für die der Name der Heimat nur einen Fluch bedeuten musste.

Wie seine Phantasie niemals nur auf Erden haften konnte, sondern sich nach der Unendlichkeit sehnte, so erschien ihm auch die Begrenzung auf ein einziges Volk zu eng und er schloss die gesamte Menschheit in sein Gefühl mit ein:

Lass den jammervollen Erdplaneten
Kreisen in der eignen, bittern Flut;
Lass ihn von des Lasters trüben Schlacken
Rein sich läutern in der Stürme Glut!
Dass dann Noahs Arche wiederkehre
Und der Welt ein neu Geschlecht gewähre.
Spiel, wer weiss, wie lang die Saite schwirrt,
Wann des Bogens Holz zur Waffe wird!
Herz und Becher voller Weh und Wein
Spiel, Zigeuner, lass die Sorge sein!

Spiel, doch nein, lass still die Saite schweigen!
Einst erhellt die Welt noch Festesschein,
Wenn der Stürme Toben ausgewütet,
Jeder Zwist im Blut ertränkt wird sein.
Lass begeistert dann die Saiten rauschen,
Dass die Götter deinem Liede lauschen!
Nimm die Harfe dann aufs neu zur Hand,
Wenn die Wolke von der Stirne schwand!
Trunken von der Freude Götterwein,
Spiel, Zigeuner, lass die Sorge sein!

Sein Pessimismus, bestärkt durch die Tragik der Nation, steigerte sich zu einem düsteren Menschenhass

(„Gedanken in der Bibliothek", „Der alte Zigeuner"). Nur zum Selbstbetrug milderte er ihn noch durch einen Hoffnungsstrahl: „Was ist denn unser Los auf Erden? der Kampf nach Kräften um das Edelste".

Auf dem Gebiete der Lyrik fand er bis zum Auftreten Petőfis weder Konkurrenten, noch Nachfolger, auf dem des Heldenepos folgten ihm Gregor Czuczor (1800—1866) und Johann Garay (1812—1853). Der „Botond" von Czuczor und der „Csatár" von Garay sind bloss die Ausläufer einer bereits abgeschlossenen Entwicklung. Der Name Garays blieb weder um seiner im Geiste Uhlands verfassten Balladen aus der Arpaden-Zeit, noch um seine politischen Gedichte willen erhalten, sondern einzig und allein durch seinen „Obsitos", dessen Held Johann Háry zu einer populären und auch heute noch sprichwörtlichen Figur wurde. Die Volkslieder Czuczors, von denen manche auch auf das Volk übergingen, sind von bleibenderem Wert als seine in Hexametern verfassten grossen Epen.

Schon lange bevor die demokratischen Ideen in der Politik auftauchten, bereitete die Literatur den Boden für eine neue Entwicklung vor. An Beispielen mangelte es auch nicht. Die Nationalitäten Ungarns sammelten bereits die Denkmäler ihres Volkstums. In den 20-er Jahren erschien in Pest eine österreichische und eine slowakische Volkslieder-Sammlung. Die serbischen Volklieder eines Vuk Karadzsics erlangten weltliterarische Bedeutung. Die adelige ungarische Literatur schien von diesen wichtigen Bewegungen kaum Notiz zu nehmen, nur der einzige Michael Vitkovics von serbischer Abstammung versuchte seine Übertragung der „serbischen Manier" (deren Versform Vörösmarty später in seiner „Hedwig" so meisterlich anwandte). Als der gefeierte Lyriker unter den Romantikern galt Josef Bajza (1804—1858), der in seinen patriotischen Gedichten zuweilen auch das edle Pathos von Kölcsey oder Vörösmarty erreicht hat. Durch seine Liebesgedichte, in denen er deutschen Beispielen folgte, wurde er zum

Begründer jener sentimentalen „Stuben-Dichtung", deren Streben mehr auf die Reinheit der Form, als auf die Echtheit der Empfindung gerichtet war. Inzwischen untersuchte Kölcsey in seiner Einsamkeit in Cseke das Wesen des Volksliedes und gab das Losungswort heraus, man müsse den Kern der wahren nationalen Dichtung in den „Alltagsliedern" suchen. Der vielseitige Karl Kisfaludy versuchte das Volkslied nachzuahmen und Kölcsey, Vörösmarty und Czuczor wollten seinen Geist in das Kunstlied hinüberretten. Die grosse Synthese nahm ihren Anfang. Während die Romantiker einerseits durch ihre historische Dichtung auf das mythische Zeitalter der nationalen Einheit zurückgriffen, erschlossen sie andererseits die Volkskultur, die einst von den christlichen Missionaren zerstört worden war.

Der Anteil des Volkes an der Literatur schien vorläufig noch ein Traum zu sein. Doch das adelige Leserpublikum stand schon einheitlich hinter den Romantikern, deren Werke ihm seine bisherige ausländische Lektüre ersetzten. Die einzige Kunstform, die zunächst noch fehlte, war der Roman. Bis zum Auftreten des Barons Nikolaus Jósika (1794—1865), der erst ein Publikum für den ungarischen Roman heranzog, hatten die deutschen Ritterromane in Ungarn ein grosses Publikum.

Das Leben Jósikas, eines katholischen Magnaten aus Siebenbürgen, ähnelte in vielen Zügen demjenigen von Karl Kisfaludy. Als Jüngling nahm er an den Napoleonischen Kriegen teil, gelangte auch nach Paris und hielt sich Jahre lang in Wien auf. Hier lernte er die österreichische Romantik kennen und versuchte sich mit Dramen in deutscher Sprache. Er schwärmte für Walter Scott und Bulwer, die in Wien am meisten gelesen wurden. Nach seiner Rückkehr in die Heimat schrieb er in der Art Alexander Kisfaludys eine Burgsage, die er in der „Aurora" veröffentlichen wollte. Karl Kisfaludy wies ihn jedoch zurück. Nach langen

Vorbereitungen gelangte er zum Roman, jenem Gebiet, das seiner Begabung am besten entsprach. 1836 erschien sein historischer Roman „Abafi", der von den Zeitgenossen mit solcher Begeisterung begrüsst wurde, wie sie nur den allergrössten Geistern gebührt. Jósika gehörte zwar gar nicht zu diesen, seine Verdienste, die auch seine Zeitgenossen erkannten, lagen auf einem anderen Gebiet. Durch seine historischen Romane, die den Einfluss Walter Scotts erkennen lassen (die „Tschechen in Ungarn" ist der beste), wollte er das geschichtliche Bewusstsein der Nation festigen. Durch die Darstellung starker Charaktere und einer ethisch hoch stehenden ungarischen Gesellschaft trug er zur Bildung einer neuen ungarischen Gemeinschaft mit. Während er es nur wenig den Geist der Geschichte zu gestalten vermochte, legte er umso grösseren Wert auf eine minutiöse Darstellung von Hintergrund und Milieu. Der rasche Erfolg, der seinen Büchern zuteil wurde, förderte nicht seine Entwicklung. Er produzierte ausserordentlich viel und ohne jegliche Vorstudien. In der leichten Art der französischen Romantiker schrieb er sechs- bis zehnbändige Romane. Zunächst tat er es aus Passion, später, als Emigrant, unter dem Zwange, sein Brot zu verdienen. Er musste es noch erleben, dass Maurus Jókai, sein junger Schüler, ihn weit überflügelte und auch aus der Gunst der Leser verdrängte.

III.

Die Entwicklung ging in rasendem Tempo vor sich: das Magyarentum sollte im Laufe von Jahrzehnten die Versäumnis vieler Jahrhunderte nachholen. Die glühende Seele Széchenyis gab das neue Programm: „Es geht um nichts weniger, als um die Erhaltung einer Nation für die gesamte Menschheit. Es liegt an uns, dies glücklich durchzuführen. Wir schulden es Gott, diese Ehrenmission zu erfüllen. Junge und Alte, Adelige und Nichtadelige, Katholiken und Protestanten reicht euch die Hände! Eitlen Leidenschaften und kleinmütiger Zwietracht darf das Wohl, ja die Existenz des Vaterlandes nicht zum Opfer fallen! Nationalismus und Vaterlandsliebe heisst das Geheimnis, das alles zu einigen vermag. Das erstere soll bis an die Grenzen der Möglichkeit entfaltet werden, dem zweiten möge in jedem, der unseren Boden bewohnt, ein Platz geschaffen werden!" Somit war der Weg gewiesen und die Nation, die sich aus sich selbst heraus erneuerte, beschritt ihn gläubigen Herzens.

Das Jahr 1830 — das Erscheinungsjahr des Széchenyischen Werkes über den „Kredit" — brachte für das literarische Leben ausschlaggebende Änderungen mit sich. Am 17. November fand die feierliche Eröffnung der Ungarischen Akademie der Wissenschaften statt. Die zentrale Stellung von Pest fand darin symbolisch ihren Ausdruck. Vier Tage später riss der Tod Karl Kisfaludy aus seiner Führerstellung. Ein Jahr später folgte ihm Kazinczy in die Unsterblichkeit. Das schwere Erbe der literarischen Führung fiel Vörösmarty, Bajza und Toldy, den nächsten Freunden Kisfaludys, zu. Dieses Triumvirat sollte im literarischen Leben alsbald zu einer grossen Machtstellung gelangen. Die scharfe Feder Bajzas brachte Döbrentei, den Sekretär der Akademie und verwöhnten Liebling der Aristokratie, zum Schweigen. Durch die schonungslosen Angriffe Toldys erbittert, zog sich Kazinczy zurück. Selbst der dichterische Ruhm Alexander Kisfaludys wurde nicht geschont. Ein selbstgefälliger Ausspruch Bajzas aus früherer Zeit sollte zur Wahrheit werden: „Die paar alten Herren, die sich scheuten, mit dem Geiste der Zeit Schritt zu halten, werden umfallen und dann wird die Zeit unseres Triumphes kommen". Der Sieg war vollkommen. 1835 verlor Döbrentei — als Ergebnis der Bemühungen des Triumvirates — sein Akademie-Sekretariat. Die Stellung wurde mit Toldy besetzt, obwohl auch Kölcsey darauf gehofft hatte. 1836 wurde die Kisfaludy-Gesellschaft gegründet, die in der Folge die repräsentativste Vereinigung der Vertreter der ungarischen schönen Literatur werden sollte. 1837 eröffnete mit dem Prolog Vörösmartys das Ungarische Nationaltheater seine Pforten. Es war die Erfüllung eines langersehnten Wunsches der Nation. Die Direktion lag in den Händen Bajzas. Gleichzeitig gaben die drei Freunde das „Athenaeum“ heraus, jenes Organ, dessen Kritiken sechs Jahre hindurch die Dichter entweder bestätigten, oder die Unbegabten und Widerspenstigen vernichteten. Der schriftstellerische Ruhm des kongenialen Romanciers Baron Nikolaus Jósika wurde durch das „Athenaeum“ verbreitet, während Paul Csató, ein Konservativer — obwohl er der fähigste Novellist der Epoche war — durch dieselbe Zeitschrift zum Schweigen gebracht wurde. Im Laufe eines einzigen Jahrzehntes besetzte das Triumvirat sämtliche Positionen des literarischen Lebens. Gleichzeitig wachte es eifersüchtig, dass sich keine Unberufenen in seinen geschlossenen Kreis drängten.

Zu den „Unberufenen“ gehörten aber nicht allein die Unbegabten, auch die konservativen Literaten — und mochten sie noch so begabt sein — wurden zu Feinden des Vaterlandes gestempelt. Das Zeitalter war von den Ideen der fortschrittlichen Politik durchdrängt und Patriotismus galt als gleichbedeutend mit Liberalismus.

Der Liberalismus wurde, ähnlich wie seinerzeit die Aufklärung, am stärksten von den ungarischen Protestanten gefördert. Gleichzeitig aber begann — gleichsam als Gegenwirkung — die in vertieftem religiösem Geiste durchgeführte Reorganisation des ungarischen Katholizismus. Sanislo Albach, ein Franziskaner in Pest, forderte in seinen Predigten die seelische Erneuerung seiner Anhänger, deren Zahl immer mehr zunahm. Auch Széchenyi, „der grösste Ungar“ gehörte zu ihnen. In den Priester-Seminaren wuchs eine neue Generation heran, die den Ruhm der Kirche über den Ruhm des Vaterlandes stellte. Die nationale Literatur, die den Patriotismus zu einem religiösen Gefühl erhoben hatte, wurde ihr immer fremder. Die ungarischen Katholiken, die im Anfang des XVIII. Jahrhunderts die nationale Literatur in Gang gebracht und durch ein Jahrhundert mit Hilfe ihrer grossen Dichter und der Masse ihrer anonymen Leser zum Erfolg geführt hatten, stellten sich nun in der Politik auf die äusserste Rechte und schieden aus der Führung des literarischen Lebens aus. Als die Akademie begründet wurde, hatte sie unter ihren Mitgliedern eine so überwiegende Anzahl von katholischen Geistlichen, dass Toldy entsetzt ausrief, die Akademie sei doch das reinste Kloster. Nachdem die Reihe der alten Priester-Schriftsteller josephinischen Geistes ausgestorben war, nahm die Akademie immer stärker eine protestantische Färbung an. Dieselbe Erscheinung kennzeichnete auch alle übrigen Zweige der Literatur. Mit einem Schlag eroberten sich die Protestanten ihre alten, verlorengegangenen Positionen wieder, und ihre Geistesrichtung blieb bis in die neueste Zeit ausschlaggebend für die Entwicklung der ungarischen Literatur.

Der plötzliche Aufschwung des politischen Lebens und die daran anknüpfende Aktivität hatten die starke Verbindung der Literatur und Politik zur Folge. Die Nation kümmerte sich weniger um die Literatur, blickte aber umso gespannter auf die Ereignisse in Pressburg. Selbst die Schriftsteller wurden vom Fieber der Politik ergriffen. Karl Kisfaludy erwog in seinen letzten Lebensjahren den Plan, die „Aurora" aufzugeben, um an ihrer Stelle — unter der Führung Széchenyis — eine politische Zeitschrift zu redigieren. Wenn auch Pest als der anerkannte geistige Mittelpunkt des Landes galt, wusste man doch, dass über das Schicksal der Nation die Entscheidung in Pressburg fallen musste.

Die Landesversammlung von 1832—36 vereinigte die besten des Magyarentums. Hier erklangen auch die klassischen Reden Kölcseys, für den die gesamte Jugend des Landes schwärmte. Széchenyi reifte zu voller Grösse und wurde zum Führer der Nation. Neben ihm trat auch die würdige Gestalt Franz Deáks immer mehr in den Vordergrund. Ludwig Kossuth redigierte die „Landtagsberichte". Seine aufpeitschenden Worte fanden im ganzen Lande Widerhall. Die Atmosphäre war von dem brennenden Wunsche nach Freiheit erfüllt. Kurze Zeit zuvor war in Paris die Revolution vor sich gegangen, und Ungarn war von den Flüchtlingen des polnischen Freiheitskampfes, die im ganzen Lande eine bereitwillige Aufnahme fanden, überschwemmt.

In einer solchen Atmosphäre fanden sich die Vertreter der neuen Generation der dreissiger Jahre zusammen. Meist junge Juristen, die im Dienste der Deputierten standen und mit gespannter Aufmerksamkeit dem Gang der Sitzungen folgten. Ein neuer Geist bemächtigte sich ihrer. Zum Zeichen ihrer Zusammengehörigkeit gründeten sie im Jahre 1834 die „Konversations-Gesellschaft". Die Gesellschaft wurde durch Metternich — wegen des Verdachtes revolutionärer Gesinnung — aufgelöst. Die Führer der Jugend wanderten in Ketten ins Gefängnis. Während in Deutschland der Kampf gegen das Junge Deutschland begann, wurden in Ungarn Wesselényi und Kossuth verhaftet.

Die hervorragendste Persönlichkeit im Kreise der ungarischen Jugend war Baron Joseph Eötvös. Sein Name war auch bereits in literarischen Kreisen bekannt: der alte Kazinczy hatte ihm seine Reisebeschreibung von Pannonhalma, seinen Schwanengesang, gewidmet. László Szalay, Kazinczys Intimus und letzter Anhänger, Kölcseys Sekretär, war Eötvös' Schulkamerad und bester Freund. In Pressburg lernten beide Ludwig Kuthy, einen Führer der Konversations-Gesellschaft, der für seine Tätigkeit mit zweijährigem schweren Kerker büssen musste, kennen. Ein ähnliches Schicksal hätte auch Franz Pulszky ereilt, wenn er sich nicht durch seine Flucht ins Ausland gerettet hätte. Pulszky zählte ebenfalls zu den Anhängern Kölcseys. Durch ihn war ihm erst die Liebe wirklich zum ungarischen Vaterlande — dessen Sprache er erst jetzt richtig kennen lernte — aufgegangen. Imre Henszlmann, Maurus Lukács und August Trefort gehörten zu seinem engeren Freundeskreis. Alles grosse Namen, die ein halbes Jahrhundert hindurch eine glänzende Rolle in der ungarischen Geistesgeschichte spielen sollten. In der Reihe der oppositionellen Magnaten sass Graf Ladislaus Teleki, der durch sein einziges Drama später in der Literatur einen ehrenvollen Platz erhielt. Adolf Frankenburg, der populäre Modeblatt-Redakteur der 40-er Jahre, spielte ebenfalls in diesem Kreise eine Rolle.

Die Jugend des Pressburger Landtages stand mit ihren Zeitgenossen in Pest und Klausenburg (Kolozsvár) in reger Verbindung. Joseph Gaál, der die Puszta für die Literatur wiederentdeckte, hatte in Pest bereits einen guten Namen. Johann Erdélyi, der dem Leibeigenen-Stande entstammte, trat mit Liedern hervor und Eduard Szigligeti zählte zu den bekanntesten Schauspieldichtern. Zwei katholische Schriftsteller aus Transdanubien, Johann Garay und Ignaz Nagy — beide heftige Bekämpfer des Triumvirates — entfalteten eine lebhafte journalistische Tätigkeit. Frankenburg schloss sich ihrer Gruppe an, zu deren begabtesten Mitgliedern Peter Vajda aus Transdanubien gehörte; vorher hatte er seinen Protektor Széchenyi im Stich gelassen. Das literarische Leben Siebenbürgens, das nach der Entfernung Döbrenteis verstummt war, nahm langsam wieder einen Aufschwung. Die Jugend scharte sich um das protestantische Jahrbuch „Die Hoffnung“, das protestantische Jünglinge gegründet hatten. Der Romancier Baron Sigismund Kemény stand dieser Gruppe am nächsten.

Die neue Generation war nicht mehr mit dem Boden verwachsen; verarmte, ihrer Güter verlustig gegangene Aristokraten und Adelige gehörten ihr an, ebenso wie Vertreter aus dem Hörigen-Stande und dem immer mehr ungarisch werdenden städtischen Bürgertum. Sie versuchten von den Gehältern ihrer Ämter, von schriftstellerischer Arbeit oder von Politik zu leben. Die Generation der Romantiker öffnete ihnen die Pforten der Akademie und der Kisfaludy-Gesellschaft, den Hochburgen des literarischen Lebens. Von den höchsten Plätzen aus konnten sie das geistige Leben Ungarns zunächst beobachten, später auch leiten. Ihre Bildung wurzelte nur zum geringsten Teil in der ungarischen Tradition; ihr Streben ging danach, das europäische Niveau zu erreichen. Nachdem die Romantik sich nach innen orientiert hatte, musste zwangsmässig auch eine Erweiterung des nationalen Horizontes erfolgen. Während Vörösmarty sein ganzes Leben hindurch niemals die Grenzen Ungarns überschritten hatte, schien diese Generation — dem Beispiele Széchenyis folgend — von einem förmlichen Reisefieber gepackt zu sein. Kaum einer war unter ihnen, der, gleich zu Beginn seiner Laufbahn, nicht schon halb Europa, zumindest aber Paris und London, bereist hätte. Mehrere hatten überhaupt Deutsch als Muttersprache. Viele stürzten sich mit Leidenschaft auf das Französische, um die Werke der französischen Revolution im Original lesen zu können. Als sie ihre Reisen antraten, kannten sie das Ausland bereits aus Büchern. Nach ihrer Rückkehr wollten sie ihre Erfahrungen zum Nutze der Nation verwerten. Die Zahl der Reisebeschreibungen und Tagebücher, die die westliche Welt Ungarn nahebrachten, nahm immer mehr zu. Franz Pulszky wurde von der Akademie für sein in deutscher Sprache erschienenes Reisetagebuch im Alter von 26 Jahren zum Mitglied gewählt. Eötvös reiste mit Szalay nach Paris und lernte dort Chateaubriand und Lamartine kennen. Auch Johann Erdélyi bereiste die Welt mit offenen Augen und sandte spannende Berichte an die Modezeitschriften über seine Erfahrungen aus Berlin, Paris und London. Sigismund Kemény studierte an der Wiener Universität und zog später weiter nach dem Westen. Peter Vajda lebte eine Zeit lang in Leipzig und redigierte dort das „Groschen-Magazin". Später begab auch er sich nach England. Inzwischen veranstaltete die Akademie eine Sammlung für Anton Reguly, der in Russland nach den Stammesverwandten der Magyaren forschte. Selbst Amerika lockte einige Ungarn an.

Durch die Vermittlung der Jugend, welche ihre ersten tiefen Eindrücke dem Westen verdankte, überfluteten fremde Geistesströmungen das ungarische Brachland. Das literarische Leben von Pest hing allerdings noch immer stark von Wien ab. Die Zeitschriften wurden nach Wiener Muster redigiert und das Pester Theater war ein schwacher Abglanz des Wiener. Doch der Ideengehalt und das formale Ideal der Literatur hatte sich geändert. Die neue Generation blickte bereits nach Paris. Die deutsche Literatur erweckte nur insofern Interesse, als sie französische Ideen vermittelte. Aus diesem Grunde empfand man eine geistige Verwandtschaft mit den Literaten des Jungen Deutschland. „Zur selben Zeit" — schrieb Pulszky — „wandten sich die Deutschen Frankreich zu und zwar gerade diejenigen, die, von den Ideen der Freiheit und des Fortschrittes erfüllt, sich Heine und Börne angeschlossen hatten. Die Franzosen galten für die Nation, die die Menschheit zu erlösen vermochte. Die Verfolgung aber, die diese begeisterten Schriftsteller von Seiten der deutschen Literatur zu erdulden hatten, ausserdem auch die glänzende, geistessprühende Schreibweise dieser Richtung, erhöhten die Sympathie der ungarischen Jugend noch in ganz besonderem Masse." Als ruhmreichster Name der Literatur galt Victor Hugo, dessen Werke Eötvös als erster ins Ungarische übertrug. Die Schauspiele Hugos und Scribes erzielten an der ungarischen Bühne die grössten Erfolge, und Novellen in französisierendem Stil füllten die Seiten der ungarischen Zeitschriften. Csató konnte über Kuthy kein grösseres Lob schreiben, als „es gibt in ganz Deutschland nicht einen einzigen Schriftsteller — obwohl die

Deutschen gerne imitieren --, der Victor Hugo an Kraft und Geist so nahestünde als Kuthy". Mit dem Einfluss Hugos ist nur derjenige von Byron zu vergleichen. Die alte Generation schwärmte für ihn ebenso wie die junge — Széchenyi ebenso wie Eötvös.

Nicht nur der dichterische Wert, sondern gerade die politische Tendenz der Franzosen, Deutschen und Engländer faszinierte die ungarische Jugend. Die Generation von Eötvös vermochte — mit der einzigen Ausnahme Erdélyis — keinen einzigen Lyriker aufzuweisen. Roman und Drama wurden gepflegt, denn das politische Empfinden war stärker als die dichterische Begabung — der Intellekt trug den Sieg über das Gefühl davon. Diesem Kreise entwuchsen die Politiker der 40er Jahre, die allein über ein klares Reform-Programm verfügten und später als politische Führer der Nation hohe Posten bekleideten oder als grosse Gelehrte sich in das abstrakte Gebiet der Wissenschaft zurückzogen.

Die jungen Literaten brachten einen neuen Geist und Sinn in die Entwicklung. Die katholischen und protestantischen Gruppen der Generation wurden durch die Persönlichkeit von Eötvös miteinander verbunden. Eötvös war gottesgläubig, doch hatte sein Glaube die konfessionellen Hemmnisse abgestreift und war zu einer Religion der christlichen Nächstenliebe geworden. Als grösste Sünde galt ihm der Egoismus und als höchstes Gebot die Nächstenliebe. Dies war der Leitgedanke des „Karthäusers", seines Erstlingsromans, der trotz der Subjektivität seines Gefühls auch allgemein menschliche Empfindungen zum Ausdruck brachte und eben dadurch zu einer Bibel der jungen Generation werden konnte. Für Eötvös bedeutete der Mensch „das Gefäss Gottes". Aus diesem Grunde kämpfte er auch für die Emanzipation der Juden ebenso wie für die Befreiung der Hörigen. Judenverfolgung und Hörigenunterdrückung empfand er in gleichem Masse als eine Beschimpfung der Gottesidee. Wenn auch auf einem anderen Wege wie seine Zeitgenossen, gelangte Eötvös auch zur Verherrlichung der Freiheit als einer leitenden Idee. „Seit frühester Jugend schon" — schrieb er — „empörte sich mein Herz gegen jede Art von Unterdrückung. Tyrannei war für mich das Hassenswerteste."

In der Seele von Eötvös waren Religiösität, Menschenliebe, Freiheitsdrang und nationales Empfinden unzertrennlich verschmolzen. Seine Zeitgenossen, mit denen er auf dem Landtag von 1832—36 zusammentraf, beschritten einen anderen Weg. Die Protestanten brachten aus ihren Schulen weniger Religiosität, aber umso mehr Nationalgefühl mit. Der Hass gegen die Tyrannei war in ihnen durch die Ideen der französischen Revolution, durch die Niederlage des polnischen Freiheitskampfes und durch die rücksichtslose Verfolgung ihrer eigenen Kameraden erweckt. Neben der glühenden Liebe zum Vaterlande und dem Wunsche nach Freiheit hatten sie für keine weiteren Gefühle mehr Platz. Der christliche Gottesgedanke rückte in die Ferne. An seine Stelle trat eine pantheistische Naturschwärmerei (z. B. bei Peter Vajda und Johann Erdélyi), oder die Verherrlichung eines vage umrissenen „Weltgeistes" (z. B. bei Pulszky, dem Freimaurer). Die Wurzeln der Freiheitsidee, die durch die historischen Ereignisse der Zeit und durch die Ideen des französischen Liberalismus erweckt worden waren, sollten in der Vergangenheit Ungarns und in dem ungarischen Charakter nachgewiesen werden. Johann Garay zeigte — vielleicht ohne Absicht — in seiner Ballade „Kont" ein wirkungsvolles Beispiel der uralten Freiheitsliebe des ungarischen Volkes. Ganze Generationen begeisterten sich an der zündenden Wirkung dieser Verse. Es ist auch kein Zufall, dass gleichzeitig mit dem Auftreten dieser Generation die Erinnerung auch an Banus Bánk wieder auftauchte. Nicht auf dem künstlerischen Wert, noch auf der tragischen Tiefe der Dichtung — die selbst ein Vörösmarty nicht genügend würdigen konnte — beruhte ihre starke Wirkung, sondern auf der Freiheitsidee, die darin zum Ausdruck kam. Gleichzeitig mit der Suche nach den

Freiheitsbestrebungen der ungarischen Geschichte, entdeckte man auch die Landschaft der Alföld, die als Symbol der Freiheit galt. Auch die Figur des „Betyaren“ (Pusztaräubers) wurde geschaffen, der — verklärt in der Dichtung — zum romantischen Helden der Freiheit wurde.

Das Nationalgefühl der Jugend von 1830 suchte sich weniger in der Lyrik als vielmehr in positiven Taten Ausdruck zu verschaffen. Eötvös behauptete, dass er eine gute menschliche Tat höher einschätze als das grösste literarische Kunstwerk. Die Werke eines Eötvös, die Romane Kuthys, die Novellen Gaáls, die Schauspiele Szigligetis sind nicht allein als dichterische Arbeiten, sondern auch als nationale Taten zu würdigen. Ihre Wirkung war tiefgreifend, spiegelte sich doch in ihnen — gleich einem „magischen Spiegel“ — das Leben der Nation, das sie — im Geiste Széchenyis — zur Selbstbetrachtung veranlassen sollte. Sie trugen zu der Erneuerung der Nation mehr bei als hunderte von politischen Reden oder unproduktive Gesetzartikel. Durch alle diese Werke hindurch kann die Wirkung der Ideenwelt der Romantiker, besonders derjenigen von Széchenyi, verfolgt werden. Doch man kann verschiedene Nuancen unterscheiden. Die Romantiker vertraten die Behauptung, die Ungarn hätten eine ausgezeichnete Verfassung, mit der an Liberalismus nur die Englische zu vergleichen sei, bloss mangele es ihr an Seele, welche die äusseren Rahmen mit patrioschem Geiste erfüllen könnte. Daher bildete ihr Ziel die Aufrüttelung der Nation, dieses entarteten, sybaritischen Gefüges. Széchenyi erkannte als erster, wie konservativ die Gesetze waren, wie sehr sie jeglichen Fortschritt hemmen mussten. Doch schien ihm die seelische Erneuerung noch wichtiger als irgendwelche äusserlichen Reformen. Mit erbarmungslosen, scharfen Worten forderte er oft die Notwendigkeit der nationalen Selbsterkenntnis. Die Gruppe um Eötvös entnahm aus seinen Worten bloss die Tatsache, wie verwahrlost die Verhältnisse Ungarns wären. Die neue Generation war ganz von der Liebe zum ungarischen Volkstum und zum Boden Ungarns erfüllt. Mit gläubigem Optimismus — ein Symptom der Assimilation — blickte sie in die Zukunft. Zweifel oder Pessimismus konnten ihr kaum etwas anhaben. Sie verkündete, dass der Mensch gut sei, bloss die staatlichen und sozialen Einrichtungen zeigten offensichtliche Mängel. Es genügte, dass den Hörigen Rechte verliehen würden, sie wären hierdurch sofort für die nationale Entwicklung gewonnen. Es genügte auch, die Juden zu emanzipieren, damit sie frei für ein höheres ethisches Leben würden. Und schliesslich genügte es ebenfalls die Rechte mit den Nationalitäten zu teilen, um sie zu treuen Söhnen des ungarischen Staates zu machen.

Das Nationalgefühl dieser Generation kann nicht mehr als adelig bezeichnet werden. Aus dem Standpunkt des allgemein-menschlichen Ideals heraus kannte sie keine Unterschiede zwischen den Menschen. Ob Höriger oder Adeliger, ob Jude oder Christ, dies schien ihr gleichgültig geworden zu sein. Ihre schwärmerische Rassenliebe umfing mit ihrem Nationalgefühl das universale Ungarntum. Dies war nicht mehr der milde Ton der Vörösmartyschen Dichtungen, sondern ein höchst mutiges Glaubensbekenntnis. Ebenso wie Kuthy in seinen „Geheimnissen der Heimat", ergriff auch Eötvös in seinen Romanen „Der Dorfnotar" und „Ungarn im Jahre 1514" die Partei der unterdrückten ungarischen Bauernschaft.

Die Generation der Dichter—Politiker.

Die Generation der Romantiker erfüllte eine doppelte Aufgabe. Sie schloss die Jahrhunderte lange Entwicklung ab, die mit der Barockliteratur Transdanubiens angefangen hatte und befreite die ungarische Literatur aus ihrer früheren Abhängigkeit von der lateinischen Bildung. Während jedoch Kazinczy das Lateinische mit dem Deutschen ersetzen wollte, gelang es den Romantikern dies zu vermeiden. Das grösste Ver⸗dienst der romantischen Literatur bildet die Tatsache, dass sie vollkommen ungarisch ist. Einen Nachteil freilich brachte auch dies mit sich: ausserhalb der ungarischen Sprachgrenze konnte sie nicht gewür⸗digt werden. Dass Schlegel an den Liedern Himfys ungarisch lernte und dass Karl Kisfaludy als erster ungarischer Autor an einer Wiener Bühne aufgeführt wurde, vermochte daran nichts zu ändern. Kisfaludys Stück fiel übrigens durch, ebenso wie einige Jahrzehnte später auch die Tragödie Josef Katonas in Berlin. Vörösmarty war über die deutsche Übertragung seines „Zalán“ dermassen entsetzt, dass er glaubte, an seiner dichterischen Begabung nun überhaupt zweifeln zu müssen. Die Literatur der Romantiker vermittelte ein Spiegelbild von dem Geiste einer kleinen Schicht der adeligen Nation. Um aber in ganz Europa Widerhall zu erwecken, musste schon eine andere Literatur er⸗stehen: eine solche, die — auf westlichem Niveau — die Seele des gesamten Ungarntums spiegelte.

Das Losungswort der zweiten Generation der Reformzeit hiess: Europäertum und Volkstum.

Zunächst bedeutete das Europäertum nur das Ein⸗dringen der französischen Romantik, die an die Stelle des seit der französischen Revolution herrschenden deutschen Einflusses trat. Dies geschah gerade in einem günstigen Augenblick. Die Leser hatten Kotzebue und die tränenselige Sentimentalität der deutschen Romane satt und konnten sich auch für das patriotische Pathos der Heldenepen nicht mehr recht begeistern. Anderer⸗seits aber war ihre Freude am Lesen durch die Zeit⸗schriften geweckt. Das ständige Theater von Pest förderte das Interesse für die Bühne. Die neuen Schrift⸗steller konnten dem französischen Einfluss gar nicht entgehen, hatte doch Bajza und sein Kreis durch kri⸗tische Aufsätze ihre Aufmerksamkeit darauf gelenkt. Die französische Romantik galt ihnen als nachahmens⸗

wertes Beispiel. Viele von den neuen Literaten hätten ohne den Ansporn der Zeitschriften und der Bühne wohl kaum zur Feder gegriffen. Da nun das Publikum nach ungarischen Originalwerken verlangte, wählten sie — im Geiste der französischen Romantik — Themen aus der ungarischen Geschichte. Wenn auch die Kenntnis der Geschichte selbst nicht viel tiefer war als zur Zeit der Romantik, hatte sich die Geschichtsauffassung dennoch stark gewandelt. Es galt nicht mehr als einziges Ziel, edle, grosse Helden vor den Leser hinzustellen, sondern man führte ihm auch die ärgsten Schreckgestalten der Geschichte vor. So u. a. Elisabeth Báthory, die in Jungfrauenblut badete, den verstümmelten Prinzen Vasul, die bis ins letzte Glied vernichtete Familie von Felizian Zach, die schreckliche Barbara Ekebontó. In den Dramen von Garay, Szigligeti, Kuthy und Gaál traten wahre Tiger und Hyänen in Menschengestalt auf. Man wollte nicht bessern, sondern bloss unterhalten. Während die historische Dramen- und Novellenliteratur zahlenmässig immer umfangreicher wurde, verseichte sie in künstlerischer Beziehung. Nationale Gesichtspunkte spielten in der Themenwahl kaum mehr eine Rolle. Auch Motive aus der Geschichte fremder Völker wurden vielfach herangezogen. Das vielumstrittene Drama des Grafen Ladislaus Teleki („Der Günstling") spielte im Rom des Altertums. Viele Dichter bevorzugten die romantische Vergangenheit der Italiener oder Franzosen. Vom nationalen Standpunkt aus sind diese Erzeugnisse nur von geringer Bedeutung. Fest steht nur, dass sie die Literatursprache förderten und — durch die Forderung der Bühnenmässigkeit — das Drama verbesserten und damit das Publikum heranzogen.

Ende 1830 war das Erscheinen des „Karthäusers" von Baron Josef Eötvös (1813—1871) das grösste Ereignis der ungarischen Literatur. Der Roman führte in ein fremdes Land und erschloss eine fremde Gesellschaft. Sainte-Beuve und Chateaubriand dienten nur als Beispiel, denn Eötvös — ein junger Magnat von europäi⸗scher Bildung — gestaltete in seinem französischen Romanhelden die schweren Krisen seiner eigenen Jugend und den ganzen Weltschmerz seiner eigenen, empfindsamen Seele. Der Reichtum an Gedanken er⸗setzt die Mängel des Charakterisierungsvermögens. Die Sentimentalität des Stils hilft über die langen Reflexio⸗nen und Beschreibungen hinweg. Dieses Werk „das Buch der Trauer" und „der Schmerzensschrei der Ge⸗sellschaft" erregte seinerzeit grosses Aufsehen. Petőfi selbst konnte ganze Teile des Buches auswendig.

Eötvös bewahrte sein tiefes Gefühl für Humanität bis an sein Lebensende. Aber die Sentimentalität sei⸗ner Jugend hatte er mit dem „Karthäuser" endgültig abgelegt. Grosse Taten und die Politik harrten nun sei⸗ner. Sein Lustspiel „Es lebe die Gleichheit!" führt schon in ein ungarisches Milieu und wies durch eine Reihe komischer Bilder auf die Verschrobenheiten der Adelsgesellschaft hin. Der hierauf folgende Roman „Der Dorfnotar" wurde zum Musterbeispiel des klas⸗sisch ungarischen politischen Tendenzromanes. Er be⸗leuchtet die vielen Auswüchse des Komitates und sollte — mit den Mitteln der Wortkunst — zentralisierende Anschauungen fördern. Schon Pulszky, sein erster Kri⸗tiker, erkannte, dass dieses Werk viel mehr als ein ein⸗facher Tendenzroman war. Das Komitat bildet nur den Hintergrund, und der Notar war eine symbolische Gestalt. Der wirkliche Held des Werkes war das ge⸗samte ungarische Volk, deren Leiden den Autor aufs tiefste erschütterten. Das Volk vertrat Viola. Seine Gestalt entstand wohl unter der Einwirkung der auf⸗kommenden Betyaren⸗Romantik, doch ist sein Schick⸗sal kein Einzelschicksal, sondern gleichzeitig ein ergrei⸗fendes allgemein⸗menschliches überhaupt. Dies mag auch der Grund sein, warum der Roman — nachdem seine Tendenz und sein Milieu schon längst veraltet sind — heute noch immer lebendig wirkt und zu fesseln vermag. Die Zeitgenossen schätzten weniger den Roman selbst als die durch ihn geleistete mutige Tat. Péterfy schrieb, das Streben der ganzen Nation stünde dahinter, gärendes Leben und eine historische Krise.

Eötvös arbeitete als Redakteur der „Pesti Hirlap" für die Zukunft seines Landes, vertiefte sich aber gleichzeitig auch in geschichtliche Studien. 1847 erschien sein Roman „Ungarn im Jahr 1514". Das Werk enthält nichts mehr von der träumerischen Geschichtsauffassung der Romantiker. Der Autor zitierte darin seine Quellendokumente, Chroniken — mit der Gewissenhaftigkeit eines Wissenschaftlers. Er wollte den Leser nicht unterhalten, sondern ihm durch die ansprechende Form des Romans reale geschichtliche Kenntnisse vermitteln. Die Wahl des Gegenstandes charakterisierte die demokratische Orientierung der Epoche. Eötvös beleuchtete den ersten grossen Aufstand des ungarischen Bauerntums, einen blutigen Zusammenstoss zweier sozialer Klassen. Es sollte der Gegenwart als Mahnung dienen, dass dem Volke, bevor es zu spät sei, menschliche Rechte verliehen würden.

Seine Zeitromane kennzeichnet eine objektive Nüchternheit. Er vermied das Pathos, und seine leidenschaftliche Parteistellung dämpfte er durch einen feinen Sarkasmus. Pulszky tadelte die zahlreichen Germanismen seiner Sprache und das Überwiegen des Gedanklichen in den Beschreibungen. Wenn man ihn aber mit den Zeitgenossen vergleicht, überragt er sie doch bei weitem. Er war zweifellos ein echter Künstler. Karl Obernyik z. B. liess in seinem Schauspiel „Herr und Bauer" durch seine Helden die plattesten politischen Leitartikel deklamieren, gerade in dem Augenblick, als die Explosion der tragischen Spannung erfolgen sollte. Auch Ignaz Nagy, der in seinen Romanen — nach dem Beispiel von Sue — das Leben der Hauptstadt darzustellen versuchte, liess seine Helden in stilisierten Leitartikeln schwelgen. Auch Ludwig Kuthy verfiel in diesen Fehler. Eötvös aber achtete auf die straffe Komposition seiner Romane. Die Ereignisse entwickelten sich schnell und dramatisch, derart, dass man ihrer Tendenz kaum noch bewusst werden kann. Die Figuren sind echte Menschen aus Fleisch und Blut, deren Schicksal den Leser zu fesseln vermag. Von einer leblosen Wiedergabe politischer Gemeinplätze fehlt auch jede Spur.

Der Roman „Die Schwestern" — den Eötvös nach dem Freiheitskrieg schrieb — spielt in der Zeit des Bauernaufstandes von 1831. Doch steht darin nicht so sehr die politische Tendenz, als vielmehr das soziale Leben und die Erziehung im Vordergrund. Doch fand er, ebenso wie das grosse, zweibändige staatswissenschaftliche Werk über die herrschenden Ideen des XIX. Jahrhunderts, nur wenig Widerhall. Bei ihrem Erscheinen hatte das Publikum in Jókai einen neuen Liebling gefunden, für dessen Romane es sich begeisterte. Das staatswissenschaftliche Werk — in dem Eötvös, ernüchtert nach den Träumereien seiner Jugend, die revolutionierenden Ideen von Freiheit, Gleichheit und Nationalismus analysierte und ihre Widersprüche aufdeckte und gleichzeitig das Bild eines realen Staates entwarf — konnte nur von ganz wenigen seiner Freunde verstanden werden. Im Ausland aber fand es Anklang: der Franzose Montalembert äusserte sich mit Begeisterung darüber.

Trotz seiner realen Einstellung vertrat Eötvös in der ungarischen Literatur, ebenso wie in dem öffentlichen Leben, das Beispiel eines edlen Idealisten. Trotz mancher Enttäuschungen — an Ideen, für die er kämpfte und an Menschen, die er zu sich emporhob — konnte er seinen idealen Glauben doch nie verlieren. Er gehörte auch zu den ersten, die das dichterische Genie und die Bedeutung von Petőfi erkannt hatten.

Die Handlung des „Der Dorfnotar" spielt in einem Komitat der Alföld, in kalvinistischer Umgebung. Die Wahl dieses Milieus war von Seiten des katholischen, in Pest geborenen Magnaten, ein Zugeständnis an die Zeit. Ludwig Kuthy (1813—1864) jedoch entstammte einem solchen Milieu, nach dem er sich Zeit seines Lebens zurücksehnte, obwohl er ein verwöhnter Liebling der hauptstädtischen Salons in den 40er Jahren wurde. Sein Roman „Die Geheimnisse der Heimat" — dessen Titel und dessen unwahrscheinliche, romantische Verwicklungen an Sue gemahnen — enthielt erstmalig das dichterische Erlebnis der Alföldlandschaft in der ungarischen Literatur. Auch Eötvös fühlte sich von dem ungarischen Bauern angezogen, doch entstammte sein Empfinden einer allgemeinen Menschenliebe. Für Kuthy galt der ungarische Bauer als der idealste Menschentypus. Er schwärmte für seinen östlichen Stolz, seine Liebe zu einem freien Leben und seine Herrschaft über die weite Puszta. Er erkannte seine Wortkargheit, die Neigung, sich über nichts zu wundern, aber dort, wo es nötig erscheint, kräftig zuzupacken. Kuthys Gefühle waren ausschliesslich auf die Bauernschaft gerichtet. Er verachtete die Aristokraten und wandte sich voller Hass gegen die Juden, in deren kapitalistischen Bestrebungen er eine grosse Gefahr für das Ungarntum erblickte.

In dem Erscheinungsjahr des Kuthyschen Romans beklagte Petőfi in einem Gedicht den Tod Peter Vajdas (1808—1846), „des treuesten Sohnes der Natur". Durch seine Abstammung aus dem Stand der Hörigen schien Vajda für die Aufnahme von revolutionären Ideen besonders geeignet, doch lag ihm die Schilderung des ungarischen Volkslebens weniger. Er war in Ungarn der einzige Schüler der deutschen Romantiker. Seine unklaren Erzählungen führen in die mystische Welt des fernen Orients. Die Schönheiten der Natur gestaltete er mit pantheistischer Schwärmerei und seine aufrührerischen Ideen verbarg er hinter allegorischen Bildern. Er starb jung, doch seine Werke wirkten befruchtend auf Petőfi und Jókai.

Josef Gaál (1816—1866), der volkstümlichste Bühnenautor und Novellist der 30er Jahre, war der echte Vorläufer des grossen Lyrikers der Alföld. Sein Lustspiel „Der Notar von Peleske“ brachte das Leben der Hortobágyer Puszta zum ersten Mal auf die Bühne. Doch während es hier nur reines Spiel war, wurde ihm in seinen Novellen die künstlerische Gestaltung der Alföld zu einer wahren Herzenssache. Durch seine Räubergeschichten schuf er die Grundlage für die „Betyáren-Romantik“, die leider später in der Vorstellung des Auslandes unzertrennlich mit dem Begriff der ungarischen Puszta verbunden war. Besonders wertvoll sind jene Beschreibungen der Alföld, welche, beinahe prophetisch, die kommende Gestalt Petőfis beschwören: „Für die Verherrlichung der Alföld genügt nicht die Weichheit eines Matthison. Ein reiches und starkes Herz gehört dazu, das mit shakespearescher Glut das Lob dieses Themas hervorzuschmettern vermag...“ Er selbst verherrlichte zunächst nur in stockender Prosa den Zauber der Fata Morgana, die das Meer in die Ebene zaubert, und die huschenden Irrlichter der Sümpfe, die den Wanderer an sich locken: „Die erste Morgenröte beleuchtet eine neue Welt. Nur die Ähren der endlosen Felder erstrahlen in ihr. Der Morgenwind schwebt darüber und jagt die Sonnenstrahlen vor sich her. Dann wird die ganze Landschaft zu einem Meer, dessen gelbe Wogen die Ähren sanft bewegen.“ Wenn auch einige Zeit später dieselben Motive in einer unvergleichlichen Instrumentierung ertönten, darf man Gaáls Verdienste als die eines Bahnbrechers doch nicht verkennen.

Das Volk rückte immer mehr in den Mittelpunkt des literarischen Interesses. Eduard Szigligeti (1814—1878) war bereits bekannt — er hatte über 100 Stücke geschrieben — als das Nationaltheater im Jahre 1843 seinen „Deserteur“ zur Aufführung brachte. Seinen Ruhm verdankte er bishin seinen im Geiste der französischen Romantik verfassten historischen Dramen und seinen zahlreichen Lustspielen. Sie waren die ersten Schauspiele in Ungarn, die der Forderung der Bühnenmässigkeit vollauf entsprachen. Seine ersten Volksstücke hatten mit dem ungarischen Volke noch kaum etwas zu tun. Er verpflanzte Wiener Volksstücke nach Ungarn und kleidete ihre Gestalten in ungarische Gewänder. Der Beifall des Publikums wurde weniger durch die demokratische Tendenz als vielmehr durch die in den Gang der Handlung lose eingefügten Volkslieder erweckt. Angefeuert durch die ersten Erfolge, schrieb er in kurzer Folge etwa 40 Stücke. Unter ihnen ragt der „Csikós" durch sein volkshaftes Milieu und seinen tragischen Konflikt hervor. Szigligeti schuf eine spezifisch ungarische Kunstform, welche durch seine Nachfolger zu künstlerischer Höhe geführt wurde.

Schon bevor das Volkslied durch die nationale Bühne sanktioniert wurde, hatte das Sammeln der Volksdichtung begonnen. Verglichen mit den westlichen Völkern und den in Ungarn lebenden Nationalitäten, hatte sich das Interesse der Ungarn selbst verhältnismässig spät eingestellt. In seinem 1828 erschienenen Handbuch führte Toldy noch kaum Volkslieder auf. Ein Grund hierfür dürfte in der eigenartigen ungarischen Entwicklung zu suchen sein. Die Romantiker näherten sich bereits der Volksdichtung, eine eigentliche Sammlertätigkeit aber nahm erst in den 30-er Jahren ihren Anfang. Die Zeitschrift „Remény" („Hoffnung") in Klausenburg (Kolozsvár) unter der Redaktion Johann Krizas, später Michael Szentivánis, entdeckte das Székler Volkslied und die Székler Ballade. Besonders Kriza wirkte auf diesem Gebiet. Nur Johann Erdélyi (1814—1868) hatte ihn übertroffen, der im Auftrag der Kisfaludy-Gesellschaft seine dreibändige Sammlung Ungarischer Volkslieder (1846—1848) herausgab. In seinen eigenen Dichtungen vermochte er jenes Ideal, das ihm das Studium der Volksdichtung vermittelte, kaum zu verwirklichen. Doch wirkten seine theoretischen Erörterungen bahnbrechend für das Verständnis eines Petőfi und des klassischen ungarischen Realismus. Er vertrat die Ansicht, das Hauptverdienst der Volksdichtung liege in der Realität, denn alles, was sie enthält, sei wahr. Eine solche Auffassung, die später durch die Dichtungen Petőfis eine Bestätigung fand, wurde auch von Petőfi selbst mit Begeisterung begrüsst. Petőfi schrieb an Arany: „Alles, was wahr ist, ist auch natürlich. Das Natürliche aber ist auch das Gute und — meiner Ansicht nach — auch das Schöne". Nach der Ansicht Erdélyis bestehe ein wesentlicher Zug der Volksdichtung in ihrem allgemein-menschlichen Charakter. Das Volk kennt weder ein Vaterland, noch eine Gesellschaft. Es kennt nur seine Heimaterde und seine Familie. Die Gefühle, von denen es singt, sind allgemein-menschliche Empfindungen und die Geschehnisse, von denen es berichtet, können sich bei jedem Menschen ereignen. „In den Volksliedern findet man zunächst nur allgemein-menschliche Empfindungen. Nur die Sprache und Besonderheiten des Ausdruckes weisen sie in das Bereich eines bestimmten Volkstums hin." Erdélyi stellt an die Kunstdichtung dieselben Anforderungen wie an die Volksdichtung. Auch diese müsse sich — ohne Unterschied der Nation oder des Standes — an alle Menschen wenden, sie soll ewige menschliche Empfindungen in eine künstlerische Form kleiden. Während beim Volke „die Besonderheit seiner Ausdrucksweise" gerade im Volkshaften liegt, bestimmt die Persönlichkeit eines Dichters sein Talent der Sprachen- und Formgestaltung. Der höchste künstlerische Ausdruck der Persönlichkeit ist die letzte Erfüllung der Dichtkunst. Diese Sätze sollten später Arany den inneren Sinn seiner Dichtung beleuchten.

Die zweite Generation der Reformzeit hinterliess zwar keine unsterblichen Werke — die besten Romane Keménys erschienen erst nach dem Freiheitskrieg —, doch gebührt ihr das Verdienst, dem ungarischen Geistesleben neue, europäische Ideen zugeführt zu haben. Auch gelang es ihr, das Volk der Literatur näher zu bringen. Durch die schöne Literatur wurde der Kreis der Leser erweitert. Der Einfluss beschränkte sich nicht nur auf die Heimat, sondern führte auch zu Erfolgen im Ausland. Die Romane von Eötvös wurden ins Deutsche übersetzt und die Stücke Szigligetis gelangten auch in Wien zur Aufführung. Sein bestes Lustspiel „Liliomfi" wurde von keinem geringeren als Nestroy plagisiert.

Der grösste Teil dieser Literaten war weniger dichterisch als vielmehr theoretisch interessiert. Besonders in der Kritik lag ihre Bedeutung. Sie befreiten die ungarische Kritik von ihrer Abhängigkeit von Deutschland und beurteilten die Werke der ungarischen Literatur nach ungarischen Gesichtspunkten. Auf dem Gebiete der Wissenschaften fühlten sie sich am meisten heimisch. Eötvös war Philosoph, Erdélyi Ästhetiker, Szalay Historiker, Pulszky Archäologe von bahnbrechender Bedeutung, Henszlmann Kunsthistoriker und Szigligeti schrieb ein ästhetisches Werk über „das Drama und seine Gattungen". In der Zeit nach dem Freiheitskrieg trennten sie sich langsam von dem literarischen Leben. Doch könnte man sich ohne ihr Wirken das plötzliche Erscheinen von Petőfi, Arany und Jókai kaum vorstellen.

IV.

Die grosse Aufgabe, die Verschmelzung zwischen der adeligen Nation mit dem Volke vorzubereiten, harrte der Dichter in den 40-er Jahren des Jahrhunderts.

Die Reihen der Generationen der Romantiker und der Politiker waren bereits in Auflösung geraten. Die politischen Kämpfe standen im Mittelpunkt des Interesses der gesamten Nation. Kossuth gründete die Zeitung „Pesti Hirlap", deren Leserzahl bald in die Tausende ging. Gleichzeitig nahmen die Abonnenten des „Athenaeum" rapide ab, so dass die Redaktion sich genötigt sah, die Zeitschrift ganz einzustellen. Vörösmarty schrieb keine Dramen mehr, sondern redigierte grammatikalische Werke, um den Lebensunterhalt für seine vielköpfige Familie zu verdienen. Nur durch seine vertiefte Lyrik wirkte er noch auf die Entwicklung der Nation. Bajza redigierte eine Weltgeschichte, Czuczor bereitete das grosse Sprachenlexikon der Akademie vor, und Toldy nahm — neben verschiedenen anderen Arbeiten — den Bibliothekarposten der Akademie an. Die Generation der Romantiker wurde durch die Sorgen ums tägliche Brot zermürbt.

Der Kreis um Eötvös stürzte sich mit aller Leidenschaft in den reissenden Strom der Politik. Er gab politische Revuen heraus, die nicht von langer Dauer waren. Eötvös und Szalay übernahmen später von Kossuth die Redaktion des „Pesti Hirlap". Auf dem Landtag wurde eine neue, die sogenannte Zentralisten-Partei, gegründet, die die zwischen Széchenyi und Kossuth immer stärker werdenden Gegensätze überbrücken sollte. Johann Erdélyi stellte sich an die Spitze der Bewegung, die sich die Sammlung der ungarischen Volkslieder zur Aufgabe gemacht hatte, und gab den „Szépirodalmi Szemle" („Literarischen Beobachter"), die erste ungarische kritische Zeitschrift von hohem Niveau, heraus. Der Spielplan des Nationaltheaters wurde von den Volksstücken Szigligetis beherrscht. Frankenburg und sein Kreis redigierten — in der Art des Wiener Biedermeier — literarische Modeblätter, in denen allerdings, neben den Gedichten Vörösmartys, auch die literarischen Leistungen der jüngsten Generation veröffentlicht wurden.

Das fieberhafte Tempo des ungarischen literarischen Lebens förderte die Magyarisierung von Pest-Ofen in besonders starkem Masse. Auch die deutschen Bürger fanden an den Opern eines Erkel Gefallen, und für diejenigen, die die Romane Eötvös' und Jósikas noch nicht im Original zu lesen vermochten, gaben die Verleger auch deutsche Übersetzungen heraus. Die deutsche Ausgabe des „Dorfnotars" erschien sogar noch früher als die ungarische. Dies hatte zur Folge, dass die deutschsprechende Inteliigenz fast unmerklich im Magyarentum aufging. Die Redaktionsposten der deutschsprachigen Zeitungen und Zeitschriften wurden nicht mehr durch Deutsche, sondern durch Juden besetzt. Sie übernahmen in der Folge die Vermittlung zwischen ungarischer und deutscher Kultur. Die Verlagsanstalten befanden sich zunächst noch in deutschen Händen, doch förderten sie — aus geschäftlichem Interesse — die ungarische Literatur und zahlten an die Autoren angemessene Honorare. Da auch die politischen Zeitungen und die Modeblätter an die Mitarbeiter Honorare bezahlten, folgte jenes „goldene Zeitalter" der ungarischen Literatur, in welchem die Dichter Ungarns, zwar bescheiden, aber immerhin doch von dem Ertrag ihrer Arbeit leben konnten.

Mitten in diesem geänderten literarischen Leben der Hauptstadt erschien zu Anfang der 40-er Jahre als eine einheitliche Gruppe die allerjüngste Generation der Epoche, die sich voller Stolz als „Junges Ungarn" bezeichnete. Ihr Generationsbewusstsein hatte sich bereits im Gymnasium, in der patriotischen Atmosphäre der Selbstbildungsvereine entwickelt. Die Selbstbildungsvereine spielten in der Zeit eine Rolle und hatten auf das gesamte nationale Leben ihre Wirkung. Sie waren in den slowakischen und deutschen Gymnasien als Resultat der romantischen Bewegung entstanden, die das nationale Bewusstsein überall zu neuem Leben erweckt hatte. Bald wurden sie auch in kalvinistische Kollegien der rein ungarischen Gebiete eingeführt, an denen der Unterricht in ungarischer Sprache bereits seit dem Anfang des Jahrhunderts immer mehr gepflegt wurde. Die Selbstbildungsvereine der Kollegien von Pápa, Sárospatak, Debrecen, Klausenburg (Kolozsvár) und Nagyenyed gelangten sogar zu literarischer Bedeutung. Es brachte schwerwiegende Folgen mit sich, dass die Selbstbildungsvereine in den katholischen Gymnasien keinen Anklang fanden. Infolge ihrer lateinischen Bildung mussten diese naturgemäss hinter der stürmisch fortschreitenden ungarischen Entwicklung zurückbleiben, während die Selbstbildungsvereine die Jugend dem Leben näher brachten. Die Selbstbildungsvereine vermittelten auch die Kenntnis der lebenden Grössen der ungarischen Literatur, der Werke Vörösmartys, Kölcseys und Bajzas. In edlem Wettstreit miteinander machten die Jünglinge auch ihre ersten literarischen Versuche. Sie stellten die Beziehungen untereinander her und verschafften sich, mit Hilfe ihrer namhaften Führer, die Verbindung zu dem literarischen Leben in der Hauptstadt.

Als diese Jünglinge sich am Anfang der 40-er Jahre in Pest trafen, kannten sie sich nicht nur gegenseitig, sondern verfolgten auch im wesentlichen dieselben Ziele. Ihre Richtung und Gedankenwelt waren völlig die gleiche. Sie zählten kaum erst zwanzig Jahre — ein Alter, in dem andere Generationen höchstens die ersten, zaghaften Schritte tun — und hatten schon eine Vergangenheit hinter sich. Die meisten unter ihnen waren sozusagen Wunderkinder. Jókai verfasste mit 17 Jahren ein Drama, das in der Konkurrenz des Nationaltheaters durch Lob ausgezeichnet wurde, Gabriel Kazinczy gab im gleichen Alter einen Band Dichtungen heraus, und Koloman Lisznyai war auch nicht älter, als er schon zu den Mitarbeitern des „Athenaeum" gehörte. Bajza dürfte kaum gewusst haben, dass Gyulai erst 16 Lenze zählte, als er seine ersten Verse herausgab. Auch Tompa trat jung hervor. Nur das Talent Johann Aranys, des Notars von Nagyszalonta, reifte — gleich einem edlen Weine — langsam heran. Petőfi hingegen darf wiederum als das reinste Wunder gelten. Er, der anerkannte Führer der Generation, hinterliess nach seinem Tode, er starb schon mit 26 Jahren, ein Lebenswerk, das ihm Unsterblichkeit sicherte.

Diese Generation hatte wahrhaftig schon eine Vergangenheit, noch bevor sie wirklich ins Leben hinaustrat. Dieser Umstand dürfte dazu beigetragen haben, dass sie ohne jeglichen Kampf ihren Platz in dem literarischen Leben von Pest inne hatte. Fast unmerklich verwuchs sie mit ihm und stand plötzlich als einheitliche Gruppe darin. Die jungen Literaten, die einem anderen Kreise entstammten — an erster Stelle die Schüler der katholischen Unterrichtsanstalten —, waren zahlenmässig gering und glichen sich bald den anderen an. Die katholischen Dichter-Priester — namentlich Sujánszky, Tárkányi, Jámbor — bildeten ein eigenes Lager und die Literaten von deutscher und jüdischer Abstammung — wie z. B. Karl Kertbeny, Adolf Dux und Maximilian Falk — blieben auf eine Vermittlerrolle beschränkt.

Die Jünglinge waren zum grössten Teil nichts anderes als Dichter, sie wollten von ihrer Feder leben und arbeiteten eifrig an den Modeblättern mit. Ihrem Generationsbewusstsein gaben sie auch nach aussen hin Ausdruck, als sie die Gesellschaft der Zehn begründeten. Ihre Zeitschrift wurde von der Behörde untersagt, doch als Jókai und Petőfi im Jahre 1847 von Frankenburg die Redaktion der „Életképek" („Lebensbilder") übernahmen, machten sie es zu dem Organ des Jungen Ungarn. Die kleinlichen Angriffe der konservativen Kritik wurden zum Schweigen gebracht, und sie hatten die Gunst der Leser auf ihrer Seite.

In der neuen Generation waren alle Landschaften Ungarns und alle sozialen Klassen des Ungarntums vertreten. Ins Ausland war kaum einer ihrer Vertreter gelangt, umso besser kannten sie aber ihr eigenes Land und Volk. Über die Nationalitätenfrage hatten sie keinerlei Illusionen. Schon in ihrer Schulzeit hatten sie Gelegenheit gehabt, die weitgehenden Reformabsichten der Slowaken, Rumänen und Südslawen kennen zu lernen und verloren die Hoffnung, dass deren Bewegung durch gewaltsame Magyarisierungsversuche unterdrückt werden könnte. Sie vertraten dieselbe Ansicht wie Széchenyi: „Es ist nicht so leicht, die Sprache und die nationale Eigenheit auch nur zu sichern. Wie viel schwerer ist es aber, ihnen eine weniger weite, aber umso festere Grundlage zu verschaffen. Sind doch weder Rede und Gefühl, ebenso wie Zungenschlag und Herzschlag identisch. Ja, selbst der, der das Ungarische mit der grössten Beredsamkeit beherrscht, braucht deshalb noch lange kein Magyare zu sein". Die Jugend bekannte sich zu dieser höhergestellten Nationalität und wachte eifersüchtig, dass keine Fremden sich in ihre Reihe drängten. Als Idealbild galt der reinrassige kalvinistische Magyare der Alföld. Der Grund lag darin, dass die Tiefebene ein uraltes magyarisches Ansiedlungsgebiet war und die Kalvinisten bereits seit Jahrhunderten ihre Gebete in ungarischer Sprache verrichteten. Petőfi war stolz darauf, dass er aus der Kiskúnság stammte und schämte sich, dass er der evangelischen Kirche angehörte.

In der Dichtung dieser Generation spiegelte sich das gesamte Ungarland und das einheitliche ungarische Volk. Die Romantiker hatten in ihrer Dichtung hauptsächlich nur die Hügellandschaft Transdanubiens besungen. Petőfi wurde der unsterbliche Sänger der weiten Ebene, der endlosen Fläche der Alföld. Die „Feensagen" Tompas umworben die Burgen Oberungarns mit magyarischem Geist und nachdem Jósika und Kemény durch ihre Romane die Vergangenheit Siebenbürgens wiedererweckt hatten, beschworen die neuen Dichter seine landschaftlichen Schönheiten: die Schatten der Tannenwälder, das Rauschen der Bäche und die Blumen der Berggipfel. Petőfi durchstreifte das Land und belebte alles mit neuem Geiste. Alles, dem er die Weihe seiner Dichtung gab, wurde ein für allemal magyarisch. Die Literatur der Romantiker war eine adelige Literatur, die Literatur der Politiker-Generation hingegen war importiert, mit Ausnahme ihrer grössten Vertreter. Das Junge Ungarn hob die namenlosen Millionen des rechtlosen, geknechteten Volkes empor. Es gab seiner Sprache eine dichterische Höhe und veredelte die Gestalt des Bauern zum Symbol der magyarischen Urkraft. Eine seelische Landnahme ging — so=zusagen in letzter Stunde — vor sich. Der öster=reichische Absolutismus und die Nationalitäten mit ihren Machtgelüsten standen schon bereit, dem uralten magyarischen Staat den Todesstoss zu versetzen.

Die jungungarische Bewegung war rein magyari=schen Gepräges. Ihre Mitglieder lernten schon in frü=hen Jahren an Vörösmarty, Kölcsey und Bajza die dichterischen Formen der ungarischen Sprache. Die Werke Széchenyis öffneten ihre Augen für die Probleme des Ungarntums. Durch ihre Abstammung waren sie mit tausend Fasern an das ungarische Volkstum gebun=den. Dennoch packte sie alsbald das Fieber des Euro=päertums. Sie warfen ihre Schulbücher beiseite und studierten bereits in der Schulzeit mit Eifer die Spra=chen des Westens, um die Werke der deutschen, fran=zösischen und englischen Dichter im Original lesen zu können. So ausgerüstet kamen sie in die europäische Atmosphäre von Pest. Sie schwärmten für Heine, Börne und noch mehr für die Franzosen. „Alle miteinander waren wir Franzosen", — schrieb Jókai — „ausser Lamartine, Michelet, Louis Blanc, Sue, Victor Hugo und Béranger lasen wir keine anderen Autoren." Schon diese Namensliste dürfte beweisen, dass die Jugend sich in der Auswahl ihrer französischen Vorbilder we=niger durch ästhetische als vielmehr durch politische Interessen bestimmen liess. Ihre Begeisterung galt nicht dem Schönen, sondern den Propheten der Tat. Die Wirkung der Engländer — eines Byron, Dickens und Shelley — war nachhaltiger. Ende der 40=er Jahre ver=banden sich Vörösmarty, Petőfi und Arany zur Über=setzung der Werke Shakespeares.

Doch schon lange vor den fremden Einflüssen hatte sich die ungarische Kultur in ihrer Seele ge=festigt. Die ausländische Bildung glich einem fremden Schmuck an einem uralten magyarischen Bau, der mit den edlen Linien des Grundrisses harmonisch ver=schmolz.

Der Geist war völlig individuell. Die Vorgänger und die fremden Vorbilder regten ihn an. Als die Jugend in das literarische Leben trat, durchlebte sie jene Krise der Entwicklung, in der die Luftschlösser des Kinderglaubens einzustürzen pflegen, und die Seele leer und ausgeplündert sich nach neuen Wahrheiten und einem neuen Glauben sehnt. Sie schwärmte für alles Aussergewöhnliche, riss alles, was Autorität hiess, in den Staub, und wehrte sich gegen jede Art von Einschränkung oder Fessel. Sie reagierte auf alle Einflüsse der Aussenwelt, nahm alles in sich auf, doch ohne das Vermögen, dies auch richtig zu verarbeiten. Dieser Seelenzustand konnte, in Verbindung mit der liberalen Strömung der Zeit, nichts anderes als eine Entfernung von allem Herkömmlichen und eine revolutionäre Gesinnung hervorbringen.

Jung-Ungarn liebte das Vaterland heiss und war zu jedem Opfer bereit. Doch bedeutete dies seinen Vertretern nichts Neues mehr. Es schien ebenso selbstverständlich wie etwa die Liebe zu den Eltern. Es war für sie das Lebenselement, ohne das sie nicht existieren konnten, über das sie sich aber weder wunderten, noch weitere Worte verloren. Unter den Schöpfungen der jungen Generation gab es nur wenige patriotische und politische Dichtungen. Während aus jeder Zeile des Eötvös'schen Kreises der Zeitgeist sprach, erkannte man nur an dem Stil ihrer Arbeiten die Epoche, der sie angehörten. Der Ideengehalt hätte sie nicht verraten.

Was mochte der Grund hierfür sein? Wie war es möglich, dass sich diese Jugend in solchem Masse dem Zwang der Zeitströmung entziehen konnte? Es gibt nur eine Antwort, und zwar diese, dass die ganze Generation fanatisch an die Wirklichkeit glaubte. Petőfi sagte, nur das sei schön, das wirklich ist. Jeder seiner Genossen glaubte dasselbe. Der Patriotismus der Epoche ergoss sich in immer gleichen, leeren Phrasen. Vörösmarty und sein Kreis hatten dem Nationalgefühl ewig währende dichterische Formen geprägt. Nun glaubte jeder Gelegenheitsreimer, wenn er bloss — auch ohne Gefühl und Inspiration — Verse nach dem Muster der Grossen fabrizierte, dass er ein Dichter sei und auf Erfolg Anspruch erheben könne. Die Begabten unter den neuen Jungen wollten keinen Anteil an dieser falschen, dissonanten Art. Für ihr eigenes nationales Empfinden aber hatten sie zu Anfang — mit Ausnahme Petőfis — noch keine individuelle Ausdrucksform gefunden.

Doch bald sollte aus ihren Werken eine neue Stimme klingen. Nicht das Herz erhebende Lied der Nachtigall, des Vogels der Dämmerung, sondern der kämpfende, mutige Ton der Lerche, die den Sonnenaufgang begrüsst. Die innerliche Revolution der Jugend wurde ins Leben hinaus verlegt. „Von den sicheren Gewässern Széchenyis liessen sie sich zu dem uferlosen Meere des europäischen Liberalismus verführen; aus der realen Ordnung, die den Anforderungen Ungarns angepasst war, in den internationalen Liberalismus einer revolutionären Freiheitsidee.“ (Szekfű.) Széchenyi hatte ja verkündet: „In die Wälle der Verfassung muss auch das Volk eingeführt werden, denn nur mit vereinten Kräften lässt sich die Burg halten“. Die Demokratie Széchenyis wurzelte nicht im Liberalismus, sondern im Patriotismus und in einem gläubigen, tiefen Katholizismus. Er wollte dem ungarischen Volke Rechte geben, damit die adelige Nation erstarke und die unterdrückten, in menschenunwürdigem Dasein schmachtenden Hörigen Gottes Antlitz gleichen könnten. Die Jugend hatte die nationalen und religiösen Ziele verdrängt und an ihrer Stelle importierten revolutionären Ideen Platz gegeben. In dem Nebel dieser Ideenwelt trat sie nicht mehr mit Wünschen, sondern mit Forderungen auf. Széchenyi war ein Aristokrat, die Jugend aber war sich ihrer Zugehörigkeit zum Volke bewusst. Zwei entgegengesetzte Pole stiessen aufeinander. Obwohl das Ziel von beiden das gleiche war, unterschieden sie sich doch durch Ton und Weg, durch die sie dahingelangen wollten. 1846 schmetterte Petőfi sein Revolutionssignal hervor:

Mir träumt von Tagen blutigrot,
Die diese morsche Welt vernichten
Und auf dem alten Trümmerschutt
Die starke neue Welt errichten.

Petőfi forderte „im geheiligten, grossen Namen der Menschheit" Rechte für das Volk. Der Gedanke Széchenyis wurde dabei nur gestreift: „Gleichzeitig auch im Namen des Vaterlandes, das, falls es keine neue Stütze bekommt, einstürzen muss".

Die neue Jugend hatte keinen traditionellen christlichen Glauben mehr. Ihre Schulen vermittelten ihr ein anderes Erbe. Gierig sog sie die heidnischen Ideen der französischen Revolution ein und schwärmte für die Philosophie der Shelleyschen Dichtungen. Sie hatte das Kreuz aus ihrem Herzen gerissen — ähnlich den französischen Sansculottes — und wandte sich von allem hasserfüllt ab, was sie an die Macht der positiven Religion erinnerte, an erster Stelle aber von der katholischen Kirche. Was aber vermochte sie an Stelle des Kreuzes zu setzen? Manche waren von pantheistischer Schwärmerei erfüllt, andere wieder — und diese waren in der Mehrzahl — huldigten dem Gott der Freiheit. Die konservative Zeitschrift „Honderü" von Lazarus Horváth klagte im Jahre 1843 voll Besorgnis: „Im Gestammel der Jugend hebt die Hydra der Gottlosigkeit ihr Haupt hoch. Sie beginnt mit Zweifeln und bringt die Zügellosigkeit, die Demoralisation und alle Arten der Illoyalität mit sich". Das war allerdings stark übertrieben. Wenn auch die Jugend nicht religiös war, war sie dennoch von einer bewundernswerten Reinheit. Der Freiheitsdrang entartete nicht in Zügellosigkeit, sondern wies den Weg zur menschlichen Vollkommenheit.

In der Dichtung trat das Nationalgefühl zurück und die besonderen Probleme der Nation verloren an Bedeutung. Revolutionärer Tatendrang erfüllte die Jugend. Sie hatte von den Vorgängern das Bewusstsein geerbt, dass die Verhältnisse des Landes von Grund auf krank seien. Die Gegenwart erschien ihr als anachronistisches Erbe der Vergangenheit, und sie blickte fieberhaft gespannt der ersehnten Zukunft entgegen. Sie glaubte nicht mehr, dass die Lage des Magyarentums durch Reformen gebessert werden könnte. Ihre Vertreter waren zu jung, als dass sie dazu — gleich der Generation Eötvös' — die Möglichkeit gehabt hätten. Man wollte keine Flicken mehr anbringen, sondern wünschte die Nation in völlig neues Gewand zu kleiden. Petőfis Gebet erklang:

Ich flehe nur um Eins:
So wie es ist, so kann es sich nicht halten,
Oh, schaff' das Vaterland aufs neue um!
Erhör' mich, Herr der himmlischen Gewalten!

Da aber das Wunder auf sich warten liess, packte ihn von Zeit zu Zeit die Verzweiflung. Vörösmarty klagte darüber, dass seine Landsleute das Vaterland nicht genügend liebten, dass sie weder opferbereit genug wären, noch genügend Sinn für Fortschritt hätten. Petőfi schämte sich dessen, dass, während in anderen Ländern bereits das Morgenrot der Freiheit am Horizont erschien, es in Ungarn noch nicht einmal zu dämmern begann.

Der Unterschied zwischen den beiden Dichtern charakterisiert auch die Zeit selbst. An Stelle eines romantischen Nationalgefühls trat die Begeisterung für die Freiheit. In Eötvös und seinem Kreise verschmolzen sich die beiden Empfindungen. Unter der Freiheit verstanden sie an erster Stelle die Befreiung von dem österreichischen Joch, wofür bereits Thököly und Rákóczi gekämpft hatten. Freiheit war ein konkreter Begriff, ein fest umrissenes Programm: das Ende der Unterdrückung und gleichzeitig auch der Inbegriff der nationalen Erneuerung, deren hohes Ziel ihnen stets vor Augen schwebte. Die allerjüngste Generation erbte von alledem hauptsächlich einen tiefen Hass gegen die Tyrannei. Der konkrete Begriff der Freiheit trat zurück und wurde langsam mit dem Gottesgedanken identifiziert. Petőfi bezeichnete sich selbst als „einen Heiden, der die Freiheit anbetet".

Die Freiheitsidee als Religion musste die Fesseln einer nationalen Begrenzung sprengen und erweiterte sich zu der Idee einer Weltfreiheit. Die Vertreter der jüngsten Generation fühlten sich nicht nur als Söhne ihrer Nation, sondern auch als Weltbürger, als Kinder ihres Jahrhunderts. Sie glaubten, dass von Westen her eine mächtige Strömung nahe, die alles Morsche und Alte aus der Welt schaffen müsste. Ungarn sei eine kleine, isolierte und rückständige Insel, die Fluten einer neuen Zeit umspülten schon seine Ufer und sie, die Jungen, wären die ersten Sturmvögel, die von der drohenden Gefahr Kenntnis hätten.

Der März des Jahres 1848 brachte unverhofft und kampflos den Sieg der Freiheit. Die Jugend war vor Freude trunken. Selbst die früher Mutlosen glaubten nun an eine neue Zukunft und die Jugend hoffte nun erst recht, dass all ihre kühnsten Träume zur Wahrheit würden. Da aber entbrannte der Freiheitskrieg. Der ungarische Honvéd sah seine einstigen Schulkameraden, Slowaken, Serben und Rumänen, auf der feindlichen Seite. Statt mit geistigen Waffen, standen sie sich nun mit dem Schwert gegenüber. Die Dichter Ungarns riefen zum Kampf auf. Es war eine Zeit, in der die Wirklichkeit zum Traume wurde und die Phantome fiebernder Gehirne lebendig wurden.

Die Träume aber sollten bald verfliegen, und die Jugend musste, voll bitterster Enttäuschung, die Wirklichkeit kennen lernen. Der mächtige Freiheitsdrang war im Westen bereits versiegt. Die kleine Insel der Ungarn kämpfte — im Namen der Weltfreiheit — gegen eine ganze Welt von Feinden. Der Dichter besann sich voll schmerzlicher Erkenntnis, aber mit einer neuentfachten Liebe auf sein Ungarntum.

Die letzte Katastrophe nahte bereits. Der Seher, der zu friedlichen Zeiten von blutigen Kämpfen träumte, bekam Abscheu vor dem Blutvergiessen. Der Lerchengesang gemahnte ihn nun nicht mehr an die Freiheit, sondern an Frühling und Frieden.

Sing immerzu, lieb Vöglein Du,
Dein Lied, es bringt mir in den Sinn,
Dass nicht nur Mordwerkzeug: Soldat,
Nein, dass ich auch ein Dichter bin.

Bei Deinem Lied die Seele mein
Der Poesie und Liebe denkt,
Der Gunst, die dieses Götterpaar
Geschenkt mir schon und fürder schenkt.

Die Frage, ob Schwert oder Gesang, schien der Dichter in seinem Innern bereits gelöst zu haben. Doch das Schicksal hatte auch schon über ihn entschieden. Die beiden Göttinnen nahmen ihre schirmenden Arme von ihm und gaben ihn seinem Verhängnis preis . .

Der Zeitgeist hatte Jung-Ungarn von dem geheiligten Nationalgefühl der Romantiker weit abgetrieben. Doch wenn wir nicht auf die Worte, die aus den überquellenden Herzen strömten, achten, sondern einzig und allein auf die Taten, die sie durch ihr Werk vollbrachten, müssen wir, trotz allem, dennoch zugeben, dass keine andere Generation für die Verwirklichung der Idee der nationalen Einheit so viel geleistet hat, wie gerade die Generation von Petőfi. Für Széchenyi galt die national-völkische Einheit als eine hohe Idee, die er vom überlegenen Standpunkt einer aristokratischen Macht aus zu gestalten suchte. Eötvös neigte sich mit dem warmen Herzen des Menschenfreundes zu allen Leidenden der Unterdrückten. Für Petőfi und seinen Kreis aber bedeutete das Volk etwas wahrhaft Lebendiges, ja die Urquelle allen Volkstums. Indem Arany und Petőfi dem ungarischen Charakter mit höchstem künstlerischem Vermögen in der Volkssprache einen Ausdruck gaben, kamen sie — ohne jeglichen Kampf um Theorien — ihrem heiss ersehnten Ziel näher. „Es war die Aufgabe Deines Genius" — schrieb einer seiner Freunde an Petőfi — „dass Du die gesamte Nation, vom prunkvollen Palast bis zur armseligsten Hütte, mit dem Strahlenglanz Deines Gesanges umfasstes."

Petőfi und seine Genossen hatten diese Aufgabe auch wahrhaft erfüllt. Ihre Verdienste um die Literatur sind aber noch grösser. Durch ihr Werk wurde die ungarische Literatur zu einem Bestandteil der Weltliteratur. Ihnen gebührt dies grosse Verdienst, denn sie waren es, die die Probleme des Ewig-Menschlichen in ungarischer Sprache und mit den höchsten künstlerischen Mitteln zum Ausdruck gebracht haben.

Die Dichtung des Jungen Ungarn.

Das Auftreten Alexander Petőfis (1823—1849) war nicht von revolutionären Kämpfen begleitet. Der kaum zwanzigjährige Dichter wurde von den „Arrivierten" mit einer beispiellosen Wärme und Freude empfangen. Sein erstes Gedicht veröffentlichte Bajza auf den exklusiven Seiten des „Athenaeum". Vörösmarty, zu dem Petőfi — ein armer, hungernder Wanderschauspieler — als dem grössten Manne des Landes pilgerte, besorgte die Ausgabe des ersten Bandes seiner Gedichte. Imre Vahot machte ihn zu seinem Hilfsredakteur, und die Modezeitschriften rissen sich um seine Gedichte. Er wurde glänzend honoriert, zu seinen begeistertsten Kritikern gehörten die grössten Namen der Epoche, und das Publikum betete ihn an. Wenn er in die Provinz reiste, feierte man ihn mit Fackelzügen, Musik und patriotischen Reden, man bereitete ihm Empfänge, wie sie bis dahin nur den grössten Politikern zuteil waren. Eötvös berichtete über ihn: „Ich kann mich gar nicht besinnen, dass in der ungarischen

Literatur, ausser Petőfi, auch noch ein anderer Dichter die allgemeine Aufmerksamkeit so schnell auf sich gelenkt hätte. Kaum waren seine ersten Lieder erschienen, als Vörösmarty strahlend schon seine an ihn geknüpften Hoffnungen verlauten liess. Bald nach ihrem Erscheinen wurden die Lieder auch schon vertont und der Dichter konnte hören, wie seine Werke vom Volke gesungen wurden".

Dieser begeisterte Empfang galt zunächst nur dem „Volksdichter" und nicht dem wahren Petőfi. Freilich hatte er (der sich als junger Wanderschauspieler abwechselnd noch als Petrovics, Paul Pönögei Kis oder Petőfi unterzeichnete) es gar nicht nötig, etwa wie Kölcsey, die Seele des Volksliedes zu studieren oder wie Kisfaludy, seine Form bewusst zu imitieren, denn seine Verse strömten leicht und selbstverständlich, als ob die Seele seiner ganzen Rasse aus ihnen sprechen wollte.

Kleine Geschehnisse, die er mit bewunderungswürdiger Geschlossenheit zu gestalten wusste, zeigten mit prägnanter Klarheit das ewige Bild des Volkes („Das gestohlene Pferd", „Ich bin in die Küche gegangen", „Der Schäfer reitet auf dem Esel").

Den Ruhm des „Volksdichters" überflügelte der Ruf eines Sängers des köstlichen, weinseligen Rausches:

Sagt, wieviel der Gläser leerten
Wir bis jetzt?
Was, nur fünf! Die haben fest uns
Zugesetzt.
Sonst war mir das Doppe... pelte nur ein Spass,
Jetzt jedoch schwankt schon mein Fuss beim fünften Glas.

Der brave bürgerliche Leser ahnte gar nicht, dass jener flotte Bursche, der in seinem Liede die Theiss zu Wein verwandeln wollte, in Wirklichkeit die bitterste Not litt, nichts zu essen hatte, und wenn er im ungeheizten Zimmer seine Verse schrieb, die klammen Finger höchstens an der brennenden Pfeife erwärmen konnte. Er spielte seine Rolle mit einer Vollkommenheit, dass selbst Tompa ihn blos für einen „wasserscheuen Gesellen“ hielt. Nur der Dichter allein wusste um seine Bestimmung.

Eine Weile trieb er noch seine Spässe mit seinen selbstgeschaffenen Genre-Gestalten. Mit reizvollem Humor beschwor er die Geister Gvadányis und Csokonais. In dem „Helység kalapácsa“, diesem vielfach missverstandenen „Heldenepos“, liess er seiner jungenhaften Laune freien Lauf. Er besang in der edlen, pathetischen Art Vörösmartys das Vaterland, doch war ihm, ebenso wie dem Volk, seine engere Heimat, die weite ungarische Puszta, mehr noch ans Herz gewachsen. Er hatte eine ganz persönliche Beziehung zu der Alföld. Seine Landschaftsdichtungen („Die Alföld“, „Die Theiss“, „Kiskunság“, „Die winterliche Puszta“, „Die Trümmer der Csárda“) sind Beispiele einer ganz persönlichen Lyrik. Eine tiefe innere Konzentration kennzeichnet alle diese Gedichte Petőfis. Er betrachtete die Landschaft nicht als etwas ausserhalb Stehendes. Er ging auch nicht mit den Augen des Malers, der sie etwa darstellen wollte, an sie heran, sondern sah in der Puszta ein Abbild seiner eigenen Seele. Die Betrachtung zwang ihn zur Selbstbesinnung, Vertiefung und Reflexion. Zuweilen auch identifizierte er die Puszta mit der Freiheitsidee, die ihn vom ersten Augenblick seines Auftretens an vollkommen erfüllte:

O du mein schönes Tiefland, frei und weit,
Dir bleibt mein Herz gewidmet alle Zeit.
Das Hochland — Berg und Tal und Schluchten wild,
Ein Buch, wo's immer nur zu blättern gilt;
Doch du, mein Alföld, das nicht Berge hat,
Du bist und bleibst für mich ein offenes Blatt,
Und was darauf geschrieben gross und wahr,
Mit einem raschen Blick wird es mir klar.
... Die Puszta ist für mich der Freiheit Bild,
Die Freiheit ist der Gott, der mich erfüllt...

Die Alföld, diese charakteristische Landschaft Ungarns, fand in Petőfi ihren unsterblichen Gestalter. Seit nahe 100 Jahren schon betrachtet sie jeder Ungar mit Petőfis Augen.

In dem Epos „Helység kalapácsa" verhöhnte er das Pathos der klassischen Epen und ihre Ossianische Düsterheit. Durch seinen „Held Johann", den er in der Gefolgschaft des Prinzen Argyrus und des Tündérvölgy schrieb, schuf er das epische Gegenstück zu seinen Volksliedern. Nach Pulszky war die Muse Petőfis die goldblonde Fee aus den ungarischen Volksmärchen, deren Lächeln einer Rosenknospe und deren Tränen Perlen gleichen, die aber mit nackten Füsschen zum Bach schreitet. Doch das, was er gab, war viel mehr als nur ein gereimtes Volksmärchen. Das Volksmärchen weiss nichts von der Schönheit der Natur, dem Purpur der Morgen- oder Abendröte, dem silbernen Schein des Mondes, der Schönheit eines dahinbrausenden Sturmes und der erhabenen Stille der endlosen Puszta. „Held Johann", das erste ungarische Volksepos, verdankt seine bezaubernde Schönheit weniger seiner Fabel, als vielmehr jener lyrisch farbigen Stimmung, die an die Volkslieder gemahnt.

Durch Volkslied und Volksmärchen hindurch gelangte Petőfi zu seinem ureigensten Wesen. Und hier erst begann seine wahrhaft revolutionäre Tat. Er streifte die unwahre, gezierte Sentimentalität, in der die Lyriker bis dahin schwelgten, ab, und zeigte offen sein natürliches, ursprüngliches Menschentum. In einer Zeit, die noch von adeligen Vorurteilen erfüllt war, musste er wahrhaftig überraschend wirken: Er sprach ohne Scham, ja mit Stolz, von seinem Vater, einem braven alten Gastwirt, der sogar das Schlachtbeil zu schwingen wusste und klagte über den Verlust seiner Habe. In demselben Ton sang er auch von seiner alten Mutter, die er anbetete, und die mit einem Huhn, ihrem einzigen Besitz, zusammen in einem Raum hauste. Die von Vorurteilen belasteten Zeitgenossen fanden dies unfein und entsetzten sich darüber. Auch von sich verschwieg er nichts. Er bekannte offen, dass er die Schule nur mangelhaft besucht hatte, dass er in seiner Militärzeit die Böden geschrubbt hatte und als Wanderkomödiant oft nur die Theaterzettel austragen musste. Seine Ausdrücke waren nicht gewählt und er konnte sich auch zu einem Fluch hinreissen lassen. All seine Erlebnisse gestaltete er in Versen, und an Hand seiner Dichtungen vermag man seinen gesamten, kurzen Lebenslauf zu verfolgen. Sein einmaliges und persönliches Schicksal wurde durch seine Seelengrösse in ein überpersönliches und allgemein-menschliches gesteigert. Die geringsten Geschehnisse des Alltages gestaltete er zu höchster künstlerischer Form. Seine Sprache war einfach, auch der ungebildete Bauer konnte sie verstehen. Er beherrschte sie aber mit einer solchen Kunst, dass er durch sie auch die tiefsten Gedanken und erhabensten Gefühle auszudrücken vermochte.

Mit 21 Jahren war er bereits der anerkannte Führer der Jugend und stand im Mittelpunkt des literarischen Lebens. Doch dies schien ihn nicht zu befriedigen, er sehnte sich nach immer neuen und persönlichen Erlebnissen. Seine Liebe zu Etelka („Zypressen") und später zu Berta („Die Perlen der Liebe") waren nur „dichterische Träumereien", die ihn blos kurze Zeit hindurch erfüllten. Bittere Enttäuschung folgte auf die erste träumerische, unkörperliche Empfindung. Sein jugendlicher Idealismus schien zerstört. „Das erbärmliche Objekt meiner Verachtung heisset der Mensch!" Der Übergang von der Kindheit zum Jünglingsalter war eine Zeit voller Tragik und Schwierigkeiten. Er formulierte sie im „Feentraum" mit der Tiefe und Anschaulichkeit eines gelehrten Seelenforschers: das kindliche Herz empfand plötzlich eine Leere, die sich von Tag zu Tag steigerte. Alles, was ihm bis dahin wertvoll schien, galt ihm nichts mehr. Er floh die Freunde, flüchtete in die Einsamkeit. Das Herz sehnte sich, ohne zu wissen, wonach. Das Leben schien nicht mehr lebenswert, alle Schönheit des Daseins war verloren. Der Jüngling starrte in den Abgrund, um sich in die Tiefe zu stürzen. Da nahte die Rettung: die erste, wirkliche Liebe hatte sein Herz ergriffen.

Wie Goethe in seinem Werther, gab auch Petőfi der Krise seiner Jugend in seinen Werken Ausdruck. In den flüchtigen Versen „Die Wolken“ spürt man den bitteren Kampf mit der Welt und mit sich selbst. „Der Wahnsinnige“ enthält schrille, gespenstische Töne. Petőfi las Byron und Shelley und schrieb einen Roman, „Den Strick des Henkers“, in dem sich sein wirrer Seelenzustand spiegelt. Dasselbe trifft auch auf das blutrünstige Drama „Der Tiger und die Hyäne“ zu. All das ist das Schaffen seiner Sturm- und Drangzeit, in der er — fern von der reinen, wirklichkeitsnahen Welt der Volkslieder — unter fremden Einfluss geriet und verzweifelt nach sich selbst suchte. Er dichtete Epen in der Art Vörösmartys und schuf in „Salgó“ ein Gegenstück zu „Die beiden Nachbarburgen“. Plötzlich aber trat die Wandlung ein, der Dichter erwachte aus den schweren, belasteten Träumen und schüttelte den Ballast ab. Seine prächtige, gesunde Seele gab sich dem Weltschmerz nicht allzulange hin. Urkräfte schlummerten in ihr, wie in der Natur, die unberührt vom Menschen ist, oder in dem Volke, das noch nichts von der Verdorbenheit des städtischen Lebens weiss.

Der Dichter spürte wieder die Schönheiten der Welt, denn „jedes Jahr bringt einen neuen Frühling, jedes Dorf hat seine schönen Mädchen und, wenn der eine auch weint, lacht wieder der andere“. Petőfi besann sich seiner Lebensaufgabe. Glühender Tatendrang erfüllte ihn. Er widmete seine Aufmerksamkeit den politischen Vorgängen seines Landes und harrte ungeduldig seiner Stunde, die noch kommen sollte. Doch die Rolle, die er in der Welt spielte, erfüllte nur die eine Seite seines Wesens, über die schon berichtet wurde. Die März-Revolution war durch seine agitatorischen Verse vorbereitet worden. Sein „Ungar, steh' auf" wurde das Kampflied der revolutionären Jugend. Mit Ungestüm riss er den Namen von Vörösmarty herunter, und stempelte Kossuth zu einem lauen, vorsichtigen Bürger. Er schrieb als episches Seitenstück der politischen Gedichte den „Apostel", einen wunderbaren Ausbruch seiner ungestümen, kampflustigen Seele. Das Thema selbst weist auf den von ihm so beliebten Franzosen Eugen Sue hin, während der Held, der Königsmörder, seiner fiebernden Phantasie entstammt.

Seine politische Seite aber war keineswegs das Beste und Bleibende an ihm. In den Stürmen des Freiheitskrieges geriet in ihm oft der Bürger mit dem Menschen in Konflikt. Den Sieg trug stets der letztere davon. Zunächst sang er noch davon, dass die Welt ihn nicht verstünde, denn zwei Seelen berge sein Inneres: den Menschen und den Bürger. Als Mensch sei er glücklich, doch als Bürger trage er nur schweres Leid in sich. Sein menschliches Glück verdankte er Julia Szendrey, die er über alles liebte und die ihm eine ideale Gattin war. Er hatte um ihre Hand mit männlicher Ausdauer gekämpft. In seinen Liebesgedichten veredelte und vertiefte er den Ton der Volkslieder zu persönlichen Schöpfungen:

Zitternd der Strauch sich regt,
Drauf sich ein Vöglein senkt,
Zitternd das Herz mir schlägt,
Weil es jetzt dein gedenkt;
Weil es jetzt dein gedenkt,
Herziges Mägdelein,
Du, dieser grossen Welt
Kostbarster Edelstein.

Sein Liebessehnen — das rein und ursprünglich war, wie ein Quell im Walde — entsprang den tiefsten menschlichen Gefühlen. Er kannte nur ein Ziel: das Familienglück. Keine Konvention, keine spiessbürgerliche Neigung leitete ihn, sondern die Tradition des unverdorbenen, blutgebundenen Volkes. Die Liebe zu seiner Gattin wurde durch die Einförmigkeit des Alltages nicht geschwächt, sondern, im Gegenteil, zu einer glühenden Leidenschaft gesteigert.

Die herrliche Elegie „Ende September" enthält — als Reaktion auf das plötzlich eingebrochene Glück — eine düstere Ahnung des nahenden Verhängnisses:

Noch dauert im Tale der Blumen Prangen,
Noch grünt vor dem Fenster die Pappel wie je;
Doch siehst du die Welt dort vom Winter umfangen?
Den Gipfel des Berges bedeckt schon Schnee.
Jung glüht noch mein Herz von des Sommers Flammen,
Des Frühlings Blühn ward noch nie ihm geraubt;
Doch mengt mit dem Schwarzhaar schon Grau sich zusammen,
Schon fiel mir des Winters Reif auf das Haupt.

Es fallen die Blumen, es fliehet das Leben...
Auf meinen Schoss lass, Traute, dich ziehn!
Die du das Haupt mir lehnest an die Brust mir eben,
Wirst morgen nicht schon auf meinem Grab du knien?
O sag, wirst du tränend ein Bahrtuch breiten
Auf den Leichnam mir, wenn ich sterbe zuerst?
Kann dich eines Jünglings Liebe verleiten,
Dass für ihn meinem Namen den Rücken du kehrst?

Wenn du fortwirfst den Witwenschleier, dann hänge
Als dunkle Fahne auf mein Kreuz ihn sacht;
Ich steig um ihn aus der Grabesenge
Und hol ihn hinab in der Mitte der Nacht,
Dass die Tränen für dich, die so leicht du vergessen
Deinen Treuesten, ich mit ihm trocknen kann
Und verbinden die Herzenswunde dessen,
Der dich ewig liebt, auch noch dort, auch noch dann!

Gleichzeitig aber wird auch die Erinnerung an die schweren Kämpfe der Jugend in ihm lebendig. Diese Stimmung erfüllt den „Narr Istók", ein köstliches kleines Epos, dessen Dickenshafte Motivenfolge als Variation des Gedankens, der Mensch könne nur dann sterben, wenn er auch mal glücklich gewesen ist, erscheint. Von sich stellte der Dichter auch fest: „Ich habe erreicht, was ein Mensch nur erreichen kann. Mein Herz ist übervoll vom Glück“. Die Gestaltung der schwärmerischen Liebe ist von den zartesten Regungen erfüllt.

Während der ärgsten Stürme des Freiheitskrieges legte er das Schwert nieder und kehrte zu seiner Gattin heim. Nicht das Blutvergiessen, das er in seinen Versen so oft beschworen hatte, stiess ihn ab. Schliesslich war es auch der beliebte Adjutant von Bem, an dessen Seite er alle Schlachten mitmachte. Aber die Familie, die für ihn die einzig gültige Lebensform bedeutete, zog ihn unwiderstehlich an sich. Er schrieb an Arany: „In den Minuten, in denen ich vergessen kann, dass ich ein Vaterland habe, bin ich vollkommen glücklich“. Er ist nichts anderes, als ein Mensch, der glücklich in der Natur lebt, während die Schlacht weitertobt. Wenn seine Gattin bei ihm ist, hat er alles, was für ihn das Glück bedeutet. Feengleich schwebt sie in den Bergen, pflückt Blumen und flicht sie zu Kränzen. Die Blätter der Bäume fliegen ihr zu, und die Äste neigen sich segnend über sie herab.

Bald durfte er auch einen Sohn an sein Herz drücken. Er war glücklich. Er sah in dem Kinde die Fortsetzung seines eigenen Ichs. Doch dann kniete er auch an dem Grabe der Eltern. Die ewige Tragik des Todes inspirierte seine Phantasie; und hiernach musste er verschwinden, für immer...

In seinen Dichtungen spiegelt sich das gesamte menschliche Dasein. Der frühe Tod verlieh seiner Persönlichkeit den Zauber ewiger Jugend. Männlich, rein und ungekünstelt war seine Persönlichkeit.

Petőfi ist es zu verdanken, dass die ungarische Literatur auch wahrhaftig ungarisch und gleichzeitig auch europäisch wurde. Adolf Dux und Karl Kertbeny übersetzten die Gedichte noch zu seinen Lebzeiten ins Deutsche. Trotz der schwachen Übertragungen drang sein Ruhm in die Welt. Bettina von Arnim verglich den Dichter mit dem Sonnengott, und Hermann Grimm stellte ihn auf eine Stufe mit Shakespeare und Goethe. Manche von den Gedichten wurden sogar in vierzig

Sprachen übertragen. Die junge slowakische Literatur entwickelte sich auf seinen Spuren. Auch die Serben und Rumänen standen unter seinem Einfluss. Mancher Franzose, Italiener und Deutsche lernte die ungarische Sprache, nur um Petőfis Werke im Original lesen zu können. Während die geistige Entwicklung Ungarns vor dem Auftreten Petőfis und auch nachher stets weit hinter der Europäischen zurücktrat, vollzog sie sich zu seinen Lebzeiten gleichzeitig mit ihr. Als politischer Dichter übertraf er an Bedeutung seinen Zeitgenossen Béranger, den Sänger des Pariser Strassen-Chansons, als Lyriker der Liebe war er tiefer und inniger als Heine, sein deutsches Vorbild. Es ist nicht verwunderlich, dass, wenn ein Ausländer überhaupt einen Namen der ungarischen Literatur kennt, es selbst noch heute, meist nur einzig und allein der Name Petőfis ist.

Unter seinen Zeitgenossen war keiner, der sich mit ihm auch nur messen konnte. Alexander Vachott setzte — in geklärter und persönlicherer Art — die Tradition eines Bajza fort, während Friedrich Kerényi, der nach Amerika auswanderte, nur Dank seiner Vertiefung in die deutsche Dichtkunst über den Durchschnitt hervorragte.

Michael Tompa (1817—1868), den seine Zeitgenossen meist auf die gleiche Stufe mit Petőfi und Arany stellten, wurde zweifellos stark überschätzt. Petőfi wusste davon und konnte es dem kalvinistischen Geistlichen auch nie verzeihen, dass er sich mit ihm zu messen wagte. Tompa trat schon vor Petőfi auf und geriet durch seine melancholischen Lieder in das Fahrwasser der modernen Almanachlyrik. Die 1846 erschienenen Volksmärchen und Volkssagen, deren erste Auflage bald vergriffen war, begründete seine Volkstümlichkeit. Das Publikum ehrte ihn durch die Bezeichnung eines „Volksdichters", obwohl er seine Themen gar nicht aus den Volksmärchen, sondern — nach dem Beispiel Alexander Kisfaludys — aus der eigenen Phantasie schöpfte oder deutschen Vorbildern entnahm. Neu an ihm war nur seine Sprache, die sich, einfach und ungekünstelt, an Petőfi anlehnte. Zu seinen Verdiensten gehört es, dass er die Sagen der oberungarischen Burgruinen mit ungarischem Geiste erfüllte. Die Blumenmärchen, die er nach dem Beispiel Rückerts in die ungarische Literatur einführte, wetteiferten an Lieblichkeit mit den Sagen. In manchen Liedern gelang es ihm, die einfache Natürlichkeit des Volksliedes zu erreichen. Doch ist er, gerade auf dem Gebiet der Lyrik, mit Petőfi gar nicht zu vergleichen. Düster von Gemüt, peinigte ihn die ewige Angst vor Krankheit. Er brach unter der Schwere seines Schicksals zusammen, ohne je glücklich gewesen zu sein und verfiel in Schwermut. In der Zeit nach dem Freiheitskrieg erhob er sich über seine eigenen, persönlichen Leiden und wurde durch seine patriotischen Allegorien zu einem Dichter der Nation.

Sigismund Czakó (1820—1847) litt, allerdings auch mit mehr Anlass, an einem noch tieferen Weltschmerz als Tompa. Sein Pessimismus war angeboren und entstammte traurigen Familienverhältnissen und einer düsteren Kindheit, die ihn früh zum Grübeln zwang. Seine Gesellschaftsdramen und besonders „Leona“ sind ganz subjektive Schöpfungen. In dem Helden Erasto spiegeln sich die seelischen Qualen des Dichters, der am liebsten der Welt entflohen wäre, um zu der Natur, der „Urkraft“, die frei von Sünde und menschlicher Schlechtigkeit ist, zurückzukehren. Während jedoch das Publikum den in schlechtem Ungarisch verfassten Stücken eines Karl Hugo begeistert zujubelte, wurde es von den bitteren Ausbrüchen Czakós nur abgeschreckt. Der siebenbürger Dichter griff schliesslich zur Waffe, entzweit mit sich und der Welt. Er war der erste in der langen Reihe jener ungarischen Dichter, die ihrem Leben selbst ein Ende bereiteten.

Petőfi fühlte für Czakó eine innere Verwandtschaft. Er erkannte seine Seele, die von romantischer Spannung erfüllt war. Noch näher aber stand ihm

Maurus Jókai (1825—1904), der Jüngling aus Komárom, sonnig, heiter, mit verträumten blauen Augen. Dieser Seelenverwandte Petőfis überlebte den Dichter nahezu um sechs Jahrzehnte. Er blieb aber, gleich Petőfi, sein ganzes Leben hindurch jugendlich. Er machte eine grosse Karriere. Drei Jahrzehnte hindurch genoss er nicht nur als Romancier, sondern auch als Politiker die grösste Volkstümlichkeit. Die Freiheitsideen Petőfis schienen in ihm einen würdigen Erben gefunden zu haben. Doch später trat bei ihm eine Ernüchterung ein. Er, der einstige Führer der revolutionären Märztage, trat an die Seite Koloman Tiszas und kämpfte gegen die Vertreter der Ideen von 1848. In späteren Jahren wollte ihn auch kein Wahlkreis mehr zum Abgeordneten wählen. Gelegentlich seines 50jährigen Schriftstellerjubiläums feierte ihn die ganze Nation. Auch der gekrönte König liess ihm Ehren zu Teil werden. Trotzdem war er, als er starb, von seinen besten Anhängern der früheren Zeit verlassen.

Auch die bittersten Erfahrungen des Lebens vermochten sein Gemüt nicht zu trüben. Er blieb bis an sein Lebensende derselbe gläubige Idealist, der er war, als er mit Petőfi die Barrikaden stürmen wollte. Die Jahre verstrichen, ohne in seiner Seele Spuren zu hinterlassen. Die Erinnerung an seine reiche, heldenhafte Jugend erfüllte ihn so, dass er in der Zeit Zoltán Kárpáthys, in dem Mythos des Freiheitskrieges weiterlebte. Inzwischen aber änderte sich die Welt um ihn. In der Heimat sowie im Ausland tauchten nacheinander neue Schriftsteller auf: Tolstoi, Dostojewski, Zola. Die Vorbilder Jókais aber blieben nach wie zuvor Victor Hugo, Dumas und Dickens.

Das soll aber nicht bedeuten, als ob er sich im Laufe der Zeit nicht auch entwickelt hätte. Sein Erstlingsroman „Alltage" zeigte noch starke Abhängigkeit von den fremden Vorbildern, namentlich von Victor Hugo. Er liess sich zu Übertreibungen hinreissen, die er später unterliess. Doch neben all seinen Fehlern kann man auch schon in dem Frühwerk die Qualitäten eines Genies erkennen. Die ungarische Prosa vor Jókai war schwulstig, langatmig, von trockenen Beschreibungen und Reflexionen erfüllt. Degré, Pákh, Pálffy und Bérczi, die Romanschriftsteller aus der „Gesellschaft der Zehn“, führten einen fremden Geist und eine fremde Gesellschaft in die ungarische Literatur ein und richteten ihr Augenmerk mehr oder weniger auf eine feine und gewählte Sprache. Durch Jókai verbreitete sich die frische Natürlichkeit und Unmittelbarkeit der ungarischen Volksmärchen. Die psychologische Feinheit der Charakterschilderung würde man vergeblich bei ihm suchen. Aber die Sprechweise des ungarischen Bauern oder etwa eines ungarischen Tafelrichters konnte kein anderer so meisterlich wiedergeben, wie er. Voll Stolz bezeichnete er sich selbst als einen Realisten. Allerdings ist dieser Realismus gleichzustellen etwa mit dem des Volksmärchens oder des „Held Johann“. Seine Phantasie kannte keine Grenzen. Er brauchte weder Studien, noch irgendwelche äusseren Eindrücke. Dank seiner Erfindungsgabe vermochte er vergangene Zeiten und Landschaften, die er nie gesehen hatte, erstehen zu lassen. Und alles, was er schrieb, erscheint auch glaubhaft, denn der Zauber einer Persönlichkeit (von der auch Petőfi zu einem enthusiastischen Gedicht hingerissen wurde) spricht aus jeder Zeile. Besonders interessierte ihn die Zeit, die ihm am nächsten stand: jene heroische Epoche Ungarns, die einen Széchenyi, einen Wesselényi, einen Deák und Kossuth hervorgebracht hatte. Er rettete durch seine Romane („Ein ungarischer Nabob“, „Zoltán Kárpáthy“, „Die guten alten Tafelrichter“ u. m. a.) ein ganzes Zeitalter vor der Vergessenheit. In „Der neue Gutsherr“ verherrlichte er den Freiheitskrieg und ermunterte in der Zeit des Absolutismus die Entmutigten, indem er in der Gestalt des Ankerschmidt auf die besondere Anziehungskraft des ungarischen Bodens hinwies. Seine Phantasie umfing die ganze Welt: er berichtete von der entferntesten

Vergangenheit und von einer phantastischen Zukunft, von den Gefahren des weiten Meeres und von dem Pol, den noch nie ein Mensch betreten hatte; im fernen Indien entdeckte er die Nachkommen der alten Magyaren und liess seine Helden über die schneebedeckten Steppen Russlands ziehen. Die Welt, die er erschloss, war eigenartig und wunderbar und schien von ebensolchen wunderbaren Menschen bewohnt zu sein. Die Seele, die sie bewegte, kannte keinerlei irdischen Grenzen.

Seine Erzählungen sind weder langweilig, noch ermüdend. Er zwang nie, durch Aufrollung ethischer Probleme, zur Vertiefung und löste die etwaige tragische Spannung stets mit Hilfe eines milden Humors. Sein Humor war frei von jeder Bitterkeit. Er glich dem Sonnenschein, der nach einem Gewitter im Frühling selbst die entwurzelten Bäume und die verwüstete Saat vergessen macht.

Jókai war der Dichter der ungarischen Illusionen. Dies war auch der Grund, dass er von den Propheten der nationalen Selbsterkenntnis, von einem Gyulai und Péterfy, aufs heftigste angegriffen wurde. Aber selbst ein verdammendes Urteil der Geschichtsschreibung könnte seine Verdienste nicht herabsetzen. Es steht fest, dass er durch seine Werke ganzen Generationen die Liebe zum Vaterland vermittelt hat, und dass tausenden von eingewanderten Fremden erst durch diese Werke die Schönheit der ungarischen Sprache aufgegangen ist. Der Stil der Prosaschriften veraltet schnell. Die Lektüre eines Eötvös oder Kemény bereitet dem Laien heute schon Schwierigkeiten. Bei Jókai ist das nicht der Fall. Seine reine, ursprüngliche Sprache bietet auch heute noch einen Genuss, besonders wenn man sie mit dem hauptstädtischen Jargon mancher modernen Romane vergleicht.

In die Weltliteratur zog Jókai gleichzeitig mit Petőfi ein, an dessen künstlerische Höhe er allerdings nicht heranreichte. Die Zahl seiner in fremden Sprachen erschienenen Werke geht in die tausende. Eine ganze Reihe seiner Romane wurde dramatisiert und aufgeführt. Der „Zigeunerbaron" mit der Musik von Strauss machte seinen Siegeszug als Operette durch ganz Europa. Das Ausland schätzte ihn nur als Unterhaltungsschriftsteller und setzte ihn mit Dumas auf eine Stufe. Trotzdem darf nie verkannt werden, dass er zu seiner Zeit eine hohe Mission erfüllt hat: er erschloss dem Ausland das bis dahin kaum gekannte Ungarland. Freilich in einer romantischen Verklärung, doch von stärkstem Eindruck. Es gibt selbst heute noch viele Fremde, die Ungarn nur aus den Werken Jókais kennen und es mit seinen Augen betrachten.

Die Prophezeiung Petőfis, mit der er seinen jüngeren Berufsgenossen einst begrüsst hatte, war zur Wahrheit geworden. Zwar hatte Jókai nicht die ganze Welt entflammt, aber die Wärme seines Herzens strömte überall hin. Nur in einem anderen Punkt hatte sich der Dichter geirrt: in der Hoffnung, dass sie bis an ihr Lebensende zusammen kämpfen würden. Schon zu Beginn des Freiheitskrieges waren sie entzweit und standen sich als unversöhnliche Feinde gegenüber. Johann Arany war der einzige wahre Freund, der neben Petőfi stand.

V.

Nach der Niederlage von Világos (1849) herrschte im Ungarland, das noch vor kurzer Zeit in hoffnungsvoller Blüte stand, nun das tiefste Dunkel einer trostlosen, von fremder Rache erfüllten Zeit. Kossuth, der Führer des Freiheitskampfes, flüchtete nach dem Ausland und kämpfte dort mit brennenden, stürmischen Worten um die Rettung seiner Nation. Europa und Amerika schenkten ihm gleichermassen Beachtung, doch zur Hilfe war niemand bereit. Kossuth selbst — ein Schicksalsgenosse von Thököly und Rákóczi — starb schliesslich in der Fremde, ohne sein heissgeliebtes Vaterland noch einmal wiedergesehen zu haben.

Széchenyi, Kossuths grosser Antipode, quälte sich in der Irrenanstalt zu Döbling mit den bittersten Selbstvorwürfen bis er schliesslich voll Verzweiflung seinem Leben selbst ein Ende machte. Vörösmarty, der drei Jahrzehnte lang durch seine Dichtkunst der nationalen Auferstehung gedient hatte, verfiel in die finsterste Seelenstimmung.

Bajza verfiel in Wahnsinn. Der Tod war für ihn, ebenso wie für Vörösmarty, eine Erlösung von furchtbaren Qualen. Czuczor schmachtete in einem Kerker der Festung Kufstein. Toldy war der einzige, der sein Lebenswerk unbeirrt weiterführte. Die Generation der Romantiker verzehrte sich in der brennenden Glut der erlittenen nationalen Katastrophe.

Die Generation von Eötvös hatte, nach der Märzrevolution, auf die Verwirklichung ihres Programmes gehofft. Eötvös war der Kultusminister des ersten ungarischen verantwortlichen Ministeriums. Szalay und Pulszky vertraten die Nation in Frankfurt, Teleki wurde Pariser Gesandter, und auch die übrigen Männer dieses Kreises erhielten hohe Stellungen in den Ministerien. Der Ausbruch des Freiheitskrieges bereitete ihrer Karriere ein jähes Ende. Eötvös widmete sich in München seinen staatswissenschaftlichen Studien, Szalay, Pulszky und Teleki irrten in der Fremde als Emigranten herum und Kuthy, der vor dem Hungertod stand, nahm von den Gnaden der österreichischen Regierung eine Beamtenstellung an. Die Verachtung der Nation lastete über ihn und zehrte an seinen Kräften.

Den grössten Verlust aber hatte Jung-Ungarn erlitten. Sein Führer war auf dem Schlachtfelde von Segesvár verschollen. Legenden bildeten sich um seine Gestalt. Jókai irrte umher. Viele andere sehnten in ihren Kerkern den Tag der Freiheit herbei. Lisznyai und Johann Vajda assen unter Italiens Himmel das bittere Brot der österreichischen Soldaten. Johann Arany sass in Nagykőrös und korrigierte die Hefte seiner

Schüler. Wohl die qualvollste Beschäftigung für einen Dichter ...

„... Es ist Winter, Schnee, Schweigen und Tod" mit diesen Worten bezeichnete er die Schreckensherrschaft von Haynau. Ungarn war einem fremden Volke preisgegeben, das Land sank zu einer Provinz von Österreich herab, „der Auswurf eines fremden Volkes" hatte sich auf seinem Boden niedergelassen. Die böswillige, kleinliche Verfolgung wollte kein Ende nehmen. Das ungarische Gewand und der ungarische Gesang waren verboten. Tschechische Beamte residierten in den uralten Komitatshäusern. In den Schulen, die nach österreichischem Muster umgestaltet wurden, herrschte die deutsche Sprache. Es war gar kein Wunder, wenn sich der Seelen eine tiefe, hoffnungslose Verzweiflung bemächtigte.

Franz Deák war der einzige Mann, der allen Ereignissen zum Trotz, dennoch fest und aufrecht, mit klarem Kopfe, ohne Illusionen, aber dennoch hoffnungserfüllt, in die Zukunft blickte. Viele Andere harrten in romantischer Träumerei des Augenblickes, in dem Kossuth, der zauberhafte Redner, an der Spitze einer siegreichen Armee zurückkehren würde. Doch die Besten der Nation versammelten sich in wachsender Zahl um Deák. Eine grosse Kraft strömte aus seinem festen, klugen Blick. Selbst die entschwindende Seele Vörösmartys schöpfte neue Hoffnung aus ihm. „Die Welt wird auch noch Feste feiern" schrieb er.

Deák hatte einen grossen Anteil daran, dass das Leben langsam wieder zu pulsieren begann. Ähnlich wie in Kazinczys Zeiten, übernahm auch in dieser unseligen Zeit der politischen Regungslosigkeit die Literatur die führende Stellung innerhalb der Nation. Dieselben Formen des literarischen Lebens, wie man sie vor fünfzig Jahren kannte, tauchten wieder auf. Die Verhältnisse aber waren nicht mehr dieselben. Die ohne Entgelt erfolgte Befreiung der Hörigen hatte der adeligen Nation einen Todesstoss versetzt. Die besitzlose, städtische Gentryklasse war im Entstehen begriffen. Die Lebensform des städtischen magyarischen „Herrn" wurde geschaffen. Das deutsche städtische Bürgertum, das sich immer mehr an das Ungarntum assimilierte und seine Positionen im Handel und Gewerbe aufgab, strebte ihrem Beispiel nach. Das Judentum mit deutscher Bildung, dessen Zahl infolge der Einwanderungen zunahm, übernahm — fast ohne jegliche Kämpfe — die verlassenen Posten der Deutschen und wurde zum Träger des neuen ungarischen Kapitalismus. Die Assimilierung des Judentums nahm erst im letzten Viertel des Jahrhunderts zu. Bis dahin versammelten sich seine geistigen Führer um den 1854 gegründeten Pester Lloyd, der unter der Redaktion Max Falks stand. Die Nationalitäten hatten — obwohl sie unter der kaiserlichen Flagge dafür kämpften — die Erfüllung ihrer nationalen Wünsche doch nicht erreicht. Wien, der siegreiche Waffenbruder, zahlte mit Unterdrückung und rücksichtsloser Germanisierung. Ihre ungelösten Probleme vererbten sich also auf die zweite Hälfte des Jahrhunderts. Angesichts der fremden Herrschaft, bedeutete die Befreiung der Hörigen keineswegs eine Ergänzung der Nation. Die Regierung Bachs errichtete in grosser Zahl neue Mittelschulen, kümmerte sich aber nicht um das Volk, sondern beliess es auch weiterhin in Unwissenheit und Unbildung. Der Gegensatz Herr und Bauer war schärfer, denn je. Während also die Idee einer völkisch-nationalen Einheit — das Ideal der Reformzeit — immer mehr verloren ging, wurden auch die sozialen Probleme des Landes immer verworrener und schwieriger.

Ausser Kemény und Eötvös aber grübelte noch niemand über die Lösung der sozialen Frage, von der ja schliesslich die Zukunft der Nation abhing. Die Anforderungen des Lebens schienen näher zu liegen als alle Theorien. Nachdem der erste Alpdruck gewichen war, stürzten sich die Schriftsteller mit neuer Kraft auf die Umgestaltung des literarischen Lebens. Die

Akademie hatte zwar für ein Jahrzehnt ihre Tätigkeit ausgesetzt und die Kisfaludy-Gesellschaft war verboten. Umso stärker aber pflegten die Literaten die unmittelbaren Beziehungen zueinander. Wenn neue Dichter auch kaum hervortraten, verwischten sich doch die Gegensätze zwischen den früheren Generationen. Unter Umgehung der polizeilichen Kontrolle erschienen immer neue literarische Zeitschriften. Das grosse Interesse, das ihnen entgegengebracht wurde, beweist die Tatsache, dass „Hölgyfutár", die Zeitschrift Ignaz Nagys, von 1848—1864 wöchentlich sechsmal erscheinen konnte. Mit dem Namen Anton Csengerys ist die Gründung des „Budapesti Szemle" („Budapester Beobachter") verknüpft, der Jahrzehnte hindurch der Förderung einer höheren Bildung diente. Johann Arany verlegte seinen Wohnsitz nach Pest und trat in die Reihe der Herausgeber ein. Doch seine Zeitschriften „Szépirodalmi Napló" („Literarischer Beobachter"). „Koszorú" („Der Kranz"), die ein sehr hohes Niveau vertraten, konnten keine genügende Verbreitung finden. Die politischen Tageszeitungen machten bereits den literarischen Zeitschriften die schärfste Konkurrenz. Die Tatsache, dass der „Budapesti Hiradó" in den 40-er Jahren — nach französischem Muster — einen Roman in Fortsetzungen veröffentlichte, hatte zu seiner Zeit das grösste Befremden erregt. Nun hatte sich aber auch diese Einstellung geändert. Der „Pesti Napló" erwarb sich — unter der Redaktion Sigismund Keménys — ein hohes Ansehen in der Literatur, veröffentlichte Romane, Novellen, Gedichte, aber auch Kritiken und literarische Studien, die in vielen Fortsetzungen gebracht wurden. Der „Hon", die Zeitung Jókais, folgte ihrem Beispiel.

Der Aufschwung der periodischen Presse beeinträchtigte den Buchverlag zunächst überhaupt noch nicht. Es bildete noch immer den Ehrgeiz der Schriftsteller, ein Buch zu veröffentlichen. Zu den neuen Käuferkreisen zählte nun mehr auch das städtische

Bürgertum nebst dem Judentum. Fast könnte man behaupten, dass diese Zeit den ersten grossen Sieg des Buches mit sich brachte. Die vermeintlichen Nachfolger des Petőfischen Genius vergassen auch das Volk nicht. Die Schundliteratur nahm einen Aufschwung. Volksbücher vermochten zwar das Volk nicht zu erheben, doch gebührt ihnen das Verdienst, die Kreise der Leser überhaupt erweitert zu haben. Umso wertvoller erscheint die Tätigkeit eines Johann Erdélyi, der die in den 40=er Jahren begonnenen Sammlung der Volkslieder weiterführte. Koloman Thaly entdeckte die Denkmäler der Kurutzendichtung. Das Nationaltheater musste zwar auch der deutschen Schauspielkunst Platz einräumen, doch hatten die Stücke Szigligetis, Szigetis und anderer ungarischer Autoren stets die gefülltesten Häuser.

Eine intensivierte Tätigkeit der Akademie und der Kisfaludy=Gesellschaft konnte erst nach Milderung der politischen Spannung einsetzen. Doch auch schon früher gab es Ereignisse, die das gesamte, literarisch interessierte Publikum aufrüttelten. Als Vörösmarty 1855 starb, wurde er von Tausenden zu Grabe geleitet. Alten Aufzeichnungen zu Folge, gingen Aristokraten und einfache Arbeiter Schulter an Schulter im Trauerzuge mit, und einem jeden standen Tränen in den Augen. Zu Gunsten seiner hinterbliebenen Familie rief man eine Aktion ins Leben, an deren Spitze Deák stand, durch welche, Dank der nationalen Opferbereitschaft, eine grosse Summe zusammengebracht wurde. Die Feier des hundertsten Geburtstages von Kazinczy im Jahre 1859 gestaltete sich zu einem Fest der ganzen Nation. Kurze Zeit darauf erschütterte der Todesschuss von Döbling die Gemüter. In der tiefen Trauer um Vörösmarty und Széchenyi besann sich das Ungarntum wieder auf sich selbst.

Dichter und Schriftsteller bildeten in dieser unseligen Zeit der nationalen Unterdrückung eine einheitliche Gruppe. Weder der Altersunterschied, noch kon=

fenssionelle oder landschaftliche Grenzen vermochten ihre Reihen zu zersetzen. Kaum waren aber wenige Jahre der Genesung verstrichen, als sich schon wieder neue Trennungslinien zeigten. Der Kreis der ungarischen Literatur spaltete sich in zwei Gruppen, eine Erscheinung, die auch in der Folge bestehen blieb. Der Gegensatz der literarischen Anschauungen und der politischen Einstellung führten sie herbei. Die Kluft, welche die beiden Lager von einander trennte, wurde immer stärker. Die Führer der Gegenparteien hiessen nun Kemény und Jókai.

Im Laufe der 50-er Jahre hatte Kemény, fast unbemerkt, die Führerstellung in der Literatur an sich gerissen. Der Pesti Napló war in seinen Händen. Langsam zog er Johann Arany, Anton Csengery, Michael Tompa, Paul Gyulai, Johann Erdélyi, August Greguss, Franz Salamon, Josef Lévay und Karl Szász an sich. Nebenbei sei bemerkt — als Hinweis auf den Verlauf der früheren Entwicklung —, dass alle diese Schriftsteller dem Kreise des östlichen, protestantischen Ungarntums enstammten. Jókai gehörte eine Zeit lang auch zu den Mitarbeitern der Zeitung, war jedoch bei Kemény unbeliebt und wurde von Gyulai angegriffen, worauf er sich missgestimmt der Opposition anschloss.

Einen neuen Kräftezuwachs bedeutete der heimkehrende Baron Josef Eötvös. Arany führte Imre Madách in den Kreis ein. Während der volkstümliche Koloman Tóth an der Seite Keménys seine Tätigkeit begann, zog sich Johann Vajda in die Einsamkeit zurück.

Der „Pesti Napló“ vertrat in der Politik die Richtung Franz Deáks, warum auch die mitarbeitende Literatengruppe, mit vollem Recht, als literarische Deák-Partei bezeichnet wurde. Világos hatte sie alle von der Illusion eines romantischen Patriotismus geheilt. Kemény verfasste eine Flugschrift unter dem Titel „Nach der Revolution“ und Arany „Die Zigeuner von Nagyida“*. Beide lassen eine tiefe Erbitterung erkennen. Enttäuscht und mit blutendem Herzen, aber mit weiser Mässigung und einer realen, phrasenlosen Vaterlandsliebe trat dieser Kreis an das grosse Werk des Wiederaufbaues heran. Durch die Romane Keménys wurde das historische Bewusstsein gestärkt und die Allegorien von Tompa und Arany erweckten — nachdem der erste Schmerz überwunden war — auch die entschwundene Hoffnung.

Das andere Lager bestand grösstenteils aus den einstigen Mitgliedern Jung-Ungarns, aus Dichtern, die in revolutionären Träumereien schwelgten. Sie missbrauchten den Namen ihres grossen Führers Petőfi und übertrieben dessen jugendliche Geziertheiten. Jókai legte in seinen Romanen den Schleier der Romantik über die grosse Zeit der nationalen Erhebung und steigerte den Freiheitskrieg zu einem Mythos.

Die Vertreter des klassischen ungarischen Realismus betrachteten voller Besorgnis die zügellose Phantasie, die in den Romanen Jókais zum Ausdruck kam, ebenso seine Mängel des Charakterisierungsvermögens und der historischen Schilderungen. Geradezu ein Entsetzen aber erfasste sie angesichts der Volkstümelei der Petőfischen Epigonen. Im Jahre 1854 bemerkte Gyulai hierzu: „Dichter traten auf, die das völkische Element weder hoben, noch weiterentwickelten, sondern — im Gegenteil — sein Niveau nur senkten. Sie begnügten sich nicht mehr mit einer Volksdichtung, sondern schufen eine provinzialisierte Dichtung". Lisznyay, Szelestey und ihre Genossen, versuchten der „Seele" der Palowzen ,des Göcsejer Volkes und der Csángó Ausdruck zu verschaffen. Vas Gereben schrieb Erzählungen in einer gewissen Art, die für volkstümlich galt. Alle diese Dichter häuften in ihren Werken Redensarten aus dem Volke, bis dahin unbekannte Dialektausdrücke und glaubten mit solchen Mitteln dem Andenken Petőfis eine Ehre, der ungarischen Literatur aber einen Dienst zu erweisen. Gyulais Empörung war berechtigt: „Es scheint" — schrieb er —

„dass das Gefühl der Sorgfalt, Schönheit und Gewissenhaftigkeit der Sprache und Form abhanden zu kommen droht. Man begeistert sich nicht mehr für jene Motive und Ideen, die die Dichter auf der ganzen Welt zu begeistern pflegen. Das Ungarische an unserer Lyrik ist bloss bombastisch. Statt natürlich, wurde sie gekünstelt. Ihr jugendlich Stürmisches ist nur ein Zeichen der Ohnmacht, in der sich der nationale Genius befindet".

Mit diesen wenigen Worten umriss Gyulai die literarischen Prinzipien des ungarischen Realismus. Sie umfassten gleichermassen die Forderung nach einer europäischen Perspektive, nach der Erhabenheit des Ideengehaltes und einer künstlerischen Vollkommenheit in Sprache und Form. Als Kriterien dienten Gyulai die Werke eines Arany, Petőfi und Kemény.

Die Entwicklung in der Literatur und der Politik verschärften nur die Spaltung innerhalb der Literatur. Kemény und sein Kreis besetzten alsbald sämtliche Positionen des ungarischen Geisteslebens. Eötvös wurde Kultusminister der Regierung, die nach dem Ausgleich gebildet wurde. Kemény selbst wurde zum Präsidenten der Kisfaludy-Gesellschaft gewählt, und Arany hatte, seit der Abdankung Szalays, das Sekretariat der Akademie inne. Gyulai redigierte zunächst die „Budapesti Szemle" und erhielt später, ebenso wie Franz Salamon und August Greguss, einen Lehrstuhl an der Universität. Die ganze Gruppe gehörte zu den Anhängern Deáks und des Ausgleichs von 1867. Die durch sie vertretene Literatur — jene epochale Offenbarung des ungarischen Geistes — wurde zur „offiziell" anerkannten Literatur der Nation. Um diesem Umstand auch nach aussen hin Ausdruck zu verleihen, erhielt Arany nach dem Ausgleich eine königliche Auszeichnung und seine Werke galten als Pflichtlektüre in der Schule. Unter der Führung Koloman Tiszas kämpfte Jókai in den Reihen der Oppositionspartei, die durch die flammenden Briefe Kossuths aus Turin zum Widerstand angefeuert wurde. Die verhängnisvollen Losungsworte „Kossuth oder Deák“ und „Petőfi oder Arany“ wurden geprägt. Ebenso unpopulär wie der Ausgleich, war nun — in den breiteren Volksmassen — auch die „offiziell“ bestätigte Literatur. Umso grössere Begeisterung fand dafür das Schaffen Jókais. Ein ganzes Heer von Lesern und eine Gruppe junger, vorwärtsdrängender Literaten standen hinter ihm.

Trotz des äusseren Anscheines einer völligen Erstarrung, bereiteten sich, selbst in der Zeit des Absolutismus, grosse Änderungen vor. Die Vorbedingungen waren die gleichen, wie zu Anfang des XVIII. Jahrhunderts. Ebenso wie damals, wurde auch jetzt die neue Zeit durch die gesteigerte Besinnung auf die Vergangenheit und die Vertiefung in die Gesetzmässigkeit der historischen Entwicklung vorbereitet. Michael Horváth schrieb, während seiner Verbannung, als Ergänzung zu seinem sechsbändigen Geschichtswerk, auch die Geschichte der Reformzeit und des Freiheitskrieges. Horváth, dieser liberale katholische Bischof und einstige Kultusminister der revolutionären Regierung, stellte die Freiheitsidee in den Mittelpunkt jeglichen historischen Geschehens in Ungarn. Diese Art von Geschichtsbetrachtung — nur gesteigert durch die Schwärmerei Thalys für Rákóczi — ging alsbald in das allgemeine Bewusstsein über, spiegelte sich in allen politischen Reden der Opposition und auf allen nationalen Feiern, zog schliesslich auch in die Schulen ein und erzog ganze Generationen in einem falschen Illusionismus. Gegen die Macht dieses Geistes konnte auch Ladislaus Szalay nicht ankommen, der in seinem grossartigen Geschichtswerke — nach dem Beispiel der englischen Historiker — real und nüchtern, fern von jeder Doktrin und Voreingenommenheit, von einem europäischen Standpunkt, aber mit glühender Rassenliebe, eine Darstellung der Vergangenheit Ungarns gab. „Dies Werk konnte im Zeitalter des Liberalismus — der auch in der Vergangenheit nur nach seinem eigenen Spiegelbilde suchte — niemals volkstümlich werden." (Julius Szekfű.)

Gleichzeitig mit der Geschichtsschreibung nahm auch die Literaturgeschichtsschreibung einen Aufschwung. Toldy veröffentlichte mehrere Handbücher. Seine zweibändige Literaturgeschichte für Schulen erhielt den Grossen Preis der Akademie. Der Autor konnte sich mit Recht darauf berufen, dass er weder Vorgänger hatte, noch dass ihm Quellen zur Verfügung standen, sondern dass er ganz allein das gesamte Material gesammelt und in ein System gebracht hatte. Jahrzehntelang fand er auch keine Nachfolger, weshalb auch seine romantische Betrachtungsweise in dem allgemeinen Bewusstsein tiefe Wurzeln schlagen konnte. Gyulai war der einzige, der Toldys Ausführungen rektifizierte, aber auch nur auf einem Gebiet. Toldy vertrat den Standpunkt, die Epoche Kazinczys wäre die Glanzzeit der ungarischen Literatur gewesen. Arany und Petőfi galten für ihn bloss als Epigonen. Gyulai, dessen kritischen Geist selbst die Generationsverbundenheit nicht trüben konnte, klärte durch tiefgreifende Untersuchungen die Stellung Vörösmartys, Katonas, Petőfis und Aranys innerhalb der ungarischen Literaturentwicklung. Gyulais Werke haben ihre klassische Gültigkeit auch heute noch nicht verloren. Seine kurzen, aber umso prägnanteren Definitionen werden niemals veraltern.

Gyulais Geist spiegelt ein wurzelechtes Ungarntum, das — trotz seiner hohen Bildung — jeglicher fremden Denkungsweise fernsteht. Alle seine Schlussfolgerungen leitet er von der Entwicklung in Ungarn ab. Darin glich ihm auch Arany, in dem sich dichterische Begabung und wissenschaftliche Befähigung in höchstem Masse vereinen. Aranys Studie über Zrinyi und Tasso gilt als erstes Beispiel der richtig durchgeführten vergleichenden literaturgeschichtlichen Untersuchung. Ebenso führte er als erster eine Untersuchung über die nationale Versform und das Wesen des Völkischen durch. Seine Hypothese über das in Entwicklung befindliche ungarische naive Epos wurde zwar von der späteren wissenschaftlichen Forschung widerlegt, doch hatte er auch hier auf wichtige geistige Zusammenhänge hingewiesen, die — nach langer Pause — vielleicht erst wieder in der Gegenwart zu Bedeutung gelangen. Alle seine ästhetischen Untersuchungen enthalten eine gewisse, nach innen gekehrte Subjektivität, die innere Spannungen erahnen lässt. Ähnlich verhält es sich auch bei Kemény, der, nachdem er erkannt hatte, dass Literatur nicht nur eine Sammlung von Büchern, sondern auch pulsierendes Leben bedeute, die Zusammenhänge zwischen dem Leben und der Literatur erschloss. Das Subjektive dieser Autoren wurde in die Form des literarischen Essays gebannt.

Erdélyi und Greguss führten in die ungarische literarhistorische Betrachtung den Hegelianischen Geist ein. Erdélyi bot einen Überblick über das Vierteljahrhundert der Reformzeit und eröffnete neue Gesichtspunkte, die Toldys Literaturgeschichte bereits als veraltet erkennen liessen. Durch die Theoretiker klärte sich der Hergang der Entwicklung. Sie sichteten und ordneten die reiche Ernte des früher Geschaffenen.

Die Ereignisse bedeuteten gleichzeitig den Anfang einer neuen und den Abschluss einer alten Epoche.[4] Der Ausgleich von 1867 befreite die Nation von den Fesseln der politischen Unterdrückung und unter der Krone Stephan des Heiligen bildete das Land der beiden Flüsse und der drei Berge wieder eine ungeteilte Einheit. Der lange Kampf, den die Dichtung mit Geist erfüllt hatte, war beendet. Die ungarische Seele hatte in Kunstwerken von Ewigkeitswert einen Ausdruck gefunden. Nun konnte auch die Entwicklung der ungarischen Wissenschaft zur Blüte gelangen. Ungarn hatte sich einen Platz in dem Habsburgischen Reich erobert. Gleichzeitig aber — das Paradoxe seines Schicksals —

rückte es weit ab von Europa. Das schwierige Problem der folgenden Epoche drehte sich um Ungarns Verhältnis zu Europa.

Die literarische Deák-Partei.

„Wie konntest Du nur all das Gute und Schöne schaffen, das Dein Werk erfüllt? Wer bist Du denn eigentlich, Du, der Du mit der Gewalt eines Vulkans plötzlich der Meerestiefe entspringst?“ — mit diesen Worten wandte sich Petőfi an den Dichter des „Toldi“, dem er sich „zu einem warmen Händedruck, zu einer heissen Umarmung“ anbot. Der Notar aus Nagyszalonta antwortete mit bescheidenem Selbstbewusstsein: „Du fragst mich, wer ich bin? Ich bin ein Spross des Volkes, für und durch welches ich lebe!“

Johann Arany (1817—1882) war wahrhaft aus der Tiefe aufgetaucht, aus dem Meer des Volkes, einer von den Millionen Namen- und Rechteloser, die Jahrhunderte hindurch den Boden Ungarns zu bewahren geholfen hatten. Csokonai, Tompa und Petőfi waren die Söhne von Handwerkern. Arany hingegen vertritt die uralte ungarische Bauernrasse. Er war der Nachkomme von Bauern aus Bihar, derselben Landschaft, der auch Pázmány und Kazinczy entstammten. Die Persönlichkeit Aranys stellt die aussergewöhnliche, einmalige Inkarnation seiner Rasse dar. In dem Geiste seiner Dichtungen spiegelt sich das unvergängliche Künstlertum der magyarischen Seele.

Arany, der ungarische Bauer, sehnte sich nach der Scholle. Als Professor in Nagykőrös beklagte er sich bitter darüber, dass er das Brot auf dem Markte kaufen musste. Er sparte, häufte Groschen auf Groschen, verkaufte sein Elternhaus, nur um ein kleines Stück des fruchtbaren Bodens seines Geburtsortes Nagyszalonta erstehen und sein Eigen nennen zu können. In Pest wohnte er in dem neuen Palais der Akademie. Er, der gefeierte Dichter des Landes, kannte aber nur den einen Wunsch: ein stilles Nest zwischen grünen Bäumen, das nur ihm gehörte. Er hatte mit dem Volke die grosse Einfachheit, den biblischen Glauben und den nüchternen Wirklichkeitssinn gemein. Er schuf um sich eine bunte prächtige Welt der Poesie, an der jeder teilhaben durfte. Nur in seine Seele und in sein schlichtes, inniges, aller Problematik abholdes Familienleben gewährte er keinen Einblick. Seine männliche Schamhaftigkeit hinderte ihn daran.

Der junge Toldi und Etzel, die Helden seiner Epen, sind Inkarnationen der natürlichen Kraft des Ungarntums. Auch der Dichter ist von dieser Urkraft erfüllt. Allerdings kennzeichnete ihn — das späte Kind alternder Eltern — gleichzeitig auch noch eine besondere Sensibilität, mit der er auch die zartesten Regungen der Seele zu fühlen und zu gestalten imstande war.

Seine einsame Jugend zwang ihn frühzeitig zur Vertiefung in sein Inneres. Er beobachtete sich und seine Umgebung. Er las besonders viel. Die urwüchsige ungarische Sprache erlernte er aus der Bibelübersetzung von Károlyi. Dichterische Schönheit lernte er zuerst in den Werken Gyöngyösis kennen. Bald entdeckte er auch die grossen Geister der Antike. Besonders Homer erfüllte ihn mit Bewunderung. Er schrieb an seinen Freund Stefan Szilágyi: „Ich lerne Homer auswendig und verschlinge die Ilias. Nichts geht über die classica literatura. Je mehr französische, englische und deutsche Romane und Schauspiele ich lese, umso mehr brauche ich den Homer und Shakespeare dazu". (1846.) Der Lärm des Pester Literaturbetriebes drang nicht zu ihm. Nach jugendlicher Sturm- und Drangzeit, die ihn aus dem Elternhause führte, kehrte er wieder zu dem blinden Vater heim. Später fand er in seiner kleinen Familie ein stilles, ungetrübtes Glück. Der Name Petőfis drang im Jahre 1846 zum ersten Mal an sein Ohr.

1845 sandte er — vermutlich auf die Anregung des Rektors Szilágyi in Nagyszalonta — sein Werk, „Die verlorene Verfassung", an die Kisfaludy-Gesellschaft zum Wettbewerb. Das in Hexametern verfasste Epos in sieben Gesängen, erfüllt von einer unklaren Mythologie und scharfen Satire, erregte kaum Aufsehen. Über den Stil äusserte sich Vörösmarty besonders streng. Er behauptete, er sei ungehobelt, als ob er in dem Eisenzeitalter der Sprache entstanden wäre. Auch das Thema und der Geist waren nicht neu. Seit dem Erscheinen des Széchenyischen „Kredit“ gehörte die Kritik an den öffentlichen Zuständen zu den volkstümlichsten Themen. Selbst Eötvös, Obernyik, Kuthy und der milde Ignaz Nagy gingen schärfer vor als Arany. Es war das Harakiri der adeligen Nation, das von der Regierung mit verborgener Zufriedenheit beobachtet wurde. Erst später sollte Arany beweisen, dass er den Mut hatte, auch gegen die allgemeine Meinung zu kämpfen, ja auch den Zorn der Machthaber auf sich zu ziehen. Im Alter stellte er fest, dass er einst über das Vaterland auch manche scharfen Worte zu äussern wagte, zu einer Zeit, als selbst das schon zu viel war. Trotz der strengen Kritik wurde das erste epische Werk mit einem Lob ausgezeichnet. Mit einem Schlag erwachte nun in ihm der schlummernde Dichter: 1846 erschien sein „Toldi“ und machte seinen Namen im ganzen Lande bekannt.

Mit 29 Jahren erhielt er für sein Epos den Goldpreis der Kisfaludy-Gesellschaft. Sein Talent hatte sich bereits voll entfaltet. Er schrieb sein völkisches Epos nicht als Resultat irgendeines literarischen Programmes, auch nicht, weil die Strömung der Demokratie in der Luft lag. Ähnlich wie im Falle Petőfis, war auch bei ihm sein dichterischer Instinkt der einfache Wegweiser. Das Material schöpfte er aus der primitiven Erzählung von Ilosvai. In dem Aufbau dürften ihn die Bibel und Homer geleitet haben. Vielleicht wirkte auch das Erscheinen von Petőfis „Held Johann“ ermunternd auf ihn. Zum Dichter wurde er aber doch nur aus Begabung und durch seine Rasse.

Ohne Neid bewunderte er den Reichtum der Petőfischen Phantasie, die auch „aus dem Nichts eine Welt zu schaffen vermag". Er selbst brauchte stets Material und Belege, um seine Erzählungen ausspinnen zu können. Er glaubte, seine Phantasie sei mangelhaft. In Wahrheit hat ihn wohl nur sein Sinn für Wirklichkeit vor den Luftschlössern der Poesie zurückgehalten. Er hatte die Gewissenhaftigkeit eines Historikers. Was er schrieb, wollte er auch beweisen oder, zumindest, glaubwürdig machen. Oft arbeitete er sich durch einen ganzen Stapel von Chroniken und Dokumenten hindurch, um ein einziges Motiv belegen zu können.

Seine Phantasie war gewiss andersgeartet wie die von Jókai. Doch wäre es unrichtig, ihn der Phantasiearmut zu bezichtigen. Schliesslich war er es, der durch sein Genie die Sprache erneuert, ihre uralte Frische wieder hergestellt und unzählige, prächtige Bilder geschaffen hatte. Die jungfräuliche Reinheit und Vielfältigkeit der Natur spricht aus seinen Werken.

Dank seines Wirklichkeitssinnes erschienen seine Gestalten wuchtig und plastisch, wie in Stein gehauen. Nichts haftet ihnen von den schwebenden, pathetischen Helden Vörösmartys an. Sie sind erdgebunden, Menschen aus Fleisch und Blut, wie sie unter uns leben könnten. Auch mit Petőfis Gestalten dürfen sie nicht verglichen werden: sind diese doch nur Ausstrahlungen der Persönlichkeit des Dichters. Arany schuf individuelle Charaktere mit einem eigenen Leben. Ihre Unsterblichkeit währt solange, wie es noch Menschen gibt, die ihre Sprache verstehen. Sie haben eine eigene Seele, welche sich in allen Momenten der körperlichen Erscheinung offenbart. Eine belanglose Geste, das Zucken einer Wimper, eine flüchtige Färbung des Antlitzes verraten die inneren Kämpfe, Leidenschaften, überhaupt alles, was sie bewegt und was sie zu Taten und Ereignissen formt.

Der Seelenzustand des Menschen äussert sich nicht nur in körperlichen Veränderungen, sondern auch durch die Art, wie er seine Umgebung betrachtet. Unsere Naturbetrachtung ist die Projektion unserer Seele: eine Wahrheit, welche Arany aus dem Volkslied schöpfte. Seine Bilder, die er mit Bewusstsein gestaltete, erschienen ebenso zart und nuancenreich, wie die Petőfis, der sie intuitiv zu formen wusste.

Die Struktur seiner Epen wetteifert an Geschlossenheit mit der harmonischen Beschaffenheit klassischer Bauwerke, ohne aber dabei Starrheit oder Gebundenheit merken zu lassen. Ohne überflüssige Episoden oder lyrische Ausbreitung strömen seine Verse in natürlichem Flusse dahin. Man denkt an die Theiss, den allerungarischesten Fluss des Landes, an ihren Weg mitten durch die Alföld. Man vergisst die regulierende menschliche Hand und steht bewundernd vor der wegbahnenden Urkraft der Natur.

Nach dem grossen Erfolg des „Toldi" setzte der Dichter den Ausbau des Werkes zu einer Trilogie fort. „Toldis Abend" beendete er noch vor dem Freiheitskrieg. Mit mildem Humor gab er darin ein Bild von der Tragödie des Alterns. An dem mittleren Teil der Trilogie, an „Toldis Liebe", arbeitete er mehrere Jahrzehnte hindurch. Er schloss ihn erst im Jahre 1879 ab. Der Hochblüte des ungarischen Rittertums ist darin ein Denkmal gesetzt. Auch das mythische Zeitalter der Nation regte seine Phantasie an. Er wollte das ungarische Nibelungen-Lied schaffen, eine grossartige Trilogie des heldenhaften Beginnens. Nur ein Bruchstück — die Einleitung, „Der Tod von Buda" — wurde vollendet. Obwohl in jedem seiner Epen derselbe Genius waltet, unterscheiden sie sich in Sprache und Geist doch stark von einander. „Der Tod von Buda" lässt jene uralte Zeit wiedererstehen, in der Attilas Reiter über die Landschaft der Donau und Theiss dahinfegten, jagend das Mátra-Gebirge durchquerten, um sich auf ihre Siegeszüge vorzubereiten. Urmenschen voll elementaren Leidenschaften und doch nahe Verwandte von uns! Die Nachkommen Attilas leben auch heute noch und zähmen die frei dahinsausenden Pferdeherden in der Alföld. Frische Lebenskraft erfüllte den jungen Toldi, selbst sein mörderischer Zorn wird durch die reine Tiefe seiner Gefühle geläutert. Sein Zuhause steht in einer ungarischen Kurie, welche von der alles verzeihenden Mutterliebe durchleuchtet wird. In der Wanderung Toldis erschien die Selbstflucht einer gespaltenen Seele. In diesem Teil wird die Klarheit der epischen Linienführung schon verworrener: man kann verspüren, dass inzwischen das Zeitalter des Romans hereingebrochen ist. Das Schicksal des sterbenden Toldi überragt die Zeit und das Milieu, wird zum ewigen Trauergesang der Vergänglichkeit.

Durch „Toldi" hatte Arany die Freundschaft Petőfis erworben. Für den einsamen, nur in seiner Familie lebenden Dichter bedeutete das ausserordentlich viel. Die Anerkennung des jungen Petőfi leuchtete gleich einem wärmenden Sonnenstrahl über seinem Leben. Er war ihm auch dankbar dafür. Aus den Briefen geht hervor, dass Arany, obwohl der Ältere, sich in seinen Empfindungen, Ideen und politischen Anschauungen gerne von dem Jüngeren leiten liess. Ohne dabei seine eigene Persönlichkeit aufzugeben, handelte er öfters unter dem Einfluss Petőfis. Seine schwungvollen patriotischen Gedichte, die während des Freiheitskrieges entstanden und gar nicht zu seinem wirklichen Gebiet gehören — also auch mehr gewollt als von echtem Feuer durchglüht scheinen — gingen nicht auf Petőfi, sondern auf die allgemeine Zeitströmung zurück.

Nach der Waffenniederlage von Világos forderte er das Meaculpa der nationalen Selbsterkenntnis. In den „Zigeunern von Nagyida" wandte er sich mit wehmütiger Ironie gegen das Strohfeuer der Begeisterung und den beschämenden Zusammenbruch des Ungarntums. In dem Gesang des bettelnden Honvéd warf er der Nation vor, dass ein innerer Wurm an ihrer Kraft gezehrt hat und dass das reine Blut auf einem schmutzigen Altare vergossen worden ist. Die Aufforderung,

Kaiser Franz Joseph mit einem Liede zu begrüssen, wies er von sich. Er schrieb statt dessen den Gesang des Barden von Wales und das Lied der Rachel. In letzterem drohte er dem Tyrannen, dass seine Tage gezählt seien, die Zeiten sich geändert hätten und die Idee keine Angst mehr vor ihm hätte. Nachdem Petőfi verschollen war, zog sich Arany immer mehr in die Einsamkeit zurück. 1850 nahm er den „Narren Istók", seine Selbstbiographie, in Angriff, legte sie aber bald beiseite, holte sie nach einem Vierteljahrhundert wieder heraus, ohne sie je zum Abschluss zu bringen. Byron galt ihm als Vorbild, doch der bittere Humor, der das Werk kennzeichnete, kam aus der Tiefe seiner eigenen Seele.

Tiefe Seelenkenntnis, tragische Spannung und erlösender Humor bezeichnen seine Balladen. Er untersuchte die Balladen Schottlands und stellte mit Überraschung ihre Ähnlichkeit mit den ungarischen Volksballaden fest. Seine Themen entnahm er zunächst — gleichsam als Fortführung der literarischen Tradition der früheren Epoche — mit Vorliebe der ungarischen Geschichte. Er plante einen Balladenzyklus von der Familie Hunyadi, den er allerdings nicht ausführte. Das aber, was er schuf, gehörte zu den Perlen der Balladendichtung überhaupt. („Die Witwe von Ritter Both", „Jank Szibinyáni", „Ladislaus V.", „Die Mutter von Matthias".) In „Ritter Pázmán" und „Die Nachtigall" liess er seinem prächtigen Humor freien Lauf. Später vertiefte er sich immer mehr in das Studium der menschlichen Seele. Sein besonderes Interesse galt jenem Zustande der Seele, von dem sie bei einem Zusammenprall mit der Weltordnung Besitz ergriffen wird und der sie bis zum Wahnsinn treiben kann. Nachdem er in den 50-er Jahren noch „Frau Agnes" vollendete, trat in der Balladenschöpfung eine Pause von 20 Jahren ein. Der Tod seiner Tochter Juliska brachte ihm die Tragik der Vergänglichkeit zum Bewusstsein. Eine schwermütige, düstere Stimmung bemächtigte sich seiner. Die weiteren Balladen sind von einer wahrhaft erschütternden Wirkung. In „Nächtliches Duell", „Brückenweihe" und „Tetemrehívás" zeichnete er mit psychologischem Scharfsinn und dramatischer Kraft den seelischen Zusammenbruch seiner Helden in höchster künstlerischer Form.

Lyrische Gedichte entstanden ausser in den 50er Jahren auch noch am Lebensabend des Dichters. In ihnen überwog das Gedankliche über das Gefühl und das Epische über das Lyrische. Die Beschreibungen, die er bot (z. B. in dem wundervollen Werk „Der Familienkreis"), setzten sich aus einer Reihe kleiner Ereignisse und anschaulicher Bilder zusammen. In den reflektiven Gedichten erhob er sich in die Region des Philosophischen. („Dante".) Nur im späten Alter gewährt er einen Einblick in sein Inneres. In den „Herbstzeitlosen" konnte man spüren, dass sein Leben schon zur Neige ging, und er seine Welt, die ihn umgebende, als fremd empfand. Am liebsten sass er auf der Margareteninsel, unter seinen geliebten Eichen, und sehnte sich schwermütig und resigniert nach der ewigen Ruhe des Grabes. Im „Epilog" gab er einen Rückblick auf sein Leben und stellte fest, dass ihm das Leben das, was er von ihm erwartete, nicht gegeben hat.

Es ist traurig, von dem grössten ungarischen Dichter gerade ein solches Bekenntnis zu hören. Doch sein Schicksal mag gerade deshalb ein spezifisch ungarisches gewesen sein.

Arany gehörte nicht zu den volkstümlichen Dichtern und ist es auch, mit Ausnahme der ersten Jahre nach seinem Auftreten, nie gewesen. Zweifellos wird die Tatsache, dass er schon frühzeitig „offiziell anerkannt" wurde, dazu beigetragen haben. Sein Lebenswerk glich einer Bibel des ungarischen Volkslebens und der ungarischen Sprache. Die Bibel aber ist ein frommes Buch, das nur den Gläubigen zur täglichen Lektüre dient. Die Zahl der Gläubigen im Geistesleben Ungarns war stark zurückgegangen. Der Stil Aranys galt als Norm und Gesetz. Seit einem halben Jahrhundert richten sich zwar die Philologen nach ihm, das Zeitalter der leichten Lyrik und des aufregenden Romanes hatte aber für die erhabene Kunstform des Epos nichts mehr übrig. Während die Kisfaludy-Gesellschaft im Jahre 1879 „Toldis Liebe“ aufs höchste feierte, kümmerte sich das Publikum kaum mehr um das Werk. Es hatte den Anschein, als ob von Arany nur die Balladen und die lyrischen Gedichte weiterleben sollten.

Obwohl viele seiner Werke übersetzt wurden, wurde Arany im Ausland nicht bekannt. Er selbst war der Meinung, dass ein Dichter nur bei seinem eigenen Volke beheimatet ist.

Die Farbe und der Duft seiner Verse verliert sich in der Übersetzung. Doch lag es nicht nur daran, dass er in der Weltliteratur nicht bekannt wurde. Bei seinem Auftreten hatte Goethe bereits sein „Hermann und Dorothea“ und Byron seine Epen vollendet. Also verlief Aranys Wirken nicht gleichzeitig mit einer bestimmten Strömung der Weltliteratur, wie dies bei Petőfi und Jókai der Fall war. Weder die Kunstform, noch die Art, die er pflegte, konnte Aufsehen erregen. Seine Sprache war unverständlich ausserhalb der Grenzen seines eigenen Landes.

Aber auch darin, dass er kein Echo fand, teilte er die Abgeschlossenheit seines Volkes.

Baron Sigismund Kemény (1814—1875), den Magnaten aus Siebenbürgen, trennte der ganze Abgrund sozialen Unterschiedes von dem Bauernspross aus Nagyszalonta. Dennoch glichen sich die beiden in ihrer seelischen Struktur, Weltanschauung und Lebensform, als ob sie vom selben Stamme wären. Beide waren schlichte, anspruchslose Persönlichkeiten, deren inneres Feuer in der Dichtkunst Ausdruck fand. Beide vereinigten in sich Dichtkunst und Wissenschaftlichkeit. Sie unterlagen nicht der Inspiration des Augenblickes, sondern unterwarfen ihre Feder dem bewussten Willen nach Gestaltung. Sie ähnelten darin Kazinczy, allerdings mit dem Unterschied, dass sie während der Arbeit auch von der Ekstase des Schaffens erfüllt waren. Petőfi, der die ungarischen Rhythmen mit Vollkommenheit beherrschte, wusste, wie er es selbst zugab, von ihren Gesetzen kaum etwas. Arany hingegen stellte ihre Theorie auf und handhabte sie in der Praxis oft noch mit mehr Geläufigkeit, als sein jüngerer Freund. Jókai hat sich um die Gesetze des Romans nie gekümmert, sondern nur seiner göttlichen Eingebung folgend, einfach geschrieben. Kemény kannte die Geheimnisse des Romans sehr wohl, und schuf in ihnen Menschen aus Fleisch und Blut, neben denen die Helden Jókais nur als ungreifbare Phantome erschienen.

Arany und Kemény schienen unzertrennlich von einander. Sie schritten in der Literatur ihrer Zeit neben einander einher, waren die Vorkämpfer derselben Ideen und nahmen in der Geschichte des ungarischen Geisteslebens die gleiche Stellung ein.

Kemény war älter als Arany und trat auch vor ihm hervor. Nach einer trüben und freudlosen Kindheit bedeutete ihm Klausenburg (Kolozsvár), mit seinem im Aufschwung begriffenen politischen und literarischen Leben, das erste nennenswerte Erlebnis. Ende der 30-er Jahre lebte er in Wien, studierte Jura, interessierte sich aber auch für die Medizin und besuchte oft den Seziersaal der Universität. Er schien auf der Suche nach dem Wunderbaren, nach der Seele des Menschen, nach dem tiefsten Geheimnis alles Geheimnisvollen. In Wien las er zum ersten Mal Goethe, lernte die österreichischen Romantiker und ihre Abgötter Bulwer und Scott kennen. Seine ersten Versuche standen unter dem Einfluss der Wiener Eindrücke. Bald musste er nach Klausenburg zurückkehren. In den folgenden Jahren lag er im Kampfe mit sich selbst, ob er sich der Politik widmen oder Romanschriftsteller werden sollte. Beide Gebiete zogen ihn an, und eine wirkliche Entscheidung vermochte er eigentlich niemals zu treffen. 1847 trat er in die Redaktion des „Pesti Hirlap“ ein und veröffentlichte gleichzeitig seinen ersten Roman „Paul Gyulai“.

In dem anbrechenden Fieber der Revolution wurde er kaum beachtet. Auch später wurde er nur von wenigen gelesen. Johann Erdélyi schrieb in seiner Besprechung, dass der Roman nicht für die grossen Massen bestimmt sei und nie volkstümlich werden könnte. Péterfy allerdings erkannte, dass Kemény ihn „mit seinem Herzblut" geschrieben habe. Die Sprache ist holperig, schwerfällig. Die Erzählung selbst erinnert an die Zeiten von Dugonics. Die langatmigen, tagebuchartigen Reflexionen wechselten mit dramatisierten Zwiegesprächen und detaillierten Beschreibungen. Trotz dieser Mängel spürte man aber die ringende und brennende Seele des jungen Kemény. Der einer wunden Seele entstammende tiefe Pessimismus wurde durch nichts gemildert. Sein Weltschmerz war andersgeartet als der von Vörösmarty. Kemény flucht nicht über die Menschheit. Seine Helden tragen keine Schuld an ihrer Tragik. Die geheimnisvollen Verwicklungen der Seele riefen das Unglück hervor. Sie erstickten das Glück im Keime, verwandelten die Tugend in Sünde und vergifteten das Zusammenleben der Menschen. Kemény war einer der ersten in der Weltliteratur, der — lange vor Strindbergs und Ibsens Auftreten — die ewige Tragik des Ehelebens erkannte und in seinen Romanen schilderte („Mann und Frau", „Nebelbilder am Horizont der Seele", „Die Strudel des Herzens"). In den Gesellschaftsromanen schilderte er mit erschütternder Kraft jene tragischen Verwicklungen, die aus geringen Missverständnissen oder unüberlegten Worten entstehen können. Ebenso wie bei Arany, bildeten auch bei ihm der Körper und die Seele des Menschen eine unzertrennliche Einheit. Allerdings war die Seele seiner Helden sensibler, sie tragen sie auch gleichsam nach aussen. Unter dem geringsten Schlage, der sie traf, zuckten sie vor Schmerz zusammen.

Kemény kehrte bald zu seinem ursprünglichen Gebiete, dem historischen Roman, zurück. Er sah, dass ohne ein entwickeltes Gesellschaftsleben auch keine

Gesellschaftsromane geschrieben werden können. (Geschichtliche Romane: „Die Witwe und ihre Tochter" 1857, „Die Schwärmer" 1859, „Rauhe Zeiten" 1862.) Obwohl Kemény in der getreuen Darstellung vergangener Epochen sowohl Jósika wie auch Jókai weit übertraf, leitete ihn gar nicht die Absicht, eine patriotische Mission zu erfüllen. Ihn interessierte auch an der Geschichte lediglich der Mensch und alles Ewige und Unveränderliche in ihm: seine Leidenschaften, sein Liebeskampf und das Mysterium seines Todes. Frohsinn und Heiterkeit waren ihm gleich fremd. In seinen Landschaftsschilderungen zog er die düstere, romantische Wildnis und die verlassenen Burgruinen den heiteren, sonnenbeschienenen Wiesen vor. In seinen Wäldern hausten keine Elfen, sondern grimmige Drachen, und in den Burgruinen schwebt nicht der erhabene Geist der heldischen Vergangenheit, sondern die Sünde, die auf Opfer lauert. Dementsprechend gestaltete er auch das Innenleben seiner Helden. Der tiefe, hoffnungslose Pessimismus wird nur durch den Glauben erträglich, dass eine höhere ethische Ordnung die Welt beherrscht, der wir alle Untertan sind, ohne freilich deren Gesetze genau zu verstehen.

Wer allzu lange in die Tiefe starrt, wird schliesslich selbst vom Schwindel gepackt. Dies war auch das Schicksal Keménys. Er, der die Abgründe der menschlichen Seele so meisterhaft zu gestalten wusste, wurde durch sie langsam aufgezehrt. Sein Geist verfiel in Umnachtung. Sein Grabstein trägt die schöne Inschrift: „Einer Fackel gleich, leuchtete er den anderen und erlosch dabei selbst".

An der Unpopularität seiner Romane trug nicht allein das Publikum die Schuld. Als Fabulierer blieb er weit hinter Jókai zurück. Seine Sprache erschien, bereits zu seinen Lebzeiten, altertümlich und schwer geniessbar. Die Romane erschütterten, zwangen zur Vertiefung, galten aber weder der Unterhaltung noch der Erbauung. Nur wenige vermochten ihm auf seinen

Wegen zu folgen. Dadurch, dass die Romane zur Schullektüre wurden, verloren viele Jünglinge die Lust, später, in reiferen Jahren, auf sie zurückzugreifen. Shakespeare verdankt seine Volkstümlichkeit der Bühne. Wer hingegen liest schon, z. B., die Werke von Dante?

Auch die „Tragödie des Menschen" wäre, ohne die Bühnenaufführungen, kaum in weitere Kreise gedrungen. In der Zeit, als Kemény schon seinen letzten Roman vollendet hatte, berichtete Arany an Tompa: „Endlich habe ich ein echtes Talent entdeckt. Sein Manuskript liegt vor mir: Es ist „Die Tragödie des Menschen", ein Faust-artiges dramatisches Werk, das aber vollkommen selbständig ist... Der Verfasser ist ein junger Abgeordneter, dessen Namen Du noch erfahren wirst..." Den Namen von Imre Madách (1823—1864) sollte aber nicht nur Tompa, sondern bald auch die ganze Nation erfahren. Sein Ruhm drang auch über die Grenzen des Landes. Das Werk wurde in unzähligen Auflagen verlegt und später in fast alle europäischen Sprachen übertragen.

Madách, ein Gutsherr aus Sztregova, der katholische Spross einer alten protestantischen Adelsfamilie, war ein merkwürdiger, eigenartiger Mensch. Seine Jugendentwicklung war, nach dem frühen Tode des Vaters, durch die Tyrannei der Mutter gehemmt, deren Spuren er nur allmählich von sich streifen konnte. Sein Willens- und Tatendrang war stets durch eine innere Unsicherheit gebunden. Er las sehr viel, aber ganz planlos. Was er schrieb, brachte er nicht an die Öffentlichkeit. Während seiner Studienzeit an der Universität in Pest stand Jung-Ungarn auf dem Höhepunkt seines Tatendranges. Madách war unbeteiligt an den Ereignissen, er betrachtete sie nur aus der Ferne. Alle Wendungen seines Lebens wurden durch äussere Umstände hervorgebracht. Er heiratete mit 23 Jahren eine Frau, von der er eigentlich wusste, dass sie ihn niemals glücklich machen konnte. Er kränkelte von Jugend auf, war häufig ans Bett gefesselt, während seine Gattin die

Lebenslust in Person war. Wegen der Hilfe, die er einem befreundeten Honvéd zuteil werden liess — er bot ihm Unterschlupf —, strafte ihn die Rache der österreichischen Regierung mit zweijähriger Kerkerhaft. Als er heimkehrte, war sein Familienleben zerstört. Seine Gattin, die ihn materieller Vorteile wegen ge⸗heiratet hatte, hatte ihn, den Dichter, der das Sehnen höher schätzte als die Erfüllung, niemals verstanden. Sie starb verlassen und verkommen im Krankenhaus. Die Ehetragödie Madách', deren tragische Heldin die Frau gewesen ist, hätte zur Schilderung der Feder eines Kemény bedurft. Durch den erlittenen Schmerz ge⸗langte Madách zur Erläuterung. Nach vielen schwachen poetischen Versuchen gelang es ihm ein einziges Mal sich selbst zu übertreffen. Dies Werk war „Die Tragö⸗die des Menschen", nach dessen Vollendung er nichts mehr von ähnlichem Wert zu schaffen vermochte.

Vergeblich würde man in diesem Drama nach einem festumrissenen philosophischen System suchen. Dieselbe sich selbst zerfleischende weltschmerzliche Stimmung herrscht darin wie in den „Wolken" von Petőfi. Während aber das Fieber der inneren Spaltung bei dem jugendlichen Dichter zu einer Reihe von geist⸗vollen Aperçus führte, brachte es bei dem gereiften und ernüchterten Manne die Konzeption zu einem mächti⸗gen dramatischen Werke hervor. Sein Pessimismus erinnert an Kemény. Die revoltierende Seele seines Adam kam nirgends zur Ruhe. Weder die Tyrannen⸗macht des Pharao, noch das volksbeglückende Opfer Miltiades', oder die nach Genüssen jagende Haltung eines Sergiolus konnten ihn befriedigen. Jedes einzelne Bild, aus denen sich das Drama zusammensetzte, be⸗deutet eine geschlossene kleine Tragödie für sich. An Tankred führte er vor, dass die Idee in dem schmutzi⸗gen Kampf der materiellen Interessen untergeht. Kepler konnte den Ausweg aus dem Gegensatze zwischen Leben und Wissenschaft nicht finden. Luzifer schleppte Adam durch den blutigen Strom der französischen

Revolution hindurch, führte ihn auf den Markt von London, stellte ihn in die Mitte der herzlosen Wissenschaftler des kommunistischen Phalansters. Zum Schluss liess er ihn auf der erkaltenden Erde an den halb tierischen Eskimos die Zukunft der Menschheit erkennen. Madách erkannte keinerlei Entwicklung des Menschen an. Er glaubte auch nicht, wie Faust, an die lebenspendende Freude durch die Arbeit. Die Liebe hatte für ihn auch nichts Erhebendes, sondern nur etwas Erniedrigendes. Er glaubte nicht an die metaphysische Gewalt der Religion, die das Leben erträglich machen könnte. Er wusste, welch unendliche Qual es ist, wissend und sehend den Fluch des Lebens zu ertragen. Ein Los, aus dem der einzige Ausweg im Selbstmord liegt. Der Mahnruf, am Schlusse seiner Tragödie, „kämpfe, Du Mensch und glaube!" gleicht etwa jener hohlen Geste eines ungläubigen Priesters, der trotz seiner eigenen inneren Spaltung das Sakrament der knieenden Menge hochhebt.

„Die Tragödie des Menschen" soll gar nicht als ein philosophisches Werk gelten. Es soll nicht die wissenschaftliche Lösung der menschlichen Probleme bieten. Es war objektivierte Lyrik, die einmalige Schöpfung eines tiefen, verinnerlichten und sehr belesenen Genies. Es wäre ein unfruchtbares Unterfangen, wollte man über die „Grundidee" des Werkes diskutieren. Der Dichter hatte darin nur sein eigenes Innerstes offenbart. Allerdings gehören die Fragen, die ihn bewegten, zu denjenigen, die in der Tiefe einer jeden menschlichen Seele schlummern oder in den entscheidenden Augenblicken der persönlichen Entwicklung in jeden Menschen auftauchen. Madách brachte diese Probleme ans Licht und klärte sie durch die Macht seiner unsterblichen Dichtung. Ebenso, wie bei Petőfi, sind auch seine Sätze rein und klar, so dass sie jeder verstehen kann. Sein Pessimismus drückt nicht nieder, denn es kam ihm weniger auf die Grundidee, als auf den klaren Ausdruck tiefer Gedanken und den reichen Wechsel anschaulicher Bilder an. Er stellt den Menschen, das wunderbarste und kostbarste Geschöpf Gottes, mitten in das Weltganze. Diese Erhebung bot eine höchste Katharsis, welche die Möglichkeiten jeder persönlichen Tragödie übersteigt.

Die ungarische Literatur vor Petőfi, Arany, Kemény und Madách stand vornehmlich im Dienste nationaler und rassischer Interessen. Erst durch diese Dichter sprengten die Grenzen des Nationalen und erhoben sie in die Region des Allgemein-Menschlichen. Ihre Werke bedeuteten die Reifezeit der ungarischen Geistigkeit. Gleichzeitig aber erwiesen sie durch sie die höchsten Dienste auch der Nation.

Für das Verständnis der nationalen Klassiker hat sich Paul Gyulai die grössten Verdienste erworben (1826—1909). Mit Karl Szász und Joseph Lévay, zwei kongenialen Freunden, tauchte er im Kreise des Jungen Ungarn schon vor dem Freiheitskrieg auf. Alle drei dichteten unter dem Einfluss von Petőfi und Arany. Dank ihren reinen und starken Persönlichkeiten vermochten sie auch eigene Töne anzuschlagen. Nach dem Tode Petőfis setzten sie die hohe Tradition der ungarischen Lyrik fort. Gyulais Leistungen auf dem Gebiet der Kritik überragten an Wert seine Dichtungen. Einige aber, wie z. B. „Herr Leutnant", „Der nächtliche Besuch" sind von dauerndem Wert. Die Bedeutung von Karl Szász lag hauptsächlich in seinen Übersetzungen. Die Übersetzungen von Shakespeare, Goethe, Dante, Byron und dem Nibelungenlied gehören zu seinen bedeutendsten Arbeiten. Daneben dürfen seine Epen, die an die Gefolgschaft von Arany mahnen, auch nicht vergessen werden. Aus den Dichtungen Joseph Lévays strahlte eine milde Lebensanschauung und die tiefe Liebe zu der ungarischen Rasse und Heimat. In seiner reinen, in ihrer Einfachheit ganz volkshaften Sprache übermittelte er den jüngeren Generationen die Erlebnisse seiner Jugend.

Die öffentliche Meinung bezeichnete diese Gruppe mit dem Namen der literarischen „Deák-Partei". Verantwortungsbewusst hielten sie untereinander zusammen. Um sie herum brauste das Leben, um das sie sich wenig kümmerten. Doch während ihre Gegner heute schon längst vergessen sind, bringt man ihnen noch immer eine unverminderte Achtung entgegen.

Aus der Gruppe der Lyriker, die auf den Spuren Petőfis wandelten, ragte Koloman Tóth (1831—1881) hervor. Doch nur die Sprache und Form hatte er mit Petőfi gemein. Die gesunde Lebensanschauung Petőfis war seiner kränklichen Seele fremd. Seine grosse Volkstümlichkeit (seine Volkslieder waren im ganzen Lande verbreitet) verdankte er ausschliesslich seiner eigenen Begabung. Er sehnte sich nach Glück, doch schrak er vor ihm, wenn es ihm nahe war, wieder zurück. Seine lyrischen Gedichte sind von Traurigkeit und Liebessehnen erfüllt.

Das „Volkshafte" in der Dichtung — bei Petőfi ursprünglich und intuitiv — wurde in der Folge zu einer Modesache. Die Romane von Gereben Vas (Radákovics) fanden eine schnelle Verbreitung, obwohl sie an Jókais gar nicht heranreichten. Sein Verdienst lag nur in seinen geschickt gezeichneten Zeitbildern aus der jüngsten Vergangenheit, durch die er eine ganze Epoche vor der Vergessenheit bewahrte. Joseph Szigeti (Tripammer) gehörte zu den Vertretern des Volksstückes. In der realistischen Darstellung übertraf er Szigligeti, der ihm oft als Vorbild diente.

DIE EPOCHE DER EUROPÄISCHEN ORIENTIERUNG.

Franz Deák, Josef Eötvös und Sigismund Kemény, die politischen und geistigen Vorkämpfer des Ausgleiches, starben kurz nacheinander in den siebziger Jahren.

Sterbend hatten diese Männer kaum auf ihre arbeitsreiche Vergangenheit zurückgeblickt. Sie schauten vielmehr mit tiefster Besorgnis in die Zukunft. Schlimme Vorahnungen erfüllten sie: Die Sorge um den neuorganisierten ungarischen Staat. Noch wehte stolz die dreifarbige Flagge, aber schon drohte den locker gebauten Mauern neue Gefahr.

Nur wenige spürten etwas davon. Neue Generationen traten hervor, die von den heroischen Kämpfen der Reformzeit kaum etwas wussten. Auch der gute Franz Toldy, der späte „Schreiber" der Romantiker, lebte nicht mehr. Nur Paul Gyulai gehörte noch zu den Schaffenden. Mit unverminderter Kraft und Feuereifer kämpfte er — immer einsamer werdend — um die hohen Ideale seiner Jugendzeit. Zwei Richtungen galt sein Kampf: dem äusserlichen, übertriebenen Patriotismus, der die wahre Lage der Nation hinter dem Schleier schöner Illusionen verbarg, und dem neuen Gespenst des Internationalismus, der die heiligen Überlieferungen missachtete.

Das neue Geistesleben Ungarns, das den europäischen Geist des Materialismus schnell in sich aufnahm, stand unter dem Zeichen dieser beiden Extreme. Die grossen Entdeckungen auf naturwissenschaftlichem Gebiet und in der Technik versetzten die Menschen des

Jahrhundertes in einen Taumel. Sie glaubten weder an die Seele, noch an Gott mehr. Die umschwärmten Grössen der Zeit hiessen Renan und Darwin, Schopenhauer und Nietzsche. Auf allen Gebieten der Wissenschaften trat ein unerhörter Aufschwung ein. Auch in Ungarn wurden wissenschaftliche Vereinigungen gegründet und wissenschaftliche Zeitschriften herausgegeben, die den Ansprüchen des „gebildeten Publikums" Rechnung trugen. Die Methoden der naturwissenschaftlichen Forschung wurden auf das Gebiet der Geisteswissenschaften angewandt. Man gab sich der Hoffnung hin, dass mit ihrer Hilfe auch die letzten Geheimnisse enthüllt werden könnten: das Rätsel um das Schaffen des Genies und die positive Gesetzmässigkeit der geistigen Entwicklung. Man übersah dabei, dass nur rohe Belege angehäuft wurden und der Geist selbst unter dem sezierenden Messer verschwand.

Der Geist rächte sich auch dafür. Er war nicht mehr Lenker und Schöpfer des nationalen Lebens, wie vor einem halben Jahrhundert, sondern spiegelte nur die innere Unausgeglichenheit der ungarischen Gesellschaft wider. Keine neuen Ströme der Entwicklung wurden mehr in Gang gebracht. Das einzige, was geschah, war, dass die Bestrebungen nach Änderungen, die in der Tiefe gärten, zum Bewusstsein gebracht wurden.

Das Gepräge der ungarischen Gesellschaft erschien verworren und chaotisch. Unter anderem brachten es die wirtschaftlichen Erschütterungen mit sich, dass die uralte Scholle dem mittleren Adel immer mehr entglitt. Seine verarmten Mitglieder zogen nach den Städten, besetzten die höheren staatlichen und komitatlichen Ämter, später selbst auch die niedrigeren. Sie trugen in der Folge zu der Entstehung der ungarischen Bürokratie, mitsamt ihren Übertreibungen, bei. Die Änderung der Lebensformen brachte aber gar nicht immer auch eine Veränderung des Lebensstandards mit sich.

Denn nicht die besetzten Posten oder die persönlichen Fähigkeiten waren ausschlaggebend, sondern nur die Herkunft. Die gesamte Gesellschaft der Gentry fühlte sich als eine einzige Familie. Sie lebte nach ihren eigenen, kastenartigen Gesetzen, nach aussen sorgsam abgeschlossen. Ihr Selbstbewusstsein wurde durch ihre „Herren"-Lebensweise — die sie für ihr ureigenstes Produkt hielt — besonders gesteigert. Auch ihre fast ausschliessliche Machtstellung in der Politik kam noch hinzu. Bis zum Ende des Jahrhunderts gab es kaum einen Abgeordneten, der nicht ihren Kreisen angehörte. Das Ergebnis davon war, dass das Parlament in seinem Geiste sich kaum von demjenigen des ständischen Landtages unterschied. Es hatte den Anschein, als ob Nation und Adel noch immer identisch wären. Man wahrte höchste Gleichgültigkeit gegenüber allen sozialen Anforderungen. Während sich im Westen die Demokratie weiterentwickelte, Marx das Feuer des Klassenkampfes entzündete, Tolstoi die neue Religion der Menschenliebe verkündete, erfüllte das politische Leben Ungarns viele Jahrzehnte lang der staatsrechtliche Kampf um den Ausgleich.

Das Interesse an diesem Kampf war allgemein. Er beschäftigte gleichermassen die Presse, die Bühne, die Herren-Kasinos und alle Formen des gesellschaftlichen Lebens. Als Grundlage galt die Illusion, Ungarn sei nun gross und mächtig geworden und bedürfe nicht mehr der verhassten Vormundschaft von Österreich. Die führenden Staatsmänner (Koloman Tisza, Stefan Tisza) befürchteten mit Recht, dass ein Umstürzen des Ausgleiches den Niedergang des Ungarntums zur Folge haben würde. Da sie aber nur auf wenige ungarische Wähler rechnen konnten, mussten sie sich auf die Hilfe der Nationalitäten stützen. Nur auf diese Weise konnten sie sich eine Mehrheit verschaffen. Die Unterstützung der Nationalitäten aber war nur Schein. Sie hielten schon seit langem zu ihren Rassengenossen ausserhalb Ungarns und harrten der Stunde, in der sie ihre Träume von einer eigenen nationalen Selbständigkeit verwirklichen sollten.

Die Masse des ungarischen Volkes sehnte sich nach Kossuth, der allerdings selbst geglaubt hatte, dass die friedliche Einigung mit den Nationalitäten Ungarn noch retten könnte. Die Bauernschaft der Alföld, die wieder stark vernachlässigt wurde, verehrte Kossuth als Propheten. Während die Regierung in den von Nationalitäten bewohnten Landesteilen Kulturpaläste errichten liess, versäumte sie es, für Volksschulen in der Alföld zu sorgen. Während Rumänen, Slowaken und Serben zielbewusst die wirtschaftlichen Positionen an sich rissen, Land kauften und siedelten, langte es bei dem ungarischen Bauern höchstens für eine Schiffskarte nach Amerika. In den Gruben und Fabriken der Vereinigten Staaten musste er seine Kraft und Energie vergeuden. Paradoxe, traurige ungarische Geschehnisse vollzogen sich in dieser Zeit. Es fehlte an einem Széchenyi, der den rettenden Weg hätte weisen können.

Ähnlich wie vor dem Jahre 1848 standen sich auch jetzt wieder Adel, Bauernschaft und fremde Völkerschaften gegenüber. Das Streben der führenden Männer der Reformzeit ging dahin, aus diesen drei Gruppen eine einheitliche ungarische Gesellschaft zu schaffen. Der Freiheitskrieg aber hatte die ersten Ergebnisse des grossen Beginnens vernichtet. Die alten Probleme waren in die Zeit des Ausgleiches hinübergegangen. Das liberalistische Nationalitätengesetz von 1868 und die Befreiung der Hörigen stand eigentlich nur auf dem Papier. Es fehlte die schöpferische Macht, die diesen Neuerungen auch Leben verliehen hätte. Obwohl neue Kräfte da waren, gab es keine fähige Organisation, die sie ihren neuen Aufgaben zugeführt haben würde. Wenn auch die alten sozialen Grenzen gestürzt waren, folgte dennoch keine Einheit, sondern nur ein chaotischer Zustand.

Das Auftreten von zwei neuen Volkselementen — des städtischen deutschen Bürgertums und des Judentums — trug in starkem Masse zur Trübung des bis dahin klaren gesellschaftlichen Bildes von Ungarn bei.

Das deutsche städtische Bürgertum hatte in der ersten Hälfte des Jahrhunderts im wirtschaftlichen und geistigen Leben Ungarns eine beträchtliche Rolle gespielt. Seine Theater, seine nach Wiener Muster redigierten Zeitschriften und Verlagsanstalten galten den Ungarn als Vorbild und eröffneten weitreichende Möglichkeiten. Die Deutschen hatten nicht nach Isolierung gestrebt, sondern nahmen mit Freude an allen nationalen Ereignissen teil und versuchten zwischen deutscher und ungarischer Geistigkeit zu vermitteln. Schliesslich hatte auch die deutsche Sprache im Westen stets zur Übermittlung der ungarischen Geistesschöpfungen gedient. Der nationale Aufschwung der Reformzeit führte die deutschen Bürger auf den Weg der Magyarisierung. Der Vorgang wurde durch die nach den Städten gezogenen, besitzlosen Adeligen in starkem Masse gefördert. Ihre Herren-Lebensweise übte auf die junge Bürgergeneration eine ungeheure Anziehungskraft aus. In den 80-er Jahren gab es noch deutsche Theater in Budapest, Pressburg (Pozsony) und Ödenburg (Sopron). Um die Jahrhundertwende verschwanden auch die letzten Stützen der deutschen bürgerlichen Kultur. Die deutsche Sprache blieb höchstens noch im Kreise der Grosseltern erhalten. Die Generation der Enkel konnte sie oft nicht einmal mehr verstehen.

Die Gesellschaft der Gentry nahm die assimilierten Bürgersöhne in sich auf, die sich angesehene Positionen im geistigen und politischen Leben des Landes erkämpften. Schon in den 90-er Jahren nahmen sie Ministerstellungen ein (Alexander Wekerle), standen an der Spitze der Presse (Eugen Rákosi) und hatten hohe wissenschaftliche und literarische Positionen (Gustav Heinrich, Franz Herczeg) inne. Die grosse Masse der Assimilierten brachte einen neuen Geist in das öffentliche Leben. Jenen Geist eines überschwenglichen Patriotismus, der sich schon in der Zeit Alexander Kisfaludys bemerkbar gemacht hatte. Der Apostel des ungarischen Chauvinismus, der Verkünder eines 30 Millionen Ungarnvolkes, Eugen Rákosi (Kremsner), gehörte diesen Kreisen an. 1881 gründete er die „Budapesti Hirlap", deren Abonnentenzahl bald auf 30.000 stieg und auf deren Seiten er Jahrzehnte hindurch die Höherwertigkeit der ungarischen Rasse verkündete. Er wies dabei jegliche Kritik von sich und lullte seine halbgebildeten Leser mit allen Mitteln einer romantischen Selbsttäuschung ein. Erst der Zusammenbruch nach dem Weltkrieg sollte ihre Augen öffnen. Die Philologen ereiferten sich, alle Fremdwörter aus der ungarischen Sprache auszumerzen. Gelehrte, die die Ergebnisse ihrer Forschungen auch in fremden Sprachen veröffentlichten, wurden beinahe als Vaterlandsverräter angesehen. Dichter, die auch in fremden Sprachen geschrieben hatten, wurden vielfach von den Wettbewerben der literarischen Gesellschaften ausgeschlossen. Der Kampf dieser Epoche galt an erster Stelle der deutschen Geistigkeit. Es hatte den Anschein, als ob die Assimilierten auch die blosse Erinnerung an ihre Herkunft vernichten wollten. Der Hass galt jenem deutschen Geist, der als Folge der Epoche Bach fast überall Spuren hinterlassen hatte. Wien war die meistgehasste Stadt, und der Klang der deutschen Sprache erfüllte die meisten Menschen mit Abscheu. Freilich brachten diese Erscheinungen die grosse Gefahr einer Isolierung Ungarns mit sich. Der überschwängliche Patriotismus schloss jegliche nationale Selbstkritik aus und rückte die Lösung selbst der wichtigsten spezifisch ungarischen Probleme in den Hintergrund.

Diese extreme Haltung forderte natürlich eine Reaktion heraus. Sie ging bezeichnender Weise aus dem Kreise des Judentums hervor. Das Judentum mit deutscher Bildung nahm — seit den 40er Jahren — die durch die deutschen Bürger verlassenen Positionen ein.

Nach dem Ausgleich wurden seine bis dahin unterdrückten Kräfte frei. Seine Zahl wuchs durch die Einwanderung aus Polen. Der in der Politik und im Beamtentum herrschende Adel überliess in seiner östlichen Trägheit und als Folge eines missverstandenen Liberalismus die kapitalistische Gestaltung des Wirtschaftslebens fast völlig den Juden. Alsbald verfügten diese über eine fast unumschränkte Macht auf dem Gebiete der Wirtschaft, Finanz- und Industrieunternehmungen. Auch die seinerzeit von den Deutschen gegründeten Verlagsanstalten fielen in ihre Hände. Sie gewannen Macht über die Presse Ungarns und nahmen auch vielfach von den durch den Adel aufgegebenen Landgütern Besitz. Viele von ihnen wurden geadelt, manche sogar in den Magnatenstand erhoben. Auch im geistigen Leben gewannen sie grosse Positionen. Es war bezeichnend für diese Epoche, dass an der Universität in Budapest gerade die nationalsten Wissenschaften durch Juden vertreten wurden (Armin Vámbéry lehrte die urgeschichtliche Forschung, Siegmund Simonyi ungarische Philologie, Heinrich Marczali und David Angyal ungarische Geschichte, Bernhard Alexander ungarische Philosophie). Eine derartige Ausbreitung des Judentums steht in der Geschichte der verschiedenen Nationen wohl einzig da. Die erste Generation der Juden erwies sich für die gute Aufnahme auch übrigens dankbar. Sie ehrte die Traditionen Ungarns und glich sich in allem an. Die liberalen Intellektuellen Ungarns fühlten sich infolge des durch die Juden hervorgerufenen wirtschaftlichen Aufschwunges ihnen auch ganz besonders verbunden. Die jüdischen Neuankömmlinge aber nahmen einen anderen Standpunkt ein. Sie mussten sich schliesslich doch als ausserhalb der ungarischen Gesellschaft Stehende fühlen. Letzten Endes lag dies nicht nur an ihnen. Selbst der extremste Liberalismus vermochte den jahrhundertealten Rassenhass nicht zu bezwingen. Wenn auch die zur Assimilation bereiten Juden auf dem Gebiete des ungarischen Chauvinismus oft sogar die deutschen Bürger überflügelten, wollte man ihnen trotzdem nicht so leicht Glauben schenken. Auch dieses Misstrauen war nicht ganz unberechtigt. Die deutschen Bürger waren Jahrhunderte lang mit der ungarischen Geschichte und der ungarischen Heimat aufs engste verknüpft. Sie verliehen ihrer Zusammengehörigkeit bereits zu einer Zeit Ausdruck, in der sie noch keine sprachliche Gemeinschaft hatten. Die grosse Zahl des Judentums bestand aber gerade aus denjenigen Massen, die sich auch in Ungarn durch ihren eigenen rassischen Zusammenhalt bestimmen liessen. Bald nach dem Ausgleich stieg ihre Zahl von 500.000 auf mehr als das Doppelte. Der Assimilationsprozess ging, selbst wenn er aufrichtig gemeint war, viel zu schnell und viel zu äusserlich vor sich, als dass er tiefere Wurzeln hätte schlagen können. Eine typische Erscheinung dieser Zeit ist der mit sich selbst zerfallene Jude, der Ungar sein wollte, der aber wieder kraftlos in sich zusammensank. Josef Kiss, der erste bedeutende Dichter dieser Generation, charakterisierte den Seelenzustand jener inneren Spaltung. Er wollte auf seinen Grabstein die Worte geschrieben haben:

„Er war verleugnet, arm und verbannt,
War heimatslos im Heimatland.
Vielleicht wird ihm Rast in diesem Haus —
Vielleicht stösst auch das Grab ihn aus.“

Die jüdische Generation der Jahrhundertwende, die schon in den durch ihre Väter geschaffenen europäischen Lebensformen herangewachsen war, revoltierte gegen die ihr aufgezwungene Einsamkeit. Die zurückgewiesene Vaterlandsliebe verwandelte sich, unter dem Einfluss der Verbanntheit aus der Gesellschaft, zu einem harten Zynismus, oft auch zu Hass. Ihre Abneigung richtete sich an erster Stelle gegen diejenigen nationalen Überlieferungen, die nicht ihr Eigen waren, mit denen sie folglich auch nichts zu schaffen hatten. Sie suchten nach allen Möglichkeiten, mit denen sie ihre Einsamkeit durchbrechen und sich menschlich fördern konnten. Sie stellten der nationalen Tradition die Forderung eines neuen Europäertums entgegen, schlossen sich in der Politik dem Radikalismus an und nahmen in den Freimaurerlogen eine führende Stellung ein. Viele wanderten aus der „undankbaren“ ungarischen Heimat aus und stellten sich in Berlin oder Paris in den Dienst fremder Kulturen. Die Mehrzahl aber verblieb im Lande. Ihre innere Spaltung und Unzufriedenheit begünstigte innerhalb des gesellschaftlichen Chaos das Aufkommen sozialer und geistiger Änderungen.

Zwischen den beiden extremen Richtungen standen die Führer des mittleren Adels, die seit dem Ausgleich die neue Entwicklung mit bitterer Enttäuschung beobachteten. Sie litten unter der Auflösung ihrer eigenen Klasse und hörten voll Bestürzung die von rechts und links ertönenden Stimmen. Einige zogen sich zurück, andere wieder verbargen ihre zurückhaltende Stellungnahme hinter satyrischen Worten. Wenn auch manche in den neuen Lebensrhythmus mit einstimmten, fehlte es ihnen doch an dem Willen zur Neugestaltung. Es hatte den Anschein, als ob jegliches grosses Wollen in Ungarn nur eine Jagd nach Träumen wäre. Balázs Hübele von Ladislaus Arany ist die charakteristische Gestalt dieser Epoche.

Die bereits aus Ofen und Pest zu Budapest vereinigte Hauptstadt entwickelte sich ungeheuer schnell. Ihre Entwicklung symbolisierte die neue Zeit. Ringstrassen entstanden, die an Pariser Boulevards gemahnten. Protzige Paläste wurden erbaut. Die Firmenschilder der grossen Läden wiesen kaum einen ungarischen Namen auf. In den Strassen hörte man vielfach noch deutsch sprechen, untermischt mit einem fremdartigen, singenden Jargon. Trotzdem war jeder Ungar stolz auf seine Hauptstadt. Er glaubte, sie würde auch bald Wien überflügeln. Die Oper und das Volkstheater — neben dem alten Nationaltheater die Heimatstätten des ungarischen Genius — waren bereits fertig. Bald sollte auch mit dem Bau des Parlaments auf dem Donaukai begonnen werden. Von den Theatern aus begann der Siegeszug der ungarischen Sprache. Sie sollte das „neue Babel" zumindest in seiner Sprache einigen. Während die Städte der Provinz unverändert ihr barockes Gepräge und ihre Lebensformen aus dem Biedermeier bewahrten, täuschte die Hauptstadt ein Stück Europa vor. Durch ihre Sensationen auf politischem Gebiet, ihr entwickeltes gesellschaftliches Leben und seine vielfachen beruflichen Möglichkeiten übte sie ihre Anziehungskraft auf das ganze Land aus. Die Hauptstadt zog die besten Kräfte aus der Provinz an sich. Der Donaukai wimmelte von Politikern, Beamten, heruntergekommenen Gentrysprösslingen, bürgerlichen Jünglingen, die ihr Deutschtum hinter einem geschnürten ungarischen Rock verbargen, jüdischen Bankiers und hungrigen Journalisten, die ihre literarischen Ambitionen vergraben hatten. Überlegen schien die Ofner Burg auf dieses Treiben herabzublicken. Hinter ihren Mauern lebte abgeschlossen, nur für sich, die Aristokratie. In den Vorstädten aber ertönten — meist in fremder Sprache — Agitationsreden, die den Anbruch einer neuen Zeit verkündeten. Müde und hungrige Menschen lauschten ihren Worten. Der Donaukai kümmerte sich nicht darum. Er hatte weder für die Arbeitsklasse, diese neue Schöpfung des Kapitalismus, noch für die Probleme der Alföld ein Interesse.

Das literarische Leben war ausschliesslich auf die Hauptstadt beschränkt. Zwar tauchten auch manchmal in den provinziellen Redaktionen begabte Anfänger auf. Doch blieben sie nicht lange dort. Sie zogen nach Budapest und setzten sich lieber Hunger und Not aus, bloss um in der Hauptstadt leben zu können. Ganz wenige, wie z. B. Stefan Petelei, zogen die heimische Scholle vor. Das Resultat aber war, dass sie völlig unbekannt blieben.

Die neuen gesellschaftlichen Verhältnisse spiegelten sich im literarischen Leben der Hauptstadt. Die

Akademie und die Kisfaludy-Gesellschaft, die Stätten der „offiziellen Literatur" standen hoch über dem Alltag. Sie dienten einer hohen Aufgabe: Der Bewahrung der Tradition des ungarischen Genius, der sich einmalig erfüllt hatte. Sie wollten den Fortschritt gar nicht verhindern. Es gab nur kein Weiter mehr von der Höhe, auf der sie standen. Die Reglosigkeit bedeutete die Tugend, gleichzeitig aber auch die Tragik beider Institutionen. Sie glaubten, dass jegliche Konzession die behüteten Schätze gefährden könnte. Aber selbst der grösste Dichter, falls er sich streng an die Spuren Petőfis oder Aranys hielt, musste zum Epigonen werden. Die Tradition war verblasst, die einstmals lebendigen, schöpferischen Ideen hatten an Kraft verloren. Historisches Drama, Epos und patriotische Ode gehörten zu den bevorzugten Kunstformen der „akademischen Literatur". Die Dichter aber suchten vergeblich die Vorbilder eines Katona oder Arany zu erreichen. Die Lyrik wurde in den Hintergrund gestellt. Gyulai und sein Kreis versuchten in der Roman-Literatur Albert Pálffy über Jókai zu stellen. Später allerdings zeigten sie auch für Mikszáth und Herczeg Verständnis. Zu den Verdiensten der Akademiker zählten die Übersetzungen der Klassiker der Weltliteratur. Die Kisfaludy-Gesellschaft setzte die Herausgabe der Volksdichtungen fort und gab die Biographien von Karl Kisfaludy und Petőfi heraus. Freilich war das nur eine retrospektive Tätigkeit, die aber trotzdem nötig war. Sie half, inmitten einer neuen, drängenden Zeit, die Verbindung mit der heimatlichen Scholle zu bewahren.

Akademie und Kisfaludy-Gesellschaft nahmen eine Machtstellung ein. Ihre Konkurrenzen und Veröffentlichungen brachten Ruhm und materielle Förderung ein. Ihr Urteil war ausschlaggebend, weniger für das heterogene Leserpublikum, als viel mehr für die Machthaber in der Politik und die unter ihnen vertretene adelige Mittelklasse. Auch die neugewählten Mitglieder gehörten zum grössten Teil diesem Kreise an (Alexander

Baksay, Julius Vargha, Zsolt Beöthy). Ebenso, wie die Regierungen des Ausgleichs bei den Massen nicht beliebt waren, stiessen auch diese grossen literarischen Institutionen nur auf Feindseligkeit. Die Unzufriedenheit wurde durch die Schriftsteller gefördert, die sich vergeblich um eine Aufnahme in die literarischen Hochburgen beworben hatten. Besonders die Jugend war von Unzufriedenheit erfüllt. Die Presse — meist in deutschen oder jüdischen Händen — unterstützte bereitwillig ihre Angriffe. Es nützte auch nicht viel, dass mancher Saulus zuweilen zu einem gläubigen Paulus wurde. Die Vorträge wurden kaum besucht, und die Abonnenten der Budapester Rundschau nahmen zusehends ab. Die Dichterepigonen fanden nur in einem kleinen Kreise Widerhall, und die Arbeiten der kultivierten Kritiker wurden in der Tagespresse mit spottenden Bemerkungen oder mit tödlichem Schweigen quittiert.

Diese Stellungnahme, auf deren gesellschaftliche Ursachen hingewiesen wurde, war von verhängnisvoller Wirkung. Sie war nicht nur gegen die Institutionen, sondern überhaupt gegen die nationale Tradition gerichtet.

Die „Aussenstehenden" — meist jüngere Literaten — versuchten schon in den 70-er Jahren sich zusammenzuschliessen. Sie wählten zum Firmenschild ihrer Gesellschaft den Namen Petőfis, der von der „öffentlichen Meinung" gegen Arany ausgespielt zu werden pflegte. Jókai, den Gyulai und seinen Kreis ununterbrochen angriff, wurde zu Präsidenten gewählt. Jókai hatte sich zu jener Zeit, an der Seite Koloman Tiszas, von seiner bisherigen politischen Einstellung abgewandt. Er zog sich von dem literarischen Betrieb mehr und mehr zurück, besuchte kaum die Festsitzungen der Gesellschaft und hatte fast keinerlei Beziehungen zur Jugend. Die Petőfi-Gesellschaft hatte sich zum Ziele gesetzt, den verlorenen Kontakt von Literatur und Publikum wieder herzustellen. In Wahrheit aber — und

Gyulai hatte dies auch frühzeitig erkannt — kam es ihr eigentlich mehr darauf an, eine literarische Opposition gegen „die Machthaber des Geldes und des Einflusses“ zu schaffen. Melchior Palágyi, wohl der erste jüdische Literat, der offen der Überlieferung den Krieg erklärte, fasste das Programm der Gesellschaft in seiner Zeitschrift „Der Kranz“ in diesem Sinne zusammen. Johann Vajda und Ludwig Tolnai, zwei einsame Dichter, deren Gyulai die Anerkennung verweigerte, gehörten in den ersten Jahrzehnten zu den gefeiertesten Persönlichkeiten der Gesellschaft. Auch Reviczky und Komjáthy wurden aufgenommen. Vajda, Reviczky und Komjáthy gehörten zu den besten Lyrikern der Zeit. Da sie aber dem realen Leben fernstanden, fanden sie auch beim Publikum nur wenig Anklang. Alexander Endrődi, der auf den Spuren Petőfis wandelte, begann seine Laufbahn unter glücklicheren Bedingungen. (Sein Werk, „Die Tage von Petőfi“, gehörten zu den wertvollsten Veröffentlichungen der Gesellschaft.) Seine lyrischen Dichtungen — in denen er die Tradition der Kurutzenzeit mit Erfolg wieder erstehen liess, und die auch einen „revolutionären“ Beigeschmack hatten — verschafften ihm bald eine Position auch in der „offiziellen Literatur“. Allerdings wurde im Laufe der Zeit auch die Petőfi-Gesellschaft konservativ. Obwohl sie vor dem Kriege ihre Pforten auch jungen Literaten — ohne Unterschied ihrer Abstammung und Anschauungen — öffnete (z. B. Franz Molnár und Andreas Ady), erwarb sie sich durch die Popularisierung Petőfis grössere Verdienste, als durch die Förderung neuer literarischer Bestrebungen.

Für die Generation der Jahrhundertwende schienen jedenfalls auch die Grenzen der Petőfi-Gesellschaft zu eng. Beigetragen haben dürfte auch der Umstand, dass die Gesellschaft — die kurzlebige Zeitschriften und begrenzte Publikationen herausbrachte — ihr wichtigstes Programm, die ideelle und materielle Förderung der jungen Literaten, niemals zu verwirklichen imstande war.

Diese Generation, die nach dem Ausgleich geboren wurde, gehörte schon der neuen ungarischen Gesellschaft an. Für sie war der Freiheitskrieg schon in die Ferne gerückt, er galt nur als das langweilige Thema patriotischer Reden. Die traurige Erinnerung an die Zeit des Absolutismus hatte für sie nur wenig Sinn. Die unsterblichen Schöpfungen des ungarischen Klassizismus empfand sie als Ballast, der sie hemmte und von dem sie sich zu befreien suchte. Sie entdeckte Paris und schwärmte für die Werke Verlaines, Baudelaires, Zolas und Maupassants. Die Pariser literarischen Salons öffneten sich vor den jungen ungarischen Literaten. Michael Munkácsy, der grosse ungarische Maler, in dessen Atelier das ganze geistige Paris verkehrte, förderte sie und ebnete ihre Wege. Siegmund Justh wurde von Taine zum Schreiben ermuntert, der auch sonst grossen Einfluss auf die Weiterentwicklung der ungarischen Literaturgeschichtsschreibung hatte. Die Kenntnis der russischen Literatur drang grösstenteils durch die Vermittlung der Franzosen in die Kreise der jungen Ungarn. Daneben bestand noch unvermindert der Einfluss von Dickens, dem Liebling Petőfis. Bald tauchte aber auch der Name des grossen Nordländers Ibsen auf.

Die neue Generation setzte sich aus den drei Hauptschichten der komplizierten ungarischen Gesellschaft zusammen. Siegmund Justh, Zoltan Ambrus, Andor Kozma, Michael Szabolcska und der ältere, erst in späten Jahren anerkannte Koloman Mikszáth, gehörten dem mittleren Adel an. Franz Herczeg, Viktor Rákosi und Géza Gárdonyi stammten aus dem Kreise der deutschen Bürger. Das Judentum, das bis dahin nur vereinzelt an der Literatur teil hatte (Adolf Ágai, Ludwig Dóczi, Josef Kiss), trat nun in grosser Zahl hervor: Ludwig Palágyi, Ignotus, Thomas Kóbor, Dezső Szomory, Alexander Bródy, Eugen Heltai.

Lyriker waren kaum unter ihnen, die meisten widmeten sich der Novelle oder dem Roman. Als Thema bevorzugten sie die Schilderung der ungarischen Gesellschaft. Justh und Mikszáth befassten sich mit der Krise der Gentry und der Bauernschaft, Gárdonyi mit dem Dorf und Kóbor mit dem Leben des Judentums in der Hauptstadt. Letzten Endes war das nichts weiter, als eine objektivierte Lyrik. Das grösste Erlebnis bedeutete die Entwicklung der ungarischen Gesellschaft. Für nationale Ideen hatten sie weder Interesse, noch Begeisterung. Schliesslich war es auch gar nicht anders möglich. Das politische Leben brachte keine einheitlichen nationalen Gedanken hervor, und das dämmernde Europa bot, als einzige inspirative Kraft, die Ideenwelt des Sozialismus, die der Herrenklasse und der kapitalistischen Gesellschaft gleich fremd erscheinen musste. Man durfte also auch von den Schriftstellern keinen Hinweis auf neue Wege erwarten. Es genügte, dass sie ein Bild von der Gegenwart vermittelten. Da der reale Gesellschaftsroman keine nennenswerten ungarischen Vorläufer hatte, schloss sich die ungarische Literatur — ähnlich wie im XVIII. Jahrhundert — wieder an die Strömungen des Auslandes an. Zu dem Einfluss von Frankreich und Deutschland kamen nun auch noch England, Russland und die skandinavischen Länder. Manche Schriftsteller hielten auch an der Tradition fest, als Vorbild wählten sie Jókai.

Josef Kiss machte den Versuch, die Kräfte der neuen Generation zu einer Einheit zu verbinden. 1890 gründete er die Zeitschrift „A Hét" („Die Woche"). Als Ziel wählte er das ursprüngliche Programm der Petőfi-Gesellschaft: Schaffung eines Kontaktes von Literatur und Publikum und Förderung der jungen Literaten. Die Rücksichtsnahme auf das Publikum brachte die Senkung des Niveaus mit sich. Die Zeitschrift ähnelte den Modeblättern der 40-er Jahre. Das Titelblatt schmückten abwechselnd die Porträts von Staatsmännern oder Schauspielerinnen. Neben politischen Artikeln wurden allerlei Nachrichten und Schwätzereien gebracht. Neben wertvollen Romanen standen leichte Gelegenheitsplaudereien. Auch ein Briefkasten und Rätselkonkurrenzen sollten nicht fehlen. Auf den ersten Blick wirkte die Zeitschrift sehr philisterhaft. Denn schliesslich bedeutete die Verspottung der offiziellen literarischen Organe noch keine revolutionäre Tat, wenn auf der anderen Seite die Anwesenheit irgendeiner Erzherzogin bei der Aufführung eines ungarischen Autors mit tiefster Devotheit begrüsst wurde. Der vierte Jahrgang vermerkte schon unter seinen Mitarbeitern eine Reihe von Namen — Ambrus, Bródy, Herczeg, Ignotus, Kozma, Kóbor, Mikszáth, Pekár, Viktor Rákosi, Szomaházy — die in der Folge sich einen Platz, wenn auch nicht von gleichem Range, innerhalb der ungarischen Literatur verschafften. „Die Woche" veröffentlichte die Gedichte von Michael Szabolcska und Alexander Sajó, ebenso wie die kunstgeschichtlichen Aufsätze von Albert Berzeviczy.

Die neuen Kräfte brachten in der Dichtung einen neuen Impuls. Die Zeitschrift verkündete voll Stolz, dass sie im Dienste der liberalen Ideen stünde, und der Ideenwelt des „gebildeten Westen" Ausdruck verlieh. Dieser Liberalismus bedeutete weniger eine Stellungnahme gegen die Regierung auf politischem Gebiet, als vielmehr einen Kampf gegen die „Reaktion", als deren hauptsächlichste Stützen die offiziellen literarischen Institutionen und die katholische Kirche galten. Das war kein Novum, sondern nur die übliche Anschauung der Literatur seit der Verbreitung der liberalen Ideen. Neu war nur der zynische Ton, mit den die Angriffe geführt wurden, z. B. die Art, wie Ignotus, der Verfasser der Leitartikel, in den 90-er Jahren Zsolt Beöthy angriff, oder dem *sterbenden* Papst Leo XIII. einen Nekrolog schrieb. Zu den Verdiensten der Zeitschrift gehörten die Veröffentlichungen ausländischer Autoren — Bourgets, Tschechows, Dostojewskis, Strindbergs — durch welche diese in Ungarn erst bekannt geworden sind.

Kaum feierte die Zeitschrift das erste Jahrzehnt ihres Bestandes, als sich schon im Kreise ihrer Mitarbeiter eine Sezession zu regen begann. Franz Herczeg wurde 1899 in die Akademie gewählt. Mikszáth und Kozma folgten ihm bald. Später auch Ambrus, Pekár, Szabolcska und Sajó, jene Mitarbeiter „Der Woche", die aus den Kreisen des Adels oder des Bürgertums stammten. Manche von ihnen erwartete eine glänzende Zukunft. Das wenigste war, wenn sie zu Abgeordneten gewählt wurden. Nationale Anerkennung, Ehrenmitgliedschaft der Akademie, Direktion des Nationaltheaters, Präsidentschaft der Petőfi-Gesellschaft waren die hohen Auszeichnungen, die ihrer harrten. Der Kreis, der um Josef Kiss verblieb, bestand grösstenteils aus Juden. Die neuen Schriftsteller des beginnenden Jahrhunderts kamen erst später hinzu.

Das bedeutete keine literarische Spaltung, sondern nur eine gesellschaftliche Trennung. Die leichten, französisch anmutenden Novellen eines Pekár unterschieden sich kaum von der Produktion der „aussengebliebenen" Juden. Ambrus musste seine literarischen Prinzipien keineswegs aufgeben, als er in die Akademie eintrat. Der Ton, den Josef Kiss anschlug, war meistens nicht weniger national gefärbt, als der von manchen Mitgliedern der Kisfaludy-Gesellschaft. Der zugewiesene Platz innerhalb der Literatur vermochte die politische und nationale Stellungnahme zu beeinflussen, nicht aber den Weg eines wirklichen Talentes zu bestimmen.

Am Anfang des XX. Jahrhunderts wurde die akademische Literatur durch neue Kräfte bereichert. Ihr Geist erfuhr aber keine nennenswerte Änderung. Es hatte den Anschein, als ob weniger das Werk, als vielmehr die Persönlichkeit die Hauptsache wäre. Doch lag auch darin eine Überlieferung. Schon Vörösmarty und sein Kreis hatten ihre Mitarbeiter nicht nach der Begabung, sondern mehr nach der liberalen Stellungnahme erwählt. Nationales Empfinden aber war in jener Zeit allgemein verbreitet und eine Selbstverständlichkeit. Auch den Mitarbeitern der „Hét" muss es zugebilligt werden. Die Radikalisierung der Zeitschrift folgte erst, nachdem die adeligen und bürgerlichen Schriftsteller aus ihrem Kreise ausgeschieden waren. Josef Kiss, von seinen vergeblichen Versuchen zur Verwurzelung tief enttäuscht, entdeckte nun erst seinen Grossvater Reb Meyer Litvák.

„A Hét" überlebte, mitsamt ihrem Gründer, den Weltkrieg, doch ihre bahnbrechende Bedeutung hatte sie schon seit dem Anfang des Jahrhunderts verloren. Die erste Literatengeneration des XX. Jahrhunderts suchte nach neuen Möglichkeiten. Sie gründete — nach mehreren missglückten Versuchen („Szerda", „Holnap") — im Jahre 1908 die Zeitschrift „Nyugat" („Der Westen"). Ihr Chefredakteur war zwei Jahrzehnte hindurch Ignotus, der frühere angriffslustige Mitarbeiter der „Woche".

Der „Nyugat" setzte die Revolution des Geistes auf sein Programm. Zunächst rechnete er noch gar nicht mit der Unterstützung der Massen. Das ungarische Leserpublikum aber hatte sich seit dem Ausgleich vollkommen geändert. Seine Zusammenstellung war, infolge der in ihm vertretenen verschiedenen Bildungsschichten, eigentlich noch komplizierter als die Gesamtheit der ungarischen Gesellschaft. Der grösste Teil der Leser bestand aus dem städtischen — vornehmlich dem hauptstädtischen —, sich allmählich magyarisierenden Bürgertum und dem Judentum. Der ungarische Mittelstand, die Gutsbesitzer der Provinz und die Beamten, lasen nur wenig. Ihre Lektüre bestand hauptsächlich aus Werken, die ihnen durch schlaue Bücherreisende aufgezwungen wurden — aus volkstümlichen Serien („Ungarische Romanbibliothek", „Illustrierte Klassikerausgaben") und den Schöpfungen aus der Zeit des Milleniums („Die Geschichte der ungarischen Nation", „Die Österreichisch-Ungarische Monarchie in Wort und Bild"). Nur wenige von ihnen interessierten sich für die Veröffentlichungen der akademischen Literatur. Die Frauen begnügten sich mit den Beständen der Leihbibliotheken: mit den Werken der Marlitt, Ohnet und Lenke Beniczky-Bajza, also der leichten Produktion der aufkommenden Unterhaltungsliteratur. Die Zahl der Leser wuchs, jedoch auf Kosten des Niveaus. Dasselbe galt auch für das Publikum der Hauptstadt, das mit Vorliebe die schlechten Übersetzungen der ausländischen Romane kaufte. Petőfi-Gesellschaft und „A Hét" beklagten sich mit Recht, dass die grossen Massen der Leser sich immer mehr von der eigentlichen ungarischen Literatur entfernten.

Der grosse Aufschwung der Tagespresse trug zur Entfremdung der Leser vom Buche bei. Die Zeitungen von Budapest wurden auch in den entferntesten Landesteilen gelesen. Das allgemeine Interesse an der Politik und das neue Lebenstempo begünstigten ihre Verbreitung. Besonders volkstümlich waren jene Zeitungen, welche die Regierung am stärksten angriffen und der patriotischen Begeisterung die meiste Nahrung gaben. Für die Literatur interessierte sich das Publikum noch am meisten, soweit sie Sensationen oder Skandalgeschichten vermittelte. Trotzdem förderte die Presse die Entwicklung neuer literarischer Formen. Novelle, Leitartikel, Plauderei, Brief- und Fortsetzungsroman fanden Verbreitung. Die Tagespresse bot den Schriftstellern Verdienstmöglichkeiten. Manches Talent aber zersplitterte sich in der täglichen Brotarbeit. Da die Zeitungen bestrebt waren, allen Ansprüchen zu genügen, schien die Literatur für viele Leser entbehrlich. Die ungarische Tagespresse vermittelte nicht nur Nachrichten und politische Richtlinien, wie die Zeitungen der westlichen Länder, sondern sorgte auch für die Unterhaltung ihrer Leser. Seit dem Ausgleich spielten die Juden in der Presse eine immer grössere Rolle. Einer der ersten war Adolf Ágai, der unter dem Pseudonym Porzó der Begründer der populären Feuilletonbriefe wurde. Später gelangten auch die grössten

Verlagsanstalten in jüdische Hände. Der Geist der Tageszeitungen hatte eine ganz bestimmte Färbung. Er war liberal, mit Patriotismus untermischt und bemäntelte die eigentlichen Probleme des Ungarntums. Wenn er die Entwicklung eines gesunden Geistes auch nicht förderte, unterstützte er wenigstens die allgemeine Verbreitung der ungarischen Sprache. Die fremdsprachigen, hauptsächlich deutschen Tageszeitungen, gingen langsam im ganzen Lande ein.

Ähnliche Verdienste erwarben sich auch die Theater. Nach dem Ausgleich nahm die ungarische Theaterkultur einen Aufschwung. Besonders das neue Volkstheater, das die Tradition Szigligetis fortführte, zog das Publikum an. Eduard Tóth und Franz Csepreghy waren die besten Vertreter des Volksstückes. Gegen Ende des Jahrhunderts verseichte aber das Volksstück immer mehr und wurde durch die Operette verdrängt. Eugen Rákosi und sein Schüler Ludwig Dóczi versuchten durch ihre romantischen Stücke dem Versdrama neue Geltung zu verschaffen. Das Publikum verlangte aber — ebenso wie auf dem Gebiet des Romans — mehr nach Schilderung der Gegenwart und seiner eigenen Gesellschaft. Der sehr fruchtbare Gregor Csiky kam seinen Wünschen besonders entgegen. Während das Nationaltheater die Tradition pflegte, führten die neugegründeten Theater vom Beginn des XX. Jahrhunderts an auch ausländische Autoren auf. Am meisten beliebt war das leichte französische Drama, das auch in Ungarn Nachahmer fand. Dank einiger Virtuosen der Bühnentechnik wurde das ungarische Schauspiel zu einem beliebten Exportartikel nach dem Ausland. In der Zeit der geistigen Isoliertheit dienten diese Stücke als einzige — allerdings auch fragwürdige — Belege für die Existenz einer ungarischen Literatur überhaupt.

Nach dem Hinweis auf die soziale und geistige Gruppierung der Jahrhundertwende darf auch die Organisierung der Katholiken nicht unerwähnt bleiben.

Die Protestanten bewahrten auf dem Gebiet der Politik und der offiziellen Literatur bis zum Weltkrieg die überwiegende Machtstellung. Die Katholiken hatten schon in der Reformzeit an Raum verloren. Die Gründung der St. Stefan-Gesellschaft, der erste Versuch einer Organisierung, fiel in die Zeit des Freiheitskrieges. Der liberale Geist des Ausgleichs begünstigte nicht den Zusammenschluss der katholischen Kräfte. Die Angriffe gegen den „dunklen, mittelalterlichen" Geist der Kirche kamen in Mode. Man begründete sie mit der übertrieben konservativen, scheinbar „antinationalen" Haltung der hohen Geistlichkeit. Die politische Partei der Katholiken setzte sich zu Anfang soziale Reformen zum Ziel, versank aber bald in den Wirrnissen der staatsrechtlichen Kämpfe. Ihre mangelhaft redigierte Zeitung wurde ausserhalb der dörflichen Pfarrhöfe nirgends gelesen. 1887 wurde die „Katholische Rundschau" gegründet. Sie sollte das kämpferische Organ der katholischen Weltanschauung werden. 1909 erschien die Zeitschrift „Élet", welche die katholischen Vertreter der schönen Literatur um sich versammeln sollte. Viele junge Talente tauchten auf, erwiesen sich aber in der Folge nicht als ausdauernde Bannerträger. Der Wirkungskreis der katholischen Literatur war viel zu eng, um hochliegende literarische Ambitionen befriedigen zu können. Der Ruhm winkte vielmehr aus den Kreisen des „anderen" Lagers.

Ein Aufschwung erfolgte, als der edle Geist Ottokar Prohászkas, Bischofs von Stuhlweissenburg (Székesfehérvár), in Erscheinung trat. Dem Genie Prohászkas gelang es, die uralte Überlieferung der Kirche mit den Anforderungen der neuen Zeit in Einklang zu bringen. Er erkannte die Auswüchse des Kapitalismus und das immer mehr um sich greifende soziale Elend. Er verkündete, gleich einem neuen Apostel, die Rückkehr zum Evangelium. Mit seinen Predigten und seinen von tiefer Bildung und weitem Horizont zeugenden Werken wandte er sich an den gebildeten Mittelstand, jene Bevölkerungsschicht, welche sich unter dem Einfluss des Materialismus am meisten von den Wahrheiten der christlichen Glaubenslehre entfernt hatte. In einer lebendigen und symbolreichen Sprache verkündete er einen neuen Idealismus. Er bewunderte die Herrlichkeiten der Schöpfung und offenbarte die mystische Tiefe der menschlichen Seele. Während die geistlichen Lyriker des Ausgleichs (Béla Tárkányi, Gedeon Mindszenty) nicht einmal bei ihren Vorgesetzten und Kollegen Anklang fanden, entwickelte sich unter dem Einfluss von Prohászka die neue katholische Dichtung. Ludwig Harsányi und Alexander Sik, die geistlichen Dichter aus dem Kreise des „Élet", fanden bei der — allerdings nicht sehr zahlreichen — katholischen Intelligenz schon Verständnis.

Als der „Nyugat" gegründet wurde, konnte man — rein schematisch — das Leserpublikum in etwa drei Schichten einteilen. Der grösste Teil bestand aus den Halbgebildeten, deren geistige Ansprüche durch die Tagespresse und die leichte Unterhaltungslektüre des In- und Auslandes befriedigt wurde. Von der Dichtung interessierten sie sich nur für patriotische Schöpfungen, welche der nationalen Illusion schmeichelten und sie bei patriotischen Feiern zur Begeisterung entflammten. Hoch über dieser Masse stand der kleine Kreis der Anhänger der akademischen Literatur. Er bildete seinen Geschmack an den Klassikern des In- und Auslandes, hasste jegliche Neuerer, da er in ihnen nur Gefahr sah und förderte mit Vorliebe die mittleren Talente. Die Mitglieder dieses Kreises waren hohe Beamte, Professoren der Universität und der mittleren Schulen, also die berufenen Wächter der Tradition. Dieser starren Gruppe gegenüber standen die — meist jüdischen Intellektuellen, dekadente Söhne strebsamer Väter, die mit beweglichem Geist auf alle ausländischen Strömungen reagierten, Paris nach Budapest versetzen wollten, sich wurzellos gebärdeten und die Göttinnen der Schönheit und der Vernunft anbeteten. Alle

Unzufriedenen, die Sehnsüchtigen nach Grossem und Neuem, fiebernde Jünglinge aus allen Klassen der Gesellschaft, schlossen sich ihnen an.

Ebenso, wie in der Politik, fehlte es auch in der Literatur an einem einheitlichen nationalen Leitgedanken. Jenen der ganzen Nation gemeinsamen Geschmack, der einst Petőfi zum Idol der gesamten Nation gemacht hatte, gab es nicht mehr. Ein seichter Massengeschmack griff um sich. Die beiden höheren Schichten hatten kaum eine Macht über ihn. Einerseits wurden alle neuen Talente aus dem Kreise des „Nyugat" mit Misstrauen empfangen, andererseits verachtete man — ungelesen — die Produkte der akademischen Literatur. Die nichtorientierte und prinzipienlose Masse wünschte keine Kämpfe und flüchtete sich in eine leichte Lektüre, die ihr keinerlei Probleme aufzwang.

Hinter dem „Nyugat" standen die städtischen (zum grössten Teil hauptstädtischen) Intellektuellen. Zu der Redaktion gehörten, ausser Ignotus, noch Max Fenyő und Baron Ludwig Hatvany. Die eigentliche Redaktionsarbeit verrichtete der kultivierte Ernst Osvát. Sie vertraten einen neuen, unruhigen Geist und wollten westliche Kultur nach Ungarn verpflanzen. Ähnliche Bestrebungen gab es auch schon in der Vergangenheit: sie traten stets in Zeiten auf, in denen die Isolierung der ungarischen Geistigkeit verhängnisvoll zu werden drohte. Der Kreis des „Nyugat" berief sich gern auf Kazinczy als seinen geistigen Vorfahren.

Die Generation, die in den 70-er und 80-er Jahren geboren war, scharte sich mit Begeisterung um den „Nyugat". In ihrer Abstammung zeigte sie die ähnliche Mischung, wie die Gründer von „A Hét". Mit Ignotus gleichaltrig waren Ambrus, Szomory, Bródy, Heltai und Kóbor. Die neuen Redakteure und die Mitarbeiter Ernst Szép, Oskar Gellért und Friedrich Karinthy gehörten zum grössten Teil dem Judentum der Hauptstadt an. Andreas Ady vertrat den Typ des kalvinistischen Landedelmannes aus dem Osten. Siegmund Móricz, dessen kalvinistische Ahnen den Boden bebauten, und Margit Kaffka, beide aus dem Komitat Szatmár, empfand er als verwandte Seelen. Michael Babits war in der Tradition einer transdanubischen Beamtenfamilie aufgewachsen. Aus einer ähnlichen Umgebung stammte auch Desider Kosztolányi aus Szabadka. Der Kritiker Aladár Schöpflin gehörte dem schnell magyarisierten Zipser Deutschtum an. Géza Laczkó, Árpád Tóth, Julius Juhász und Gabriel Oláh trugen den Stempel verschiedener Provinzstädte an sich.

Diese aus so heterogenen Elementen zusammengesetzte Literaten-Gruppe verbanden weder bestimmte literarische, noch politische Prinzipien miteinander, sondern einzig und allein die Liebe zu den hohen Idealen der Dichtkunst. Die Lyrik Adys und Gellérts hatte mit einander wohl ebenso wenig gemein, wie die Romane eines Móricz und Molnár. Die Zeitschrift entstand in einem günstigen Augenblick. Eine neue Generation war vorhanden, die Neues zu sagen hatte, aber keinen Platz für ihre Schöpfungen fand. Die offiziellen Institutionen der Literatur verhielten sich zurückhaltend allem Neuen gegenüber. Sie öffneten ihre Pforten nur vor denen, die schon Erfolg gehabt hatten. Die Verlagsanstalten geizten den Anfängern gegenüber. Höchstens die Tageszeitungen standen offen und engagierten die Dichter — im besten Falle — für die Leitung irgendeiner Tagesrubrik. Der „Nyugat" strebte nicht nach der Gunst des Publikums, wie „A Hét" oder deren neuere Konkurrenz „Új Idők". Sie wollte als rein literarische Zeitschrift von hohem Niveau gelten und gewährte jedem jungen Talent Einlass. Entgleisungen kamen natürlich auch vor. Oft galt krampfhafte Sucht nach Originalität als genial, und die Betonung sexueller Gebiete als Zeichen der dichterischen Freiheit. Fest steht aber, dass bis zum Kriege fast ausnahmslos jedes junge Talent von „Nyugat" in die Literatur eingeführt wurde.

Die sehr heftigen Angriffe von Seiten der konservativen Kritiker und der chauvinistischen Presse schlossen den Kreis der „Nyugat" erst eigentlich zu einem geschlossenen Lager zusammen. Der Kampf gegen die „Westlichen" setzte besonders heftig ein. Er nahm bald eine politische Färbung an, was in dieser von Politik stark durchsetzten Zeit auch gar nicht anders möglich war. Die Wertung aus literarischen Gesichtspunkten spielte dabei nur die geringste Rolle. Der Literarhistoriker, der in Zukunft aus historischer Perspektive diese Epoche betrachten wird, wird angesichts der literarischen Produktion die entfesselten Stürme gar nicht begreifen können. Er wird weder den Hass verstehen, der von der einen Seite den Mitarbeitern und sogar den Lesern des „Nyugat" entgegengebracht wurde, noch den Widerwillen, welchen die andere Seite jenen gegenüber empfand, die ihrem Gehaben auch nur die geringste Kritik entgegenstellten und die Heiligkeit der nationalen Überlieferung auch weiter zu preisen wagten.

Die gesellschaftliche Spannung, welche bis dahin von dem Liberalismus auf politischem und wirtschaftlichem Gebiet verborgen wurde, äusserte sich hemmungslos in den Kämpfen um die Literatur. Ady, Babits, Kosztolányi und Móricz, also jene Dichter, welche von der Redaktion als Bannerträger in den Vordergrund gestellt worden waren, gebärdeten sich nicht mehr und nicht weniger revolutionär, als es stets beim Auftreten einer neuen und besonders begabten Generation der Fall zu sein pflegt. Sie waren keineswegs Sprachverderber, sondern brachten eine Auffrischung und neue Möglichkeiten der stilistischen Entwicklung in die Literatur. Ohne ihre sprachlichen Errungenschaften wäre die Prosa der Gegenwart, ja selbst die Umgangssprache, flau und verflacht. Ihre westliche Einstellung bedeutete keine wurzellose Abkehr von der ungarischen Tradition, sondern nur die Erweiterung des Horizontes und die Miteinbeziehung der modernen Weltliteratur. Von Anbeginn suchten und fanden sie auch in der ungarischen Literatur ihre Vorläufer. Die Kurutzendichter, Csokonai, Kazinczy und die Romantiker standen ihnen am nächsten. Ihre Akademie, die nicht zustande kam, sollte den Namen Vörösmartys tragen. Ady schrieb an Paul Gyulai eine Ode, und Schöpflin und Babits verfassten bahnbrechende Studien, die eine neue Einstellung zu den Klassikern der ungarischen Literatur hervorrufen sollten.

Nach einer politischen Einstellung würde man bei ihnen, mit Ausnahme von Ady, vergeblich suchen. Die Sympathie galt den radikalen Strömungen, doch hing auch diese Einstellung mehr mit der Generationszugehörigkeit zusammen. Manch einer von den feindlich eingestellten Akademikern war in seiner Jugend noch viel radikaler gewesen als die Anhänger des „Nyugat", wie auch aus dem Kreise der Westlichen später viele in das konservative Lager hinübergingen. Die Tatsache, dass sie keinerlei patriotische Töne erklingen liessen (eine Erscheinung übrigens, die auch in der grösseren Epoche des Jungen Ungarn zu vermerken war), machte sie dem Gegenlager verdächtig, umso mehr, als schliesslich ihrer ganzen Umgebung immer stärkere Zweifel gegen ihr Ungarntum aufkamen. Diese jungen Dichter wollten gar nicht politisieren, sie wollten nichts anderes sein als Dichter, die ihrer Kunst lebten. Sie waren typische antipolitische Charaktere, eine Erscheinung, die aber nicht mit einer Ausscheidung aus der nationalen Gemeinschaft gleichgesetzt werden dürfte. Denn der Satz, dass der Ungar ausserhalb seines Landes nirgends auf der Welt einen Platz finden könnte, bezieht sich am stärksten auf die Dichter des Landes. Alle Versuche von Hatvany, Heinrich Horváth und anderen, durch Übersetzungen die ungarische Dichtung dem angebetenen Westen zu vermitteln, blieben erfolglos. Die Dichter Ungarns blieben auch fortan nur nationale Dichter, ebenso wie seinerzeit der „westlich orientierte" Kazinczy.

Auch Andreas Ady war keine politische Persönlichkeit. Der Erfolg, den ihm die gegen Ungarn gerichteten Dichtungen im Kreise der neuen Gesellschaft einbrachten, liess ihn als einen neuen Coriolan erscheinen. Jene ungarische Gesellschaft aber, welche von einer Grossmachtstellung ihrer Nation träumte und sich für das beste Volk der Erde hielt, konnte dem Auftreten des Dichters, der sich nur in seinem geliebten Paris wohlfühlte und in dem ungarischen Brachland an der Theiss wüsten Boden und tölpelhafte Menschen sah, nur die grösste Entrüstung entgegen bringen:

> Durch Unkrautwildnis watet mein Fuss,
> Verwachsene Felder und Dohlengeschrei —
> Ich kenne diesen grauen Gruss:
> Das ist die magyarische Wüstenei.

Die Luft war viel zu sehr von politischen Spannungen erfüllt, als dass man einen Dichter nicht mit dem grössten Entsetzen betrachten zu müssen glaubte, der den wegen Vaterlandsverrates verurteilten Rumänen Octavian Goga als Kampfgenossen begrüsste, der Sympathie für die umstürzlerischen Bestrebungen der Sozialdemokratie zeigte und den unheilbringenden, nahenden Sturm verkündete, in einer Zeit, in der der Himmel klar und sonnig zu leuchten schien. Eine ähnliche Wirkung hatte auch das Auftreten von Siegmund Móricz. Er zerstörte das idealisierte Bild des ungarischen Bauern, das die Städter und die Herren so sehr geliebt hatten, und offenbarte die Sünden und Tugenden eines aus seinen Instinkten heraus lebenden Menschenschlages. Zuweilen übertrieb er in seiner Einseitigkeit, wies aber mit solcher Kraft auf alle tragischen Probleme hin, wie es bis dahin noch nie der Fall gewesen war.

Diejenigen, die Ady verteidigen wollten, beriefen sich darauf, dass das selbstquälerische Nationalgefühl des Dichters eigentlich nichts Neues bedeutete. Kazinczy und die Romantiker hatten eine ähnliche, tragisch gefärbte Haltung an den Tag gelegt. Auch Kazinczy hatte einstmals Grüsse an den serbischen Dichter Lucian Musiczky gesandt und sein Verhalten damit begründet, dass Patriotismus und Kosmopolitismus keine Gegensätze seien, denn „das Recht sei das Gleiche bei jeder Nation und bei jeder Konfession. Die Guten und die Weisen müssten zu einander finden, auf welcher Seite sie auch stünden". Ady sehnte sich nach Paris, und der Dichter von Széphalom sehnte sich nach Weimar. Karl Kisfaludy hatte Sätze geschrieben, wie: „trotz meines patriotischen Empfindens entringt sich meinem Herzen oft die Klage: ach, wäre ich nur nicht in diesem Lande geboren... Diese Welt ist arm an irdischen und geistigen Gütern. Die Seelen der Menschen sind leer und öde wie die Puszta".

Trotzdem besteht zwischen Ady und den Romantikern ein grosser Unterschied. Diese versuchten ihre Zweifel zu verbergen und zeigten, wenigstens nach aussen hin, Hoffnung und Frohsinn. Es lag ihnen daran, die erwachende Nation nicht abzuschrecken. Wenn sie aber dennoch klagten und beschuldigten, galten die Vorwürfe nur ihnen selbst. Die seelischen Erschütterungen Adys gewannen durch seine Dichtungen eine ewige Gestalt. Wenn Kazinczy auch im Gegensatz zu dem patriotischen Alexander Kisfaludy stand, und er sich selbst und seinen Gegner als „verschiedene Atemzüge des Gottes der Ungarn" bezeichnete, stand es dennoch fest, dass beide nur ein und denselben Gott verehrten. Ady hingegen war von einem Kreise umgeben, dessen Mitglieder, dem Anschein nach, verschiedenen Göttern opferten. Da gab es also nur wenige, die erkennen konnten, dass die Anklagen des Dichters dem Schmerz über sein Volkstum entsprangen. Umso bewundernswerter war der Scharfblick eines Johann Horváth, der als konservativer Kritiker schon im Jahre 1910 die Bedeutung Adys erkannte und vorhersagte, dass der Dichter auch noch einmal das Wort der Rassenliebe sprechen würde.

Die nationale Lyrik von Ady brachte als revolutionäres Novum die Idee der Liebe zu seiner Rasse. Die ungarischen Dichter hatten bis dahin nur die Idee des tausendjährigen Staates gekannt, die konkrete Idee des Vaterlandes und den immer unklareren Begriff der Nation. Ady, dessen Vorläufer auf diesem Gebiete Nikolaus Zrinyi und Stefan Széchenyi waren, brachte die ewige Tragik des geschwisterlosen, einsamen Ungarnvolkes zum Bewusstsein. Diese Tragik war auch die Seine. Er wollte fliehen, doch gleich einem emporgeschleuderten Stein fiel er immer wieder auf den heimatlichen Boden zurück.

Emporgeworfener Stein, doch ohne Wollen
Wie das Kind der Mutter, ihr armen Schollen,
Gleich ich Eurem Gesicht.

Was hilft der Wille! Hundertmal gestiegen
Muss hundertmal zur Erde hin ich fliegen
Und auf Dich niederstürzen.

Während die Gedichte Adys von der Liebe und von Gott, die aus den unterbewussten, mystischen Tiefen seiner Seele strömten, auch heute nur wenigen verständlich scheinen, wurden jene Verse, aus denen die tiefe Liebe zu seiner Rasse ertönte, zum Glaubensbekenntnis der jungen Generationen. Die Ereignisse der Zeit hatten seine Worte zur Wahrheit werden lassen. Der ungarische Staat lag in Trümmern, die Nation wurde verstreut und die schöne, traurige, östliche Rasse stand vereinsamt in dem Gewirr der anderen Völker.

Seine tragischen Voraussagen hatten sich erfüllt, aber aus seinen Dichtungen lernte die neue Generation die Kraftquelle der Rassenliebe kennen. Jener Rassenliebe, die keine künstlichen Grenzen und keine Klassengegensätze kennt, sondern alle, die Ungarn sind, zu einer Einheit zusammenfasst.

Aus der eigentlich nur in negativem Sinn nationalen Dichtung Adys entsprangen schliesslich auch in höchstem Masse positive Werte. Besonders eigenartig mutet es an, dass so ein wahrhafter Apostel der Rassenliebe, wie Ady es war, sich gerade in einer solchen Umgebung bewegen musste, welche die konservative Herrengesellschaft nicht als ungarisch gelten liess. Man könnte sich vorstellen, dass nach dem Abflauen der ersten Stürme auch im Kreise des „Nyugat" eine ähnliche Sezession auftrat, wie es bei „A Hét" der Fall war. (Zu Anfang des dritten Jahrzehntes verschwand vom Titelblatt tatsächlich der Name Ignotus' und Babits und Móricz traten an seine Stelle. Statt westlicher Orientierung kündeten sie eine neue nationale Konzentration an. Babits wurde Mitglied der Kisfaludy-Gesellschaft.) Den Kreis des „Nyugat" aber hielten bereits neue Kräfte zusammen, ungeachtet dessen, dass die Gegensätze zwischen den Generationen sich hätten ausgleichen können: die Ehrfurcht vor der europäischen Kultur und die Liebe zum Humanen. Tiefes menschliches Empfinden kommt zum Ausdruck in der Jugendschrift Molnárs „Die Jungens aus der Pál-Strasse", ebenso wie in dem Roman von Móricz „Sei gut bis in den Tod" oder in den Gedichten von Babits, Kosztolányi, Gellért und Szép. Dieser warmherzige Humanismus, zu dessen Bannerträgern auch Friedrich Karinthy gehörte, steht hoch über Rasse und Nation, ohne aber deshalb seine ungarische Eigenart zu verlieren. Die Sprache, die ihm Ausdruck verleiht, ist die Ungarische. Wenn die lateinischen Schriften eines Janus Pannonius und die oft schlüpfrigen Verse der Dichter der Renaissance als ungarisch galten, dann musste es diese Literatur — ungeachtet, ob ihre Verfasser in Tulpen geschmückten Wiegen lagen oder nicht —, in noch stärkerem Masse sein. Ebenso wie Budapest ein Bestandteil des Ungarlandes ist, darf man auch diese Literatur, die ein Produkt der Hauptstadt ist, keineswegs aus der geistigen Entwicklung Ungarns ausschliessen. Ihre Sprache klingt oft — auch abgesehen von den Auswüchsen des sogenannten „Szomorysmus" — fremdartig. Ihre Ethik — auch wenn man gar nicht die erotischen Dichtungen Géza Szilágyis als Masstab nimmt — steht meistens dem edlen Puritanismus der ungarischen Klassiker recht fern. Aber wenn sie auch keine Schöpfungen von ewigem Wert hervorbrachte, muss man sie dennoch als Dokument einer gärenden und chaotischen Epoche anerkennen.

Der Altar, welchen die Dichter des „Nyugat" für die europäische Kultur und den Geist des Humanismus errichtet hatten, wurde durch den Weltkrieg zerstört. Man konnte von diesem Kreise gewiss nicht erwarten, dass er in die Reihe der den Krieg verherrlichenden, patriotischen Dichter trat. Aber die Einigkeit, die sechs Jahre hindurch währte, löste sich langsam auf. Manch einer, wie z. B. Ady, beobachtete den Lebenskampf der Rasse mit grösster Besorgnis. Andere wieder wollten ihren Glauben an die menschliche Solidarität nicht aufgeben und sehnten den Frieden herbei (Babits). Es gab auch solche, die die Zeit in stummer Qual verlebten, und andere — die abgewiesenen Anbeter der ungarischen Erde und die wurzellosen Fremdlinge — die hofften, dass die Stunde, in der sie auf den Trümmern der verhassten Herren-Gesellschaft ihre eigene Welt aufbauen könnten, gekommen sei.

Der Sturm des Krieges brachte die Kämpfer des Geistes zunächst zum Schweigen. Soldatenlieder erklangen, unter deren bisher unbekannten Verfassern als Grösster Géza Gyóni hervorragt, ein Soldat in der Festung Przemysl und später Kriegsgefangener in Russland, aus dessen an Adys Einfluss gemahnenden Versen die düstere Tragik des Krieges spricht. Die Erinnerung an die Freiheitskämpfe tauchte auf, und die ungarische Gesellschaft stand, für kurze Zeit, geschlossen hinter Stefan Tisza. Tisza, ein kalvinistischer Edelmann aus Bihar, der grosse Antipode Adys, galt in der Zeit des Weltbrandes als Symbol des nationalen Willens und des Zielbewusstseins. Er war der letzte führende Staatsmann des tausendjährigen ungarischen Staates.

Der Schuss, der seinem Leben ein Ende bereitete, war das Alarmzeichen für das Ende des Ungarischen Staates. Die Geschichte der Revolutionen und der rumänischen Besetzung — beschämende Episoden — gehören nicht in den Rahmen dieser Untersuchungen. Durch sie erreichte die gespaltene, uneinige und prinzipienlose Gesellschaft den Tiefpunkt ihres Niederganges. Wenn auch der prophetische Dichter der ungarischen Rasse es sterbend noch erleben musste, dass man ihn zum Dichter der Revolution stempelte, und manche von der Fiktion einer neuen Freiheit in Taumel gerieten, gab es trotzdem keinen einzigen Ungarn, der die neuen Sieger begrüsst hätte und der nicht durch die Zerstücklung seines Vaterlandes — als Belohnung für den geleisteten heroischen Kampf — aufs tiefste erschüttert worden wäre.

Auf jeden Tiefstand folgt eine Erhebung. Auf das neue Mohács muss notwendigerweise die Arbeit der geistigen Regeneration folgen.

Man kann die Literatur nicht beschuldigen, dass sie die Auflösung vorbereitet hätte. Man kann es ihr aber auch nicht zum Vorwurf machen, dass sie sie nicht verhindert hätte. Dadurch, dass sie die nationale Tradition unversehrt gerettet und das isolierte Ungarland Europa näher gebracht hat, dass sie die krankhaften Veränderungen der Gesellschaft zum Bewusstsein brachte, hat sie ihre Aufgabe an der Nation erfüllt. Nach grossen Erschütterungen ebnete sie die Wege für einen Reinigungsprozess. Trotz der bedeutenden Persönlichkeiten, könnte man glauben, dass die ganze Epoche — ähnlich wie die Zeit Kazinczys oder der Romantiker — nur die Zeit eines Überganges war. Die neue Zeit verlangt nach einer einheitlichen Gesellschaft und nach einer universalen nationalen Geschmacksrichtung.

Die Dichter der konservativen Gesellschaft.

Jene Schriftsteller, die durch ihre Zugehörigkeit zum Adel oder durch ihren Anschluss an diesen als eine geschlossene Gruppe erscheinen, wurzelten tief in dem Boden Ungarns und führten weder sprachliche, noch formale Neuerungen ein. Trotzdem trugen auch sie den Stempel einer neuen Epoche an sich.

Die Entwicklung der ungarischen Epik beweist das am besten. Die nationalen Klassiker hatten auf der Grundlage der Volksdichtung dem Realismus in der Literatur zum Siege verholfen. Die Gegenwart bedeutete aber stets die unmittelbarste Wirklichkeit. Die Epigonen gingen noch um einen Schritt weiter. An die Stelle der heroischen Vergangenheit trat die Schilderung der Gesellschaft der Zeit, und das Heldenepos wurde durch den Roman in Versform verdrängt. Die Vorbilder der neuen Epiker waren — ausser Byron und Puskin — die Grössten der ungarischen Literatur: Petőfi mit seinem „Apostel" und Arany mit seinem „Narr Istók".

Nicht auf die dichterische Form oder auf die Schönheit der Sprache wurde das Hauptgewicht gelegt, sondern auf das Sujet, das spannende und interessante Thema. Auf dem Büchermarkt waren die Romane am meisten gefragt, während auf der Bühne das bereits schematisierte Volksstück herrschte. Die „neuromantischen" Dramen von Eugen Rákosi (1842—1929) und Ludwig Dóczi (1845—1919) erregten nur für kurze Zeit Interesse. „Magdalena" von Rákosi bedeutete einen Versuch in der tragischen Schilderung des Volksschicksals. Das Publikum fand jedoch die Dramen Gregor Csikys (1842—1891), der Schilderungen von der Gesellschaft der Gegenwart bot, viel anziehender. Csiky, der frühere katholische Priester, überblickte alle Tiefen und Verwicklungen der ungarischen Gesellschaft. Mit Vorliebe schilderte er gescheiterte Existenzen, für die er tiefes menschliches Mitleid empfand. Er hatte keinerlei Neigung zur Satire und ging allen tragischen Verwicklungen aus dem Weg. Er überschritt die Grenzen seiner eigenen Gesellschaftsklasse nicht einmal dann, wenn er Gestalten aus dem „Proletariat" zur Darstellung brachte. Seine Werke wurzelten so tief in seiner eigenen Zeit, das sie eigentlich gleichzeitig mit seinem Tode verschwanden.

Die neue, drängende Zeit hatte für Verse nur mehr wenig Verständnis. Arany schrieb gerade seinen Schwanengesang, Gyulai wirkte als Kritiker, Karl Szász verstummte mit der Zeit, aber jene jungen Dichter, die sich auf ihren Spuren bewegten, hätten eine grössere Beachtung verdient, als man ihnen entgegenbrachte. Julius Vargha wirkte schon seit Jahrzehnten als Dichter und musste sich beklagen, dass seine Zeit ihm selbst den Namen eines Dichters versagte. Sein Talent reifte langsam, erfüllte sich aber an der Neige seines Lebens. Die Liebesgedichte seiner Jugend waren voll von dem Sehnen nach einer Familie. Nachdem er den Frieden eines Heimes gefunden hatte, hörte auch seine Unruhe auf. Trotz seiner ausfüllenden Beamtentätigkeit, las er viel und übersetzte die Werke Schillers und der französischen Lyriker des XIX. Jahrhunderts. Die Akademie und die Kisfaludy-Gesellschaft überhäuften ihn mit Auszeichnungen. Je mehr er aber (neben Stefan Tisza) in seiner Beamtenlaufbahn erreichte, umso mehr quälten ihn auch die spezifisch ungarischen Probleme, die er besonders klar überblicken konnte. Die Melancholie, die seine Jugenddichtungen erfüllte, steigerte sich im Alter zu einem finsteren Pessimismus. Sein Schmerz über das Schicksal der Nation erreichte während des Weltkrieges und der Revolutionen den Höhepunkt. Eine grosse Vertiefung trat ein, der rührende Unterton des Abschiedes vom Leben.

Mir sei kein gaukelbunter Traum beschieden,
Ich will vergehn in unbewusstem Frieden,
Hin über mich ströme der Jahrtausende Schar
Die Woge der Zeiten

Soll über mich gleiten
Wie einst, da ich noch nicht auf dieser Erde war.

Seine milde Resignation gemahnt an Arany, den er durch die Reinheit der Sprache und die Vollkommenheit der Form — mehr als die übrigen Epigonen — erreichen konnte.

Die Lyrik von Andreas Kozma (1861—1932) stand dem ungarischen Leben näher als das Schaffen Varghas. Er war der Dichter der Aktualität. Seine Verse in den Tageszeitungen verschafften ihm grosse Volkstümlichkeit. Ihm verdankt die ungarische Literatur die vollständige Übersetzung von Goethes Faust. Derselbe gesunde Optimismus, der seinen Bruder Nikolaus Bárd (Kozma) kennzeichnete, äusserte sich auch in seinem Schaffen. Nikolaus war der Lyriker des ungarischen Soldatenlebens. Wenn ihn auch der Niedergang der ungarischen Gesellschaft zuweilen mit Bitterkeit erfüllte, glaubte er dennoch an die ungebrochene Kraft und Lebensfähigkeit der ungarischen Rasse.

Vargha gehörte, ebenso wie Kozma, dem Adel an und konnte in der Atmosphäre der Hauptstadt nie recht heimisch werden. Michael Szabolcska (1862—1930) fühlte die Anziehungskraft des ländlichen Lebens in besonders starkem Masse. In dem „Grand Café" zu Paris sehnte er sich nach den Ufern der Theiss und litt stark unter dem Getriebe der Hauptstadt. Seine schönsten lyrischen Gedichte bezogen sich auf die „Nachrichten" aus seinem heimatlichen Dorfe. Er besang kleine, unscheinbare Begebenheiten, deren Lebensnähe durch die namentliche Anführung der Beteiligten besonders gesteigert wurde. Durch seine tiefe, durchdringende Menschenliebe gewannen sie, auch über die Episode hinaus, Bedeutung. Der tragische Tod der kleinen Rose Demeter forderte sogar seinen Hader gegen Gott heraus, zu dessen demütigsten Dienern er im übrigen gehörte.

Die Lebensnähe der Dichtung leitete immer mehr zur Prosa, zu der Sprache des Alltags, hinüber. Alexander Baksay (1832—1915), kalvinistischer Geistlicher ebenso wie Szabolcska, und mit ihm nahe verwandt, brachte — frei von jedem fremden Einfluss — die einfache Seele des Dorfes zum Ausdruck. Er wurzelte tief in diesem Leben, das scheinbar kleinlich wirkte, in Wirklichkeit aber menschliche Tiefen in sich barg. Die Probleme des Volkes waren auch die Seinen, und alle seine Erzählungen wirkten mit der Unmittelbarkeit der Lyrik.

Koloman Mikszáth (1847—1910) erzielte seine grössten Erfolge durch seine Motive aus seiner Kindheitsumgebung, durch die Schilderung der gutmütigen Palotzen und der slowakischen Gevatter. Nach kurzer Tätigkeit beim Komitat und in der Provinzpresse, gelang es ihm, ebenso wie Julius Vargha, die Ereignisse der Politik aus nächster Nähe zu beobachten. Er wurde Berichterstatter der Oppositionspartei und später ein beliebtes Parteimitglied im Kreise Koloman Tiszas. Sein gesunder Humor bewahrte ihn davor, die Auswüchse der ungarischen Gesellschaft etwa tragisch zu nehmen. Als Erzähler stand er Jókai nicht fern, doch enthielt seine Sprache nichts von dessen romantischem Pathos. Er wandte sich unmittelbar an den Leser und sein lebendiger, mit Anekdoten gewürzter Stil wirkte lebensnah wie die Umgangssprache selbst. Die geschlossene Komposition des grossen Romans empfand er als Ballast. Sein wirkliches Feld war die Erzählung. Seine Phantasie reichte nicht an Jókai heran. Alle seine Schriften sind von einer echt ungarischen Nüchternheit durchdrungen. Er liebte die Sonderlinge („Der Regenschirm des Hl. Petrus“, „Die Belagerung von Beszterce“, „Eine merkwürdige Heirat“), weniger, um durch sie zu verblüffen, mehr, um sich selbst an ihrem Getriebe zu ergötzen. Ohne tiefere psychologische Einfühlung liebte er es, mit irgendeiner Anekdote Verwicklungen aufzulösen. Dennoch wirkten alle seine Charaktere überaus lebendig. Oft vertiefte er sich in die Zeit der guten alten Tafelrichter, ohne aber diese Zeit etwa wieder zurückzuersehnen. Die Gentry, der er selbst angehörte, schilderte er mit heiterem Humor. In ihrem Niedergang sah er nur eine geschichtliche Gesetzmässigkeit. Gehörte es doch zu den echt ungarischen Herrengepflogenheiten, sich auch noch kurz vor dem Zusammenbruch zu amüsieren. Und niemand konnte dies besser als die fröhlichen Herren aus Sáros.

Der Humor von Mikszáth verwandelte sich nur selten zur Satire. Das Leben der Hauptstadt war ihm fremd. In dem Held der „Neuen Zrinyiade", der Gestalt des wiedererweckten Nikolaus Zrinyi, zeichnete er den ungarischen Herrn, der sich in die Wirrnisse des ihm fremden Kapitalismus verwickelte, der ihm zwar neue Genüsse bot, ihn aber gleichzeitig auch verdarb. Derartige Erscheinungen konnte Mikszáth in der Zeit der „Gründerjahre" vielfach beobachten. Selbst in den Gängen des Parlaments hatte er Gelegenheit dazu. Sein Empfinden lehnte sich heftig dagegen auf, weniger aus einer ethischen Überlegung, als vielmehr aus gekränktem Standesbewusstsein. In dem Roman „Der junge Noszty" stellte er den nüchternen, arbeitsamen Bürger dem Adligen gegenüber, der aus Liebe und Ehe ein Geschäft machte. Er kündete damit eine Einstellung an, welche sich später in noch krasserer und unbarmherzigerer Form äussern sollte.

Besonders liebevoll konnte Mikszáth Kinder schildern. Dickens, den er hoch verehrte, war sein Vorbild. Doch hatte er eigentlich fremde Muster gar nicht nötig. Seine Söhne, an denen er seine eigene Kindheit wieder erlebte, bedeuteten für ihn das tiefste Erlebnis. Die Erzählungen von dem frühverstorbenen Jánoska und dem kleinen Albert wirken wie reine Lyrik. Die unmittelbarkeit, mit der er in sein Familienleben Einblick gewährte, hatte in Petőfi ihren einzigen Vorläufer.

Mikszáth gehörte zu den wenigen Autoren, deren Name am Ende des Jahrhunderts auch im Ausland bekannt wurde. Seine bedeutenderen Werke erschienen in fast allen europäischen Sprachen. Die Heimat liess ihm die grössten Ehrungen zuteil werden: Er wurde Ehrenmitglied der Akademie, erhielt den Grossen Preis und den Dr. h. c. Die Regierung erwarb für ihn sein altes Familiengut und benannte sein Heimatdorf „Mikszáthfalva". Gleichsam am Vorabend der folgenden Katastrophe zeigte sich die Nation dem Dichter, der in seinen Werken einer vergangenen Epoche den Denkstein setzte, dankbar. Wenn auch einige dieser Werke heute schon veraltet anmuten, kehrt man doch immer wieder gern zu ihrer reinen, echten ungarischen Sprache und heiteren Weltbetrachtung zurück.

Géza Gárdonyi (1863—1922) wies, im Vergleich zu Mikszáth, eine andersgeartete, kompliziertere Natur auf. Das Publikum sah in ihm zunächst nur den Verfasser der lustigen Geschichten von dem einfältigen Bauern, Gabor Göre, einem in die Moderne übertragenen Notar von Peleske. In einer transdanubischen Handwerkerfamilie geboren und von seinen Eltern zum „Herren", zum Volksschullehrer bestimmt, fühlte er sich in der ungarischen Herrengesellschaft stets nur als Aussenstehender. Er wurde Journalist in der Hauptstadt, vermochte sich aber nie an deren Leben zu gewöhnen. Er zog sich nach Eger, in die Einsamkeit, zurück. Die letzten 25 Jahre seines Lebens verbrachte er, fast ohne Unterbrechung, in dieser Stadt. Das Volk des Dorfes stand seinem Herzen am nächsten. Mit dem Jahrhunderte alten Misstrauen des ungarischen Bauern beobachtete er die Herren und die Priester. Infolge einer unglücklichen Ehe wurde er zum Weiberfeind, und die langjährige Einsamkeit stimmte ihn zum Denker, ohne ihm aber eine harmonische Weltanschauung zu vermitteln. Trotz seiner katholischen Erziehung, die er nie vergass, wandte er sich, mit der Neugier und dem Interesse des Autodidakten den geheimnisvollen Gebieten der Seelenwanderung und des Spiritismus zu.

Wenn er aber über das Landleben oder die Vergangenheit der Nation schrieb, vermochten ihm auch seine inneren Zwiespältigkeiten nichts anzuhaben. Ein starkes Realitätsempfinden zügelte seine Phantasie und liess ihn die tausend kleinen Geschehnisse des Lebens und die lenkende Hand Gottes in diesen erkennen. Die Erfolge, die er seinen ländlichen Idyllen verdankte, wurden durch die Anerkennung des Volksdramas „Der Wein", das wirkliche Gestalten aus dem Volke zum ersten Male auf die Bühne brachte, noch gesteigert. Ohne eine verwickelte Handlung, enthielt es nur eine einfache Begebenheit und erreichte gerade durch die Einfachheit und Wirklichkeit die stärkste Wirkung. In seinen historischen Romanen verwandte er die grossen Begebenheiten nur als Hintergrund. Seine Helden wählte er nicht aus der Reihe der grossen Gestalten der Historie. Sie sind alle Geschöpfe seiner Phantasie. Diese Neuerung gab ihm neue Möglichkeiten. Durch diese Helden — von Liebe, Enttäuschung, also ewigen menschlichen Problemen erfüllten kleinen Leuten — zeichnete er das charakteristische Bild jeder Epoche. In „Der unsichtbare Mensch" wurden die Liebesqualen eines griechischen Sklaven geschildert, die Folie zu den Ereignissen aber bildete die welterschütternde Tragik des Hunnenkönigs Attila. Im Hintergrund der Geschichte eines von Seelenqualen gepeinigten, demütigen Mönches, stand — als Hinweis auf die Epoche — die edle Gestalt der heiligen Prinzessin Margarethe. In „Die Sterne von Eger" schilderte er das Leben des aus niederem Stande emporgekommenen Bornemissza, der neben dem grossen Helden Stefan Dobó an der Verteidigung der Burg gegen die Türken teilnahm. Gárdonyi besass die Fähigkeit, die Vergangenheit zu vergegenwärtigen, das Mythos zur Wirklichkeit zu machen. Er vermochte eine Epoche nicht nur in ihren Äusserlichkeiten, sondern auch in ihrem wirklichen Sinne zu erfassen. In der Charakterisierung der gottesfürchtigen Demut des ungarischen Mittelalters vermochte ihn keiner übertreffen.

Diese Werke brachten ihm die Anerkennung der offiziellen Literatur ein. Zu einer Kritik an der Gesellschaft liess er sich, trotz seiner inneren Unruhe, nicht hinreissen. Die tiefere Problematik in den Erzählungen von Gabor Göre war von Gárdonyi gar nicht beabsichtigt und ist nur nachträglich hineingedeutet worden. Die Gesellschaftsromane handelten von menschlichen Problemen, meist von dem ewigen Kampf zwischen Mann und Weib („Der mächtige Dritte").

Die Weiterführung der Jókai-Mikszáthschen Tradition repräsentierte nicht Gárdonyi, sondern Franz Herczeg (1863—). Als Sohn des deutschen Bürgermeisters von Versecz hatte er deutsche Schulen besucht und eine deutsche Erziehung genossen. Als ungarischer Husaren-Einjähriger lernte er die Welt der Gentry kennen. Er geriet völlig in ihren Bann und vergass seine Abstammung und Vergangenheit. Er wurde zu einem ungarischen Schriftsteller. Dieselbe Gesellschaft, die den Husareneinjährigen aufgenommen hatte, feierte nun auch den Schriftsteller. Mit 33 Jahren schon zog Herczeg in das Parlament ein (in demselben Jahre, in dem Jókai seinen Abgeordnetensitz für immer verlieren musste). Gyulai feierte ihn und ebnete ihm die Wege zu der Aufnahme in die Kisfaludy-Gesellschaft und in die Akademie. Seine Laufbahn bestand aus einer Folge von immer neuen Ehrungen und Erfolgen. Seit dem Tode von Jókai und Mikszáth gilt er — offiziell — als der bedeutendste Schriftsteller der Nation. 1925 wurde Herczeg, als der künstlerisch beste Interpret der ungarischen Seele, für den Nobel-Preis vorgeschlagen.

Die Laufbahn Herczegs ist viel zu erfolgreich, um nicht auch harte Angriffe herauszufordern. Sie wurden ihm zuteil, ebenso aus den Kreisen, die sich nationalen Idealen gegenüber immer oppositionell gebärden, wie auch aus der Reihe derjenigen, die auf Grund des Rassenstandpunktes ihm das Recht eines Repräsentanten des nationalen Geistes absprechen wollen. Herczeg selbst hat nie nach Lobpreisungen gestrebt und verdient auch nicht eine derartig scharfe Opposition.

Seine ersten Erfolge verdankte er seinen lustigen Berichten aus dem Leben der Familie Gyurkovics. Er stattete dadurch jenem Stande gegenüber, der ihm das Ungarntum nahe brachte, seinen Dank ab. Doch bald wandte er sich auch ernsthafteren Problemen zu. Sein bewusster künstlerischer Sinn, sein kultiviertes Stilvermögen und intensives Studium halfen ihm dabei. Das Volk und die Landschaft stehen ihm nicht besonders nahe. Umso schärfer überblickt er aber alle entscheidenden Probleme der Nation, die im Laufe der Geschichte immer wieder in den Vordergrund rückten. Besonders der Kampf zwischen Osten und Westen erregte sein Interesse. Es scheint, als ob er darin das Problem seines eigenen Lebens sieht („Heiden", „Das Tor des Lebens"). Seine Geschichtsbetrachtung erscheint optimistisch, ohne aber dem Chauvinismus zu verfallen. Er ist diszipliniert und lässt sich zu keinerlei Pathetik hinreissen. Trotzdem spürt man aus jeder Zeile, dass er sich mit dem Schicksal Ungarns identifiziert und dass er zu den berufenen künstlerischen Gestaltern dieses Schicksals gehört. Die historischen Dramen sind von demselben Geiste durchdrungen. Bezeichnend für ihn ist, dass, wenn er über die Gesellschaft Kritik üben will, er dies in allegorischer Form tut (die Tragödie „Byzanz"). Die Aktualitäten der Politik liefern ihm immer neue Stoffe. Er ist aber mehr als nur zeitgemäss. Oft gestaltet er historische Motive, mit deren Hilfe er über die Depressionen der Gegenwart hinweghelfen will („Der schwarze Reiter", „Die Brücke", „Der abnehmende Mond"). Seine Begabung ist viel umfassender, als dass er sich nur auf historische Probleme beschränken könnte. Als Dramatiker wagt er sich immer wieder an neue Experimente heran, die oft von Erfolg gekrönt sind. „Die Hexe Eva" ist ein mythisches Märchendrama mit symbolischem Gehalt in der Art von Maeterlinck. Eine Reihe geistreicher Einakter brachte ihm den Namen eines ungarischen Pirandello ein. Die Gesellschaftsromane enthielten tiefgreifende, psychologische Analysen. „Die goldene Geige" wirkte, durch den Hinweis auf die demoralisierenden Folgen des Weltkrieges, aktuell, enthielt aber erst durch die höchst künstlerische Charakterisierung der weiblichen Seele einen bleibenden Wert.

Herczeg ist von einer ausserordentlich reichen Produktivität. Natürlich können nicht alle Werke auf der gleichen Höhe stehen. Das gesamte Oeuvre aber stellt ein wesentliches Kapitel in der Entwicklung der ungarischen Literatur dar. Er gehört nicht zu den Revolutionären, aber auch nicht zu denjenigen, die falsche Illusionen vorspiegeln. Das Kernige, Urwüchsige eines Mikszáth fehlt ihm. Sein Stil aber ist vornehm und im Ausdruck gewählt und nuancenreich. Kühl und zurückhaltend steht er seinen Lesern gegenüber, konnte aber dennoch in weiteste Kreise dringen. Die Lektüre, die er bietet, ist stets interessant, gleichzeitig aber auch auf künstlerischer Höhe.

Da die Gentry, als Thema, sich der grössten Beliebtheit erfreute, fanden Mikszáth und Herczeg zahlreiche Nachfolger. Es hat den Anschein, als ob die Mitglieder dieses absterbenden Standes ihre letzte Stunde nahen fühlten. Sie trachten danach, in ihren Schriften wenigstens die Erinnerung an eine grosse Zeit zu bewahren. Nikolaus Surányi und Koloman Csathó traten während des Weltkrieges auf und reiften in den letzten Jahren heran. Cécile Tormays Anfänge (1876—) reichen in die ersten Jahre des Jahrhunderts zurück. Dank ihrer ernsten und zielbewussten Begabung ragt sie hoch aus der Reihe der durchschnittlichen weiblichen Literaten heraus. Sie wagt sich selbst an die schwierigsten Probleme heran („Menschen unter den Steinen"). In dem Roman „Das alte Haus" schilderte sie den Magyarisierungsprozess des Budapester Deutschtums, dem manche gespaltene Seele zum Opfer fallen musste. In dem „Bujdosó könyv" spiegelt sich die tiefe Erbitterung der Herrenklasse über die durch fremden Geist erweckten Revolutionen. Dieses Buch steht an der

Grenze von reiner Literatur und Politik. Bald danach trat die Verfasserin an die Spitze der nationalen Frauenbewegung.

Koloman Harsányi (1876—1929) gehörte, trotz seiner Klassengemeinschaft, zu den einsamen und isolierten Erscheinungen der Literatur. Seine Phantasie hat manches mit Jókai gemein. Ebenso wie Herczeg, bewegten auch ihn die kompliziertesten Probleme der Nation am meisten. Die Liebe zu seiner Rasse erfüllte seine Seele mit fieberhafter Unruhe, die er durch keinerlei Disziplinvermögen meistern konnte. Er war gebildet, doch die innere Unzufriedenheit gewährte ihm auch in der Kunst keine rechte Befriedigung. „Kristálynézők“, ein Roman von mächtiger Konzeption, wirkte letzten Endes nur als zerrinnende Vision eines tiefen, pessimistischen Empfindens. „Ellák“ wurde von der gewandelten öffentlichen Meinung als eine nationale Tragödie gewertet. Es ist ein erschütterndes Werk, wenn es auch manche psychologischen Fehlgriffe enthält.

Die Neuerer. Die Bahnbrecher in dieser wachsenden Gruppe von Neuerern trugen den Fluch der inneren Zerrissenheit und Spaltung grösstenteils schon von Geburt an in sich. Johann Vajda (1827—1898), der Vorläufer Adys, stand an ihrer Spitze. Als Sohn eines einfachen Försters im Komitat Fejér geboren, durchlebte er eine abenteuerliche Jugend und schloss sich, überwältigt von den Märzideen, den Reihen der Jungen Ungarn an. Der katastrophale Ausgang des Freiheitskrieges bedeutete den Untergang seiner höchsten Ideale. Der junge Honvédoffizier musste als Gemeiner in der österreichischen Armee dienen. Nach seiner Heimkehr konnte er sich nirgends mehr zurecht finden. Er forderte die Behörden heraus, ebenso wie auch die nationale Gesellschaft. Er zog sich in die Einsamkeit zurück. Der späte Erfolg, der ihm noch zuteil wurde, konnte ihm über seine Leiden auch nicht mehr hinweghelfen. Eine krank=

haft empfindsame Seele und unbändige Phantasie zeichneten ihn aus. Seine Gedankenflüge umfassten kosmische Fernen und seine Empfindungen erschöpften sich in höchsten Leidenschaften.

Leidvoller Stern! Bild meines fluchbeladnen Lebens,
Mein unabwendbar Los malt sich in deinem Schein:
Das grenzenlose All durchirrest du vergebens —
Ein Einziger wirst du stets und ein Verbannter sein.
(Der Komet.)

Seine leidenschaftliche Liebe zu Gina, die durch das Unerfüllte zu einer marternden Pein wurde, begleitete ihn sein ganzes Leben hindurch („Thränen", „Der Fluch der Liebe", „Das Andenken an Gina"). Er glaubte an Gott, dessen Schöpferhand er an der Natur bewunderte. Doch als wirkliche Gottheit galt ihm nur die Frau, vor der er in die Knie sank.

Sein starkes Innenleben nahm ihm die Fähigkeit, jemals vergessen zu können. Auch in den epischen Arbeiten („Der Roman Alfreds", „Begegnungen") gestaltete er immer wieder nur sich selbst.

Während Vajda durch den Instinkt des Genies zum philosophischen Dichter wurde, gehörte Julius Reviczky (1855—1889) bewusst zu den Anhängern Schopenhauers. Er war der Sohn eines grossen Herrn und einer slowakischen Bauernmagd. In seinen Entwicklungsjahren erhielt er von seiner unehelichen Herkunft Kenntnis und brach darüber fast zusammen. Die Flucht in die Dichtkunst brachte ihm die Rettung. Er war von Ehrgeiz besessen. Zunächst wollte er in deutscher Sprache dichten, denn die Grenzen des ungarischen Sprachbereiches schienen ihm zu eng. Er hatte das Bedürfnis, sich an eine möglichst grosse menschliche Gemeinschaft wenden zu können. Die Probleme seiner Zeit berührten ihn kaum. Er schuf sich seine eigene Traumwelt. Die ewigen Kämpfe zwischen Verstand und Gefühl füllten sie aus. Obwohl sein Herz von Lebenswillen erfüllt war, zwang ihn seine philosophische Anschauung zur Negation. Als erster ungarischer Dichter führte er die Gestalt der Dirne in die Literatur ein. Doch die Objekte seiner Liebe umfasste er mit dem Glorienschein der Idealisierung. Für die Tradition der ungarischen Dichtung hatte er nur wenig übrig. Petőfi wurde ihm durch die volkstümlichen Epigonen entfremdet. Sein Geschmack bildete sich an den Dichtern des Auslandes. Trotzdem dürfte er von Petőfi ebenso viel wie von Heine gelernt haben.

Eugen Komjáthy (1858—1895) trieb die philosophische Richtung auf die Spitze. Seine Lyrik entbehrte jeglicher Töne des Herzens. Gleich dem Übermenschen von Nietzsche lebte er in dem mit sich selbst identifizierten Universum, bewahrte aber dabei auch das Gefühl für die menschliche Schicksalsgemeinschaft. Sein Leben spielte sich in dem Rahmen einer unbekannten, provinziellen Lehrerexistenz ab. Sein einziger Band Gedichte („A homályból") erschien kurz vor seinem Tode und fand nur wenig Beachtung.

Vajda, Reviczky und Komjáthy waren in dem Zeitalter des Materialismus die einzigen Verkünder des Geistes. Sie leiteten als Wegbereiter zu der Anerkennung der schon fast missachteten Lyrik hinüber.

Das Publikum war viel zu stark mit der Gegenwart verbunden, als dass es diese Dichter beachtet hätte. Vajda starb von Resignation erfüllt. Reviczky und Komjáthy starben jung, noch bevor sie irgend einen Erfolg erreicht hätten. Das Auftreten Josef Kiss' (1843—1921), der sich der Aranyschen Überlieferung anschloss, wurde mit grosser Freude begrüsst. Die Aufgabe, die er sich gestellt hatte, war gross, fast übermenschlich. Er wollte versuchen, mit Hilfe der Dichtung den Abgrund zwischen der ungarischen und der jüdischen Seele zu überbrücken. Das Thema seiner volkstümlichen Balladen wählte er bald aus der ungarischen Vergangenheit („Die Herrin von Gedővár"), bald aus der Gegenwart des Judentums („Judith Simon"). Ohne seine Selbständigkeit preiszugeben, hatte er viel von Arany gelernt.

Trotz der Neigung zu einem bestimmten östlichen Mystizismus stand er dem Alltag doch viel näher als seine pessimistischen Dichterkollegen („Das Märchen von der Nähmaschine"). Er beherrschte die Sprache glänzend und hegte den Wunsch, in der ungarischen Schicksalsgemeinschaft Wurzeln zu fassen. Trotzdem fühlte er sich gleich einem neuen Ahasverus, der bereit ist, sein eigenes Blut zu verleugnen, nur um irgendwo zur Ruhe kommen zu können. Seine Sehnsucht aber wurde nur mit Hohngelächter beantwortet.

Josef Kiss wurde mit seiner Resignation und seinem Zynismus zu dem Dichter der ungarisch-jüdischen Seele. Er erzog seine Rassegenossen zu der Liebe für die ungarische Sprache.

Der jüngere Ludwig Palágyi (1863—1932), ein Freund von Reviczky und Komjáthy, zermürbte sich bereits hoffnungslos zwischen den beiden Extremen der inneren Spaltung. Nachdem er sich vom Judentum losgesagt hatte, fand er den Weg zum Ungarntum erst im späteren Alter. Er war der erste Dichter der Arbeiterklasse, zu der er sich, wegen seines Unterdrücktseins in seiner Jugend, hingezogen fühlte.

Alle Dichter der „Opposition" fanden in den Romanschriftstellern die besten Kampfgenossen. Als Vorbild galt nicht mehr Jókai, sondern die neuen Romanschriftsteller von Frankreich, England und Russland. Ludwig Tolnai (Hagymássy) (1837—1902) trieb seine grosse, innere Rastlosigkeit von einem Ort zum anderen. Aus Transdanubien, wo er geboren wurde, zog er bald nach der Alföld, später nach Siebenbürgen und schliesslich nach Budapest. Weder sein geistliches Amt, noch seine Universitätsdozentur konnten ihm Ruhe verschaffen. Er gründete Zeitschriften und nahm teil an der Gründung neuer literarischer Gesellschaften. Er kannte sich im ganzen Lande und unter allen Schichten der Gesellschaft aus. Doch mit Vorliebe gestaltete er ungestüme Menschen, die er nach Lebenden bildete. Die Übelstände der Epoche Bach vermittelten ihm das stärkste Erlebnis. Seine Satire entsprang einem unbändigen Hassgefühl, das er Tschechen, Juden, Österreichern und Herren entgegenbrachte, die unberufen über seinem geliebten Volke herrschen wollten („Die Herren", „Der Herr Bürgermeister"). Durch seine glühende Rassenliebe wurde er zum Nachfolger von Kuthy und zu einem Vorläufer von Desider Szabó. Er kannte keinerlei Disziplin, weder im Leben, noch in der Kunst. Nur wenige von seinen Romanen können als gelungen bezeichnet werden. Sie bieten keine erfreuliche Lektüre und wurden darum durch den nationalen Illusionismus in den Hintergrund gestellt.

Siegmund Justh (1863—1894) hatte nichts mehr von der Zügellosigkeit Tolnais an sich. Er war ein bewuster Gestalter, der in Paris neue französische Einflüsse in sich aufgenommen hatte, nach seiner Heimkehr aber den Weg zu seinem eigenen Volke wiederfand. Diese Dichtung allein genügte ihm nicht. Er suchte nach der „bodenständigen, wurzelechten philosophischen Weltanschauung und dem Geist des zukünftigen Ungarlandes". Er wollte auf dieser Grundlage eine neue Welt aufbauen. Mit dem Niedergang der ungarischen Herrengesellschaft hatte er sich bereits abgefunden („Fuimus") und sah die Hoffnung auf eine neue Zukunft in den Bauern, die er besser als irgendeiner seiner Zeitgenossen kannte („Das Buch der Puszta", „Julcsa Gányó").

Seine Romane stellen das Fragment eines grossangelegten Lebens dar. Dieselbe tödliche Krankheit, die Reviczky und Komjáthy dahinrafft hatte, führte auch seinen frühen Tod herbei. Das tragische Lebensschicksal von Kármán und seinen bahnbrechenden Genossen schien sich an dieser Generation zu wiederholen.

Justh wurde von seinen Freunden als der Turgenjew von Ungarn gefeiert. Allerdings hätte dieser Name besser auf Stefan Petelei (1852—1910) gepasst, dessen Novellen die schwere, muffige Atmosphäre siebenbürger Adelssitze wiedergaben. Da er stets in seiner Heimat lebte, nahm die hauptstädtische Literatur von seiner Existenz kaum Notiz. Erst nach der politischen Abtrennung Siebenbürgens von Ungarn knüpften die neuen Dichter an ihn an.

Tolnai, Justh, Petelei empfingen vom Ausland nur Impulse und waren ihrem Wesen nach fest mit Ungarn verbunden. Mit Zoltán Ambrus (1861—1932) zog der Typus des gebildeten Europäers in die ungarische Literatur ein. Er war Individualist, der sich für die Fragen der Gemeinschaft nicht interessierte. Er sah auf das Leben von der Höhe der Kunst herab. Er suchte in allen Erscheinungen des Lebens nur die künstlerische Schönheit, die keinerlei nationale Grenzen anerkennt. Die Helden seiner Werke sind Ungarn, die aber in Europa leben. Meist sind es bildende Künstler, deren Formensprache international ist, und die sich in Paris ebenso heimisch fühlen wie in Budapest. Ambrus interessierte sich weniger für die Schilderung des Milieus oder der Gesellschaft als für die Analyse differenzierter Seelen. Die Künstler, die er gestaltete, waren keine hungrige Bohémiens, sondern Menschen, die das Leben zu meistern verstanden, die durch bewusste innere Entwicklung auf besondere Höhe gelangten. Die Absichtlichkeit führte zu Konflikten mit den Instinkten und brachte tragische Verwicklungen („König Midas", „Solus eris"). Allein der Roman der Familie Berzsenyi beschäftigte sich mit Problemen der Gesellschaft. Mit milder Satire stellte er zwei jüdische Generationen einander gegenüber. Die satirische Behandlung galt mehr der zerfallenden ungarischen Adelsgesellschaft, als den emporstrebenden „neuen Adeligen", für die er sogar eine gewisse Sympathie empfand. Sein Stil ist künstlerisch und ohne Saloppheit, wenn ihm auch die Leichtigkeit und das Kernige eines Mikszáth fehlte. Die ausgezeichnete Kenntnis über den künstlerischen Schaffungsprozess führte ihn zu der Analyse literarischer Arbeiten. In tiefgründigen Essays behandelte er hauptsächlich die französische Literatur seiner Zeit, zu deren besten Kennern er gehörte. Seine Werke waren, ähnlich wie die Romane von Kemény, keine gangbare Lektüre, hatten aber auf die junge Schriftstellergeneration eine starke Wirkung. Die Rolle von Ambrus kann man gerade in dieser Beziehung am besten mit Kazinczy vergleichen. Beide Meister zeichnete die Liebe zum Neuen aus und die pädagogische Fähigkeit, dieses Neue zu vermitteln. Aus diesem Grund stellte sich Ambrus auch auf die Seite des „Nyugat". Er war der einzige Vertreter seiner Gesellschaftsklasse aus seiner Generation. Die Zeitschrift führte seinen Namen auf dem Titelblatt mit Stolz an. Man wollte in ihm den Bahnbrecher, den Meister der Ästheten von europäischem Gesichtskreis ehren.

Die Mitarbeiter der „A Hét", die jüdischen Zeitgenossen von Ambrus, hinterliessen in der Literatur nicht so bleibende Spuren wie er. Ihr Erscheinen ist charakteristisch für die Epoche. Alle ihre Werke lassen das Durchbrechen ihrer alten Gebundenheit erkennen. Die Lyrik von Ignotus stimmte den Ton der müden, desillusionierten Dekadenz an. Eugen Heltai war der erste Dichter des spezifisch „Budapesterischen", Desider Szomory (1869—) machte den Versuch, das historische Drama zu erneuern. Seine Sprache, die sich über die Gesetze des Sprachbaus hinwegsetzte, erregte viel Anstoss. Sie wirkte durch eine eigenartige Musikalität, mit der Stimmungen geschaffen wurden, deren die einfache Sprache kaum fähig war. Alexander Bródy (1863—1924) und Thomas Kóbor (1867—) vertraten den Naturalismus in der ungarischen Literatur. Der sehr produktive Bródy liess den Zwiespalt zwischen einer romantischen Lebensanschauung und naturalistischen Doktrin stets erkennen. Seine Werke waren zum grössten Teil — als Folge dieses Zwiespaltes — Missgebilde. Kóbor schilderte das Leben des Budapester Judentums, seine Fremdartigkeiten, über die die düstere Stimmung des Ghettos seine Schatten warf.

Die Jahrhundertwende war eine öde Epoche, ohne Ideale. Die Lyrik erklang immer leiser darin. Doch schon erbebte die Erde unter den Füssen einer neuen Generation. Während die Vorkämpfer nur langsam vorwärtsdrangen, erschien auf den Barrikaden ein neues Panier. Der Name von Andreas Ady stand darauf.

Ady (1877—1919), aus kleinem Adel von Szilágyság, fühlte in seinem Blut die Globetrotterrastlosigkeit seiner kalvinistischen Predigervorfahren. Sein Wittenberg hiess Paris. Mit 24 Jahren ging er nach kurzer Journalistentätigkeit in der Provinz, ohne Budapest zu kennen — auf den Ruf von Frau Leda — nach Paris. Hingerissen, mit dürstender Seele stürzte er sich in die betörenden Wunder der Lichtstadt. Sein kurzes Leben rollte sich in einer ununterbrochenen Wanderung zwischen Budapest, Paris, Monte Carlo, Venedig und Rom ab. Nur manchmal flüchtete er in die friedliche Ruhe eines Sanatoriums. Sein erster Band („Neue Gedichte" 1906) wurde mit viel Lärm aufgenommen. Der zweite Band im folgenden Jahre („Blut und Gold") richtete noch mehr Unruhe an. Sein Name wurde zu einem Begriff. Die Verse wurden vertont. Er erhielt den Grossen Literaturpreis der Hauptstadt. Seine Werke wurden nur von wenigen gelesen und von noch wenigeren verstanden. Trotzdem nahm die gesamte Öffentlichkeit an den tosenden Kämpfen teil. Die Dichtung avancierte wieder einmal zu einer „Sache der Nation". Man liess dem Dichter nur die extremste Beurteilung zuteil werden: entweder galt er als neuer Petőfi, ein seltener Genius, der die ungarische Lyrik auf die höchste Höhe führte, — oder aber als Sprachverderber, als Apostat, als moralvergessener, wahnwitziger Vaterlandsverräter. Die verständnisvolle Kritik von Johann Horváth wurde in beiden Lagern mit Misstrauen aufgenommen. Die zwiefache Beurteilung des Dichters nahm starre, unbeugsame Formen an. Zwischen den beiden entgegengesetzten Auffassungen gab es keine Brücke. Vergeblich veröffentlichte er seine von tiefstem, menschlichem Empfinden durchdrungenen Verse und zeigte sein wundes, für seine Rasse zitterndes Herz. Von den weiteren Bänden („Az Illés szekerén" 1909, „Szeretném, ha szeretnének" 1910, „A menekülő élet" 1912, „Ki látott engem?" 1914, „A halottak élén" 1918) wollten selbst die sympathisierenden Tageszeitungen kaum noch Notiz nehmen.

Ady war der echte Spross einer zerfallenden, kranken Gesellschaft. Durch sich selbst klagte er seine Epoche an. Seine Angriffe trafen am meisten diejenigen, welche die Risse dieser Gesellschaft durch Illusionen verschleiern wollten. Sein aristokratischer Hochmut und seine instinktgeborene Rassenliebe schienen den Verehrern, die seinen Namen auf das Banner der Revolution setzten, letztenendes doch unbequem. Der umrauschte und umstrittene Dichter geriet noch zu Lebzeiten in die Einsamkeit. Gleich Csokonai verkündete er aber, dass er aus den Herzen der Jugend niemals erlöscht werden könnte.

Ewiges Blühn ist mir zuteil geworden,
Nichts kann mein Leben je vernichten.
Fest wie ein Sarg in heiligem Grab geborgen,
Doch bleibt es Spriessen, leuchtend und ewig.

Die Zeit hielt die Lyrik Adys für neu und revolutionär. Sie hatte die Leistungen von Vajda, Reviczky und Komjáthy bereits vergessen und kannte die Symbolisten Frankreichs so gut wie gar nicht. Ady selbst aber wusste von seiner Verwandtschaft mit seinen ungarischen Vorgängern, mit den Dichtern der Kurutzenzeit, mit Csokonai, Vörösmarty und besonders mit Vajda („Begegnung mit dem Dichter von Gina"). Die Realität der Gegenwart versank vor seinem nach innen gerichteten Blick. Sein Seelenleben streifte in kosmische Fernen: ausser Gott und sich selbst gab es nichts Existentes für ihn. Mit Gott stand er in ewigem Kampfe. Er wünschte, glauben zu können und zur Ruhe zu kommen. Seine grosse Sehnsucht jagte ihn in weite Fernen, doch sein Menschentum trieb ihn wieder auf die Erde zurück. Er war der rastlose Adam, der im Paradiese Gott nahestand und nach seiner Vertreibung sich ewig zu ihm zurücksehnte. Der ewige Adam, der in der Finsternis des Universums einsam wird.

Sein Durst konnte weder durch den Taumel der Lust, noch den des Weines gestillt werden. Der Kuss, das Blut und der Tod waren für ihn engverwandte Vorstellungen. Die Liebe gewann bei ihm keine persönliche Färbung. Sie ist der ewige Kampf zwischen Mann und Weib, voll schmerzlicher Qualen des Unbefriedigtseins.

Diesseits vom Tode, jenseits vom Leben,
Wo Männer, Männer sind zu Gast,
Traurige Männer sind zu Gast,
Im Nebeldunkel schlummert, schlummert
Der ferne Kusspalast...

Dort musst Du irren ewig, ewig,
Feig zähneklappernd ohne Kuss,
Von Frost bekränzt und ohne Kuss,
Bis auf dein Haar der Reif des Herbstes
Einst niedersinken muss.

Der Urbösewicht, der Gott des Rausches, trug ein Turnier mit ihm aus, bei dem der Dichter der Besiegte blieb:

„Herr, geh mit einem andern streiten,
Mir ist die Freude keine jetzt;
Kopfschmerzen sind mir Ruhm und Taumel,
Die stolze Löwenkralle ward
In wilden Träumen abgewetzt.

Magyarisches Land ist meine Scholle,
Ausgemergelt und unfruchtbar.
Was soll die grosse Rauschverheissung?
Was nützt das Fest von Wein und Blut?
Oh Herr, was ist denn ein Magyar?"

Adys gläubige Seele schwebte stets in transcendentalen Höhen. Er, der Dichter der Lust, des Goldes und des Blutes, der Ungar mit dem traurigen Herzen, war mehr von Seele erfüllt, als irgendein anderer Meister der Weltliteratur. In seinen Versen tauchten Mysterien auf, fremde Welten, die mit unseren Sinnen gar nicht zu fassen sind. Die Gebundenheit an den Körper empfand er als fluchbeladene Verzauberung und das irdische Leben als einen Fiebertraum. Er nannte sich einen Verwandten des Todes, der mit Geistern Kameradschaft hielt. Mit Geistern, die sich an seinen Tisch und an sein Bett setzten, die wahrzunehmen er nur allein imstande war. Der Masse wollte er sich niemals hingeben, und der Mensch galt ihm mehr als etwas Nur-Einmaliges. Aus den Tiefen des Unterbewussten holte er die prächtigsten Phantasieschöpfungen hervor. Auf der irdischen Welt war er ein Fremder, obwohl er sich danach sehnte, gesehen und erkannt zu werden. Alle Marter, Qual und Selbstzerfleischung galt nur dem einen Wunsch, geliebt zu werden und jemandem anzugehören.

Die Alltagssprache, deren begriffliche Inhalte seit Jahrhunderten festgelegt sind, eignete sich nicht, die transzendentale Welt Adys zu veranschaulichen. Eine neue Sprache gehörte dazu, eine Symbolsprache, die den frischen Flaum eines urmenschlichen Weltbildes an sich trug. Die Bibel, die er in seinen Nächten immer wieder las, galt ihm als Vorbild. Seinen Stil kann man in keinerlei begriffliche Ordnung bannen. Der einzige Weg zu ihm führt durch die Einfühlung in seine Seele. Andernfalls bleibt er — obwohl ein Meister der ungarischen Sprache und würdiger Nachfahre seiner grossen Landsmänner Pázmány und Arany — unklar und unverständlich. Fast alle zeitgenössischen Dichter und Schriftsteller gerieten unter seinen Einfluss, kaum einer konnte sich ihm entziehen. Freilich wurde bei den Nachfolgern das meiste, was bei Ady selbstverständlich und aus dem Instinkt geboren war, zur blossen marktschreierischen Manier. Adys Rhythmik, die oft alle herkömmlichen Grenzen sprengte, dabei immer künstlerisch und echt ungarisch blieb und den Zauber einer eigenartigen Musikalität erkennen liess, konnte nicht erlernt werden.

Adys Leben ging früh zu Ende. Seine innere Glut verzehrte ihn. Auch darin gilt er als Symbol „seiner melancholischen Herrenrasse". Seine Genossen, die zur gleichen Zeit im „Nyugat" hervortraten, wandelten — vielleicht zum Teil auch mit Bewusstsein — auf anderen Pfaden. Michael Babits (1883—) ging zunächst von der Wirklichkeit, von der realen Anschauung aus, um schliesslich zu sich selbst zu finden.

Nur mich kann mein Gedicht als Erst und Letztes künden:
Den Kern, den jedes Bild und jeder Ton umrankt,
Ich träum das Lied, darein der Allwelt Ströme münden —
Und bin doch weiter nie als bis zu mir gelangt.

Seine Dichtung vertiefte sich immer mehr, die Erscheinungen der wirklichen Welt wurden zu Symbolen, durch die er seelische Stimmungen zum Ausdruck brachte. Babits besitzt nicht jene durchschlagende, revolutionäre Kraft, die Ady eigen war. Daher kann er auch nur in einem kleineren Kreise wirkliche Würdigung und Verständnis finden. Vielleicht ist seine Seele noch stürmischer als die Adys. Doch äussern sich ihre Stürme weniger in einer leidenschaftlichen Parteinahme, als mehr in der Erhabenheit, mit der er über allen Dingen und Ereignissen steht. Aus einer einsamen und erhabenen Höhe blickt sein sehnsüchtiges Auge nach dem Absoluten, nach der grossen und ewigen Wahrheit. Auf der irdischen Welt sieht er nur Misstände. Daher auch seine ewige Opposition allen Zeitströmungen gegenüber. Während des Weltkrieges dürstete er nach Frieden, und in der fürchterlichen Katastrophe des Zusammenbruches blutete sein Herz. Gleichzeitig aber wandte er sich fast mit Hass gegen die patriotischen Trommelschläger.

Er schreibt nicht für die Gegenwart, sondern für die Ewigkeit. Er geniesst bei den Zeitgenossen keine Volkstümlichkeit, aber er trachtet auch gar nicht da- nach. Sein Wissen ist geradezu unermesslich und um- fasst die gesamte europäische Kultur. Es gibt kaum noch einen so verständnisvollen Kenner der Antike, wie er es ist. Er hat den Oedipus von Sophokles, die Iphigenie von Goethe, Werke von Shakespeare und Wilde übersetzt. Mit seltenem Einfühlungsvermögen und unübertrefflicher Formbeherrschung übermittelte er die religiösen Hymnen des Mittelalters („Amor sanctus") und die herrliche Schöpfung Dantes. Seine Essays erschliessen bisher unbekannte Werte der unga- rischen Literatur. Die Kunst von Vörösmarty, Petőfi und Arany gewinnt durch seine Darstellungen einen neuen Glanz. Besondere Sympathie empfindet er für Kazinczy, dessen Sprache er mit täuschender Treue wiederzugeben vermag. Babits selbst gleicht einem in die Moderne übertragenen Kazinczy, der mit einem seltenen Dichtertalent begnadet ist und inmitten eines entwickelteren Zeitalters lebt. Seine Verse strömen nicht mit den fast mystischen Unmittelbarkeit eines Ady. Er ist vielmehr ein bewusster, hochgebildeter Dichter, der jedes Instrument mit derselben Vollkom- menheit beherrscht. Er hat das Sonett erneuert und die freien Rhythmen veredelt. Zuweilen scheint er aus purer Freude am Spiel die reinsten Proben seiner Fähigkeit zu geben: Eigenartige Reime miteinander zu verbinden oder die Musik der altertümlichen Sprache zu beschwören. Aus seiner Prosa klingt das Pathos der unterdrückten Leidenschaft, die jeder spürt, der ihn auch nur einmal vortragen gehört hat. In der frühen Romanen setzte er sich mit den Problemen der Seele auseinander („Storchkalif", „Der Sohn des Virgilius Timár"), in dem neueren Werk „Die Söhne des Todes" vermittelte er ein grossangelegtes Zeitbild aus der Epoche des Ausgleiches. Seine Subjektivität verleug- nete er auch dabei nicht. Denn, wenn er auch auf den

Höhen der Schönheit, des Guten und der Wahrheit Zuflucht sucht, packen ihn trotzdem die Probleme seiner Zeit. Die Leiden der Zeit sind auch die seinen. Er empfindet den Zusammenbruch der europäischen Kultur als sein eigenes tragisches Schicksal, ebenso wie der Untergang seiner Nation ihm mit der eigenen Katastrophe identisch ist: „Das Schicksal meiner Rasse peinigt und beängstigt mich", sind seine Worte dazu. Sein Lebenswerk ist noch nicht vollendet, nimmt aber schon heute einen würdigen Platz in der ungarischen Geistesgeschichte ein.

In den Dichtungen Desider Kosztolányis (1884—) kann man kaum eine Spur von Aktualität entdecken. Er, der künstlerische Übersetzer Shakespeares, Wildes und der modernen westlichen Lyriker, schuf in seinen eigenen Versen eine Welt der Träume. In „Die Klagen eines armen kleinen Kindes", einem Zyklus subtilster Lyrik, schöpfte er die Motive aus seiner Kindheit, jener Epoche der Entwicklung, in welcher Träume noch als Wirklichkeit gelten, in die die Welt der Erwachsenen aus märchenhafter Ferne herüberschimmert. Mit einer Einfühlung ins Unterbewusstsein, in der er selbst den versiertesten Freudianer überragt, schildert er die subtilsten seelischen Zustände, von denen wir kaum eine Ahnung haben. In seinen Romanen gestaltet er mit Vorliebe solche Menschen, deren komplizierte Seele der unerwartetsten Eruptionen fähig ist („Der blutige Dichter", „Édes Anna", „Der goldene Drache").

Ein Sänger ferner Schönheit war der frühverstorbene Árpád Tóth (1886—1926), der die Formvollendung schon fast als Selbstzweck zu erstreben schien. Der etwas rationalistisch eingestellte Oskar Gellért (1882—), der seelenvolle Dichter der ehelichen Erotik, zeigt eine wachsende Vertiefung und schlägt — ohne sich von der Realität des Alltags ganz abzukehren — die Töne eines edlen Humanismus an. Ernst Szép (1884—) sucht in den Gefilden des kindlichen Alters nach der verschwundenen Schönheit des Lebens und blickt auf die reale Welt mit einer leisen Ironie herab. Alle diese Dichter gehören zu den Einsamen, doch der Einsamste unter ihnen ist Julius Juhász (1883—), der aus der Öde des Lebens in den Glauben an das Transzendentale flieht. Der Dichter, der in der Provinz lebt, erträumt seine schönsten Verse am Ufer der Theiss. Er ist mit der ungarischen Landschaft und dem ungarischen Schicksal aufs engste verbunden. Er gestaltet ihre ewigen, unveränderlichen Formen.

Die Romanschriftsteller aus dem Kreise des „Nyugat" stehen — im eigenartigen Gegensatz zu den Lyrikern — mitten in dem realen Leben. Siegmund Móricz (1879—) gehört zu ihren prägnantesten Persönlichkeiten. Mit leidenschaftlichem Wollen durchbrach er die früher gültigen idealisierten Formen der Gestaltung des Bauern. Ohne an Zola anzuknüpfen, ist er ein Naturalist von reinstem Wasser. Seine Lebensanschauung ist das Resultat seines eigenen bäuerlichen Blutes. Als echter Revolutionär, schreckt er auch nicht vor Übertreibungen zurück. Sein Pessimismus, aus dem heraus er die dumpfen, düsteren kleinen Tragödien der Kleinstadt oder des Dorfes gestaltet, wirkt zuweilen gewollt („Sárarany", „Isten háta mögött"). Vollblütig, wie er ist, will er oft in allen Äusserungen des Lebens nur die treibende Macht des sexuellen Triebes gelten lassen. Vielleicht ist das nur eine Reaktion auf die Heuchelei einer Gesellschaft, die ihre innere Fäulnis pharisäerhaft zu verbergen versucht hatte. Seine Art könnte reinigend wirken, wenn sie nur nicht zu oft als Selbstzweck gelten müsste. In den besten Romanen und Novellen greift er auf die Erinnerungen seiner Kindheit zurück („Sieben Kreuzer", „Sei gut bis in den Tod"). Hier besiegt die Liebe den Hass, den er sonst den Misständen der sozialen Einrichtungen Ungarns gegenüber empfindet. Sein Hass hat aber keinerlei politische Grundlagen oder Tendenzen, er wird allein durch den Instinkt des Genies erzeugt, der nicht verbergen kann, was er allein an seiner Epoche als tadelnswert erkannt hat. Seine Betrachtungen erstrecken sich nicht über das ganze Land. Er beschränkt sich auf das östliche kalvinistische Ungarntum, doch schrieb er kein Werk, das nicht auf ungarischem Boden spielte. Kein Schriftsteller vor ihm vermochte mit solch intensiver Plastizität den Bauern der Alföld zu gestalten wie er („Barbaren"). Seine historischen Romane zeichnet die prachtvolle Einfühlung in die Charaktere seiner Figuren aus („Feengarten", „Der grosse Fürst"). Mit Ausnahme Kemény vermochte kein anderer den Geist der Vergangenheit, die schwere, eigenartige Atmosphäre Siebenbürgens so künstlerisch zu vergegenwärtigen wie er. Sein forschendes Auge erkennt auch die Tiefen der geringsten Begebenheiten. Einem Maler gleich sieht er sich in der Welt um, nimmt Linien, Farben, Nuancen, Gesichter und Gesten in sich auf und gestaltet sie zu mächtigen Kompositionen. Die eigenartige Musik der ungarischen Scholle, auf der dissonante Akkorde mit klangschönen Melodien wechseln, erklingt aus seinen Werken. Seine Sprache ist erdgebunden und taufrisch, wenn auch zuweilen noch mancher schwere Klumpen daran haften bleibt.

Móricz schreibt mehr, als er liest, er ist von einer ungeheuren Produktivität. Er findet auch Zeit genug, seine Romane für die Bühne zu dramatisieren, für die Tagespresse zu arbeiten und an den Kämpfen der Literatur teilzunehmen. Er wird auch in Zukunft noch viel zu sagen haben. Margit Kaffka (1880—1918) starb jung und konnte ihre hochfliegenden Pläne nicht mehr verwirklichen. Ihre Romane („Die Jahre Marias", „Farben und Jahre") gewährten Einblick in die Seele der Frau um die Jahrhundertwende, in die kein Mann zu dringen vermochte. Die treuesten Leser der ungarischen Literatur waren — schon seit den Nonnen des Mittelalters — stets die Frauen gewesen. Die neue Literatur fand nun auch am schnellsten zu den Frauen Zugang, jenen nervösen, empfindlichen und unbefriedigten Frauen, die sich aus den starren, veralteten Formen des Provinzlebens heraussehnten und mit ihrer Umgebung in Konflikt gerieten. Margit Kaffka gestaltete ihr Schicksal und ihre tragischen Verwicklungen mit dem mitfühlenden Herzen der Geschlechtsgenossin.

Friedrich Karinthy (1888—) wurde durch seine Parodien („Így írtok ti") volkstümlich. Doch nur wenige können erkennen, mit welcher Vollkommenheit er die Kunst, sich in fremde Geister einzufühlen, beherrscht. Bei dieser unerwünschten Volkstümlichkeit kommt der philosophische Schriftsteller, der die Welt in einer Art vierter Dimension sieht und überraschende Wahrheiten verkündet („Seiltanz"), eigentlich nicht genügend zur Geltung. Hinter seinem scheinbar oberflächlichen Humor verbirgt sich ein tiefes menschliches Mitgefühl. Géza Laczkó (1884—) kennzeichnet eine hohe Kultur („Noemis Sohn", „Satan Trismegistos", „Das Feuer des Hl. Ivan") und ein an Flaubert gemahnender gepflegter Stil. In seinem einzigen historischen Roman „Deutsches Gift, türkisches Opium" beherrscht er mit einer seltenen Fertigkeit — die dem Schriftsteller ebenso wie dem Wissenschaftler zum Ruhme gereicht — den Geist und die Sprache der Epoche von Zrinyi.

Da alle diese Schriftsteller der politischen Aktualität aus dem Wege gehen, steht kein grosser Anhängerkreis hinter ihnen. Julius Krudy (1878—1933) beschwor in seinen Romanen („Das Gespenst von Podolin", „Die rote Postkutsche") mit einer unmittelbaren Melancholie den Geist der Biedermeier-Zeit. Franz Molnár (1878—) ist der einzige Repräsentant seiner Generation, der auch weit über Ungarn hinaus bekannt wurde. Seine Volkstümlichkeit verdankt er weniger den im Budapester jüdischen Milieu spielenden Romanen und der in fast alle Sprachen übersetzten und schon fast klassisch gewordenen Jugenderzählung „Die Jungen aus der Pál-Strasse", sondern seinen zahlreichen Schauspielen. Molnár ist geistreich, sprühend von Einfällen, denen er oft jede ethische Überlegung und psychische Gesetzmässigkeit zum Opfer bringt („Der Teufel", „Der Leibgardist", „Der Wolf"). Er hat nicht die Absicht, erziehend oder erhebend zu wirken. Er will nichts anderes, als unterhalten. „Liliom" ist das einzige Werk, in dem es ihm gelang, ein erschütterndes menschliches Drama zu gestalten.

Die Zeitgenossen glaubten — in Erinnerung an Petőfi und Arany — in der Revolution von Ady und dem „Nyugat" ein neues goldenes Zeitalter der ungarischen Literatur und den höchsten Sieg des ungarischen Geistes erblicken zu können. Der Literarhistoriker der Zukunft wird vermutlich feststellen, dass das Zeitalter nur einen Übergangscharakter hatte. Es war die Zeit unmittelbar vor dem Zusammenbruch, nicht nur des Ungarlandes, sondern der gesamten europäischen Kultur. Die Anhänger der Tradition versuchten alles Hohe und Edle aus der Vergangenheit in die neue Zeit hinüberzuretten, während die „Westlichen" die letzten Errungenschaften der westlichen Kultur, alles, was diese an Schönheit, Neuem und Differenziertem hervorgebracht hatte, Ungarn zu Gute kommen lassen wollten. Die Wirkung erstreckte sich nur auf einen engen Kreis. Die geistigen Führer beherrschten nur Teilgebiete des ungarischen Lebens. Es handelte sich um Vorbereitungen, nicht aber um eine Synthese. Die meisten Neuerer stehen erst in der Mitte ihres schöpferischen Lebens. Doch der Geist des toten Ady drang über das ungarische Brachland, über die künstlichen Landesgrenzen hinaus und beleuchtet mit der Verkündung seiner Rassenliebe den Weg für eine neue Zukunft.

NACH DEM WELTKRIEG.

Der Zusammenbruch nach dem Weltkrieg bedeutete den Abschluss einer Epoche. Ganze Generationen wurden auf fremden Kriegsschauplätzen vernichtet, Jahre entfielen dem geregelten Zeitlauf und der tausendjährige Staat wurde in Stücke gerissen. Nur der Geist konnte nicht getötet werden. Ein neues Leben spriesst aus den Ruinen: es ist nicht heiterer, aber vielleicht wahrer und tiefer als das frühere.

Der Forscher, der diese Epoche zu charakterisieren versucht, ähnelt dem Forscher in ferner, unbewohnter Urwildnis. Er steht an den Ufern wasserreicher Flüsse und beobachtet das Spiel ihrer Wellen. Er weiss aber nicht, ob der Fluss noch zu einem Turbinen bewegenden Strome anschwellen wird und schliesslich im Ozean münden, oder ob er sein vorgezeichnetes Bett verlassen und spurlos im Sande vertrocknen wird.

Es wäre heute noch zu früh, den Versuch zu unternehmen, ein getreues Bild der Literatur der letzten 15 Jahre zu vermitteln. Neue Zeitschriften tauchen auf und verschwinden wieder, neue literarische Gesellschaften werden gegründet und wieder aufgelöst. Unverändert stehen noch die alten Institutionen, als ob gar kein Weltkrieg über Europa hinweggebraust wäre. Der „Nyugat“ besteht ebenfalls und die Zeitschrift „Napkelet“ („Osten“) versucht die Begabungen unter den Konservativen um sich zu vereinigen. Der alte, unzeitgemässe „Kampf“ wird fortgesetzt. Doch nur die Generation der Grossväter und Väter beteiligt sich daran. Die auf den Kriegsschauplätzen zu Männern gereiften Jünglinge sehen voll Erstaunen zu und gehen — mit einem verzeihenden Achselzucken — ihre eigenen Wege.

Es hat fast den Anschein, als ob die nationale Katastrophe eine seelische Katharsis zur Folge gehabt hätte. Prohászka forderte in erschütternden Predigten zu ethischer und menschlicher Erneuerung auf. Seinen Worten lauschten andächtig Herren und Arbeiter, Katholiken, Protestanten und Juden. Die Katharsis wies den Weg der Menschen zueinander, zu der Familie und der Rasse. Auf dem Gebiet der Geisteswissenschaften trat ein neuer Aufschwung ein. Immer öfter ertönte die Forderung nach einer Synthese. Die Geschichtsschreibung erreichte eine unerwartete Höhe. Hochgebildete, weitblickende Gelehrte schufen meisterhafte Rekonstruktionen der ungarischen Vergangenheit (Hóman—Szekfű: Ungarische Geschichte, 7 Bände). Die Literarhistorie fasste die Ergebnisse der früheren Forschung zusammen (die Werke von Eugen Pintér) und forschte in der Entwicklung auch nach den geistesgeschichtlichen Zusammenhängen (Johann Horváth und der Kreis der „Minerva"). Die Philologie rückte, durch die Beleuchtung der Völkerwanderungs- und Landnahmezeit, dem Leben und dem ungarischen Schicksal näher als bisher (Johann Melich und Julius Németh). Die ethnographische Forschung ist bemüht, die Denkmäler der Urzeit zu retten. Nach den schweren Erschütterungen, welche selbst die nackte Existenz bedrohten, strebt der nationale Genius danach, den Beweis zu erbringen, dass er ein Anrecht auf sein Leben in Europa hat.

Die Zusammensetzung der Gesellschaft ist jetzt nicht weniger verworren als in der Vergangenheit. Doch dadurch, dass die Herrenlebensart immer mehr von ihrem alten Glanze verliert, tritt ein Prozess der Proletarisierung und — als Folge davon — des Ausgleiches ein. Unzählige Werte gehen dabei verloren. Doch ohne Zerstörungen könnte die in Kasten geteilte

Gesellschaft niemals zu einer Einheit werden. Der Grundpfeiler dazu ist in dem ungarischen Bauern vorhanden. Desider Szabó (1879—) hält sich für berufen, eine Abrechnung mit der jüngsten Vergangenheit zu vollziehen und den ungarischen Bauer, in dem er den Vertreter der uralten, reinen und kraftvollen Rasse sieht, auf ein nahezu mythisches Piedestal zu heben. Seine Gegner wollen in seinen Romanen („Elsodort falu", „Segítség") — welche das nationale Weltbild der Adyschen Lyrik in die Epik übertragen — nichts anderes als grossangelegte Pamphlets erblicken. Die junge Generation aber sieht die begrabene Gegenwart mit seinen Augen und bedient sich bei ihren tastenden Anfängen seiner visionären und bilderreichen Sprache. Obzwar Szabó in seiner forcierten Einsamkeit allzubald versinkt, lebt und wirkt sein Geist in den Kreisen der Jugend unverändert weiter.

Die Aufgabe, die Epoche des Krieges und der Revolution künstlerisch zu verewigen, harrt der in den Schützengräben gereiften Generation. Denn das, was den in ihrem Weltbild bereits erstarrten, älteren Jahrgängen nur als interessantes Thema erscheint — gleich dem Maler, der für Bezahlung ein Bildnis zu malen hat —, bedeutet den Jüngeren ein durch das eigene Blut erkämpftes, schicksalhaftes und charakterbildendes Erlebnis. Aus der grossen Zahl derartiger Werke ragen die Arbeiten von Ludwig Zilahy hervor. Er verdankt zweifellos dem Kreise der „Westlichen" seine rücksichtslose Offenherzigkeit, seine Abkehr von jeglichen Pseudobindungen. Sein Rassenempfinden zwingt ihn zu den Kämpfen über nationale Probleme. Seine Anschauung sinkt nie zu blosser unfruchtbarer Negation herab, sondern, nach vielem Suchen weist er auch den Weg, der aus der Tiefe wieder emporführen kann („Zwei Gefangene", „Der weisse Hirsch", „Es scheint die Sonne", „Die zwölfte Stunde"). Auch die Trostlosigkeit der Kriegsgefangenschaft fand einige berufene Gestalter. Nach den leichten Romanen von Rodion

Markovics bedeutet das Werk Aladár Kuncz' („Das schwarze Kloster") eine unerhoffte Vertiefung auf diesem Gebiet. Die Beschwörung des unmittelbar Erlebten verleiht dem Werk eine tragische Kraft.

Die unmenschlichen Leiden des Krieges und der Revolutionen führten den enthüllten Menschen zur Selbstbesinnung zurück. Die Generation der „Zwanzigjährigen", die das einstige Ungarland bloss aus Büchern kennt und den Kampf der Völker nur in der Kindheit miterlebte, gelangt, über die Leiden der Vorgänger hindurch, zu einer neuen humanistischen Einstellung. Der Begriff „Mensch" bedeutet für sie weder ein politisches, noch ein revolutionäres Programm, sondern nur die Rückkehr zu einem reinen, uralten Quell. Woher auch die jüngsten Dichter kommen, selbst, wenn sie die verschiedensten Töne erklingen lassen, es hat doch immer den Anschein, als ob jeder nur die Variationen ein und desselben Themas bringen würde. Alexander Sik, der Dichter der jungen katholischen Generation, schrieb Oden auf den Bauern und Hymnen über das Brot. Er lebt in und für Gott, doch ist er auch untrennbar mit seiner Nation verbunden. Ladislaus Mécs, der Seelenhirt einer stillen Pfarrei in der Slowakei, mischt sich unter das Volk und verkündet einen neuen Idealismus und eine neue Menschenliebe. Gleich einem Propheten der neuen Zeit, wandert er von einer Stadt in die andere, überwindet das Hindernis der Grenzen. Aus allen Lagern strömen Anhänger zu ihm, die weniger auf seine gedruckten, als mehr auf seine vorgetragenen Dichtungen hören. Diese katholische, d. h. universale Weltbetrachtung, welche die Fesseln der dogmatischen Bindung sprengt, zieht auch jüdische Schriftsteller in ihren Bann. Z. B. Michael Földi („Isten országa felé", „Der nackte Mensch") und Georg Sárközi („Angyalok harca").

In den Werken der Arbeiterdichter scheint der Klassenhass zu verstummen, um den Tönen der Menschenliebe Platz zu geben. Aus den Gedichten Jenny

Várnais erklingen warme, weiblich=empfindsame Töne des Mitleids. Ludwig Kassák, der charakteristische Vertreter der Arbeiterliteratur, gab seine lyrischen Neuerungsversuche auf und tritt in seinen Romanen — allen äusserlichen Effekten entsagend — als bescheidener Chronist seines eigenen Lebens auf. Er versucht auf diese Weise auf den Menschen im Arbeiter hinzuweisen („Egy ember élete", „Napok, a mi napjaink").

Manche Dichter suchen nach der reinen Schönheit und ergötzen sich an formvollendeten Dichtungen. Aus der Reihe der Babits=Schüler ragt Lorenz Szabó durch sein starkes Talent hervor, das er auch an Übersetzungen erprobt. Die Mehrzahl aber schert sich weder um Formen, noch um Reime. Sie kommt aus dem Volke und trägt die primitive, ewige Harmonie der Natur und des Menschen in sich. Babits charakterisiert die neue Lyrik — zu deren hervorragendsten Vertretern Julius Illyés und Josef Erdélyi gehören — mit folgenden Worten („Neue Anthologie", 1932): „Die Aufgabe der Lyrik soll sein, den Weg zu der uralten, schlichten Menschlichkeit zu finden und eine Verbindung mit dem wahren und primitiven Leben der Natur zu schaffen. Der tyrannischen Gesellschaft und Kultur gegenüber bleibt nur die bittere Abrechnung und ein hartes Urteil übrig. Die jungen Dichter, zum grössten Teil selbst auch Söhne des Volkes, kehren zu den schlichten Empfindungen, zu der Sprache, der Denkweise der Armut und den Jahrhunderte alten Erinnerungen, zu der Mythologie und den Schätzen der Phantasie zurück."

Auch der neue Roman wandelt auf denselben Wegen. Für Johann Kodolányi bedeutet Siegmund Móricz einen Bahnbrecher und Meister, er findet aber schliesslich zu sich selbst, streift seinen düsteren Pessimismus und seinen unfruchtbaren Naturalismus ab und gelangt zu einer tiefen Rassenliebe. Selbst jene Romane, die nur die ödesten Themen behandeln, wir=

ken — Dank ihrer warmen Menschlichkeit — gleich einem reinigenden Feuer („Szép Zsuzska“, „Futótűz“).

Diese neue Generation vermittelt einen neuen Glauben an Ideale, mystische Kräfte und Schönheit, mit anderen Worten, an den Menschen. Sie will sich nicht mehr mit einer müden Nostalgie begnügen, denn sie spürt Kraft und schöpferischen Tatendrang. Ihr nationales Empfinden hat mit dem Traum des tausendjährigen Staates kaum mehr etwas gemein. Es handelt sich hier um ein neues Gefühl, dem vorerst noch der Name fehlt und das eine Harmonie zwischen der instinktiven Anhänglichkeit an die eigene Rasse und der Religion der menschlichen Solidarität schaffen will.

Ungarn wurde zu einem kleinen, verstümmelten Lande. Während in früheren Zeiten von den Karpathen bis zur Adria der Geist der Hauptstadt herrschte, spriessen nun aus dem ungarischen Boden in der Slowakei, in Siebenbürgen und im Süden neue, eigenartige Blüten hervor. Zunächst wurde dem Schmerz über die Abtrennung Ausdruck gegeben (Végvári, Ölvedi). Später verstummte die politische Erregung und an ihre Stelle traten die alten Stimmen der Heimatliebe. Aus den lyrischen Schöpfungen Alexander Reményiks, Ludwig Áprilys und Johann Bartalis’ klingt die Seele Siebenbürgens. Desider Győry vertritt die neue Generation Oberungarns. Die Romane Irene Gulácsys, Maria Berdes und Maria Szabós beschwören die Vergangenheit von Siebenbürgen und zeigen die Nöte seiner Gegenwart. Josef Nyirő und Aron Tamási, die Dichter des Seklertums, lassen die Mystik der Sekler Volksballaden, den Duft der siebenbürger Tannenwälder und das gesunde, warmfühlende Herz eines vielgeprüften und hochbegabten Volkes erkennen. Auch aus einem fernen Erdteil kommt eine neue Botschaft: Josef Reményi übermittelt den Ausdruck der ewigen Nostalgie der in Amerika lebenden Ungarn nach der Heimat.

Europa steht mitten in einer grossen Krise. An den Ufern der Donau und der Theiss lebt ein kleines Volk, auf das Gebiet von fünf Staaten verteilt, ist es einsamer und ärmer denn je. Ein Jahrtausend hat es überstanden. Werden die neuen Stürme es vernichten können? Wir wollen daran nicht glauben. Der ungarische Staat ist vernichtet, das Volk ist verstreut, aber der Geist lebt und weist auf eine neue Zukunft hin. Die Zeichen einer neuen Synthese mehren sich. Sie gehen von der Literatur aus, durchdringen das Volk und vereinigen die Gesellschaft. Tausend Jahre hindurch hat die ungarische Literatur ihre volkserzieherische und volksrettende Mission erfüllt. Sie erfüllt sie auch in der Gegenwart. Lauschen wir dieser Stimme, denn der Geist eines herrlichen, eigenartigen und von Lebenswillen erfüllten Volkes spricht aus ihr.

ANHANG.

Über die in deutscher Sprache erschienenen Übersetzungen ungarischer literarischer Werke siehe: *Bibliographia Hungariae* Ungarische Bibliothek, 4 Bde, hgb. von Ungar. Institut a. d. Universität Berlin. 1928. — Eine kurze Zusammenstellung bietet: KATONA-SZINNYEI: *Geschichte der ungar. Literatur.* Sammlung Göschen. Berlin, 1927 — und HANKISS-JUHÁSZ: *Littérature Hongroise.* Paris, 1930. — Vgl. noch JULIUS v. FARKAS: *Die ungar. Romantik.* Berlin, 1931. — DERS.: *Das Junge Ungarn* Budapest, 1932. (in ungar. Sprache). — A. SCHÖPFLIN: *Die ungar. Literatur im 20. Jh.* Ung. Jahrbücher Bd 5. D. v. KERESZTURY: *Die neueste ungar. Literatur* (1914—1933). Ungar. Jahrbücher Bd. 13. — JOSEF TURÓCZI-TROSTLER: *Entwicklungsgang der ungar. Literatur* (Budapest, 1928. 2 Hefte).

Das bedeutendste Werk der ungar. Literaturgeschichte in ungar. Sprache ist: PINTÉR JENŐ: *A magyar irodalom története.* Budapest, 1930—1934. 7 Bde.

Die dichterischen Übersetzungen im vorliegenden Werke stammen von: IRENE H. CSERHALMI: *Ungar. Dichterwald.* Stuttgart. Leipzig, 1897. — Dr. LAJOS BRÁJJER: *Ungar. Dichtungen.* Leipzig, 1906. — ALEXANDER PETŐFI: *Gedichte.* Auswahl u. Nachwort v. Robert Gragger. Insel-Verlag Leipzig o. J. — HEINRICH HORVÁT: *Neue ungar. Lyrik in Nachdichtungen.* München, 1918. — ANDREAS ADY: *Auf neuen Gewässern.* Leipzig, 1921.

NAMENREGISTER.

INHALTSVERZEICHNIS.

FSC
www.fsc.org
MIX
Papier | Fördert
gute Waldnutzung
FSC® C083411

Kolibri 360 GmbH
Ferdinand-Jühlke-Straße 7
99095 Erfurt, Deutschland
produktsicherheit@kolibri360.de